密度测量技术

主　编　徐秀华
副主编　杨丽仙　马　明　张　涛

中国质量标准出版传媒有限公司
中　国　标　准　出　版　社
北　京

图书在版编目（CIP）数据

密度测量技术／徐秀华主编．—北京：中国质量标准出版传媒有限公司，2021.2
ISBN 978-7-5026-4824-4

Ⅰ.①密… Ⅱ.①徐… Ⅲ.①密度测量方法 Ⅳ.①TB933

中国版本图书馆CIP数据核字(2020)第200235号

中国质量标准出版传媒有限公司
中　国　标　准　出　版　社　出版发行
北京市朝阳区和平里西街甲2号（100029）
北京市西城区三里河北街16号（100045）
网址：www.spc.net.cn
总编室：(010)68533533　发行中心：(010)51780238
读者服务部：(010)68523946
中国标准出版社秦皇岛印刷厂印刷
各地新华书店经销

*

开本787×1092　1/16　印张12.5　字数300千字
2021年2月第一版　2021年2月第一次印刷

*

定价　**48.00**　元

前　言

密度是表征物质特性的一个重要物理量。密度计量涉及石油、化工、冶金、建材、轻工、煤炭、医疗、贸易、国防等领域，应用十分广泛，它不仅关系到产品质量而且关系到生产过程中的产品质量控制、检测及管理，因此，准确的密度计量是必不可少的。

2010年，作者编写了《密度计量》一书，由中国计量出版社出版，该书是我国密度计量技术方面较为系统、全面的专业书籍，为我国密度计量技术的普及和提高密度计量人员的技术水平发挥了积极作用。十年过去了，密度计量技术有了很大的变化与提高，比如：ITS－90国际温标的实施导致了所有的物质的密度－温度关系发生了变化，国家新的密度计量检定系统表的实施将导致一个新的量传关系的产生，等等。因此，应中国标准出版社之邀，我与云南省计量测试技术研究院的高级工程师杨丽仙、湖北省计量测试技术研究院工程师马明以及黑龙江省计量检定测试研究院副高级工程师张涛对2010版《密度计量》进行相应的修改后以《密度测量技术》为书名出版。除了对上述内容进行相应的修改以外，本书还增加了新的密度测量技术以及熔融体密度测量等内容，尤其对我国自主研发高技术含量的测量仪予以重点介绍，希望本书能够对从事密度计量的同行们有所帮助。

由于时间仓促、水平有限，书中难免有疏漏或错误之处，敬请读者批评指正。

徐秀华

2020年7月

目　　录

第一章 基本概念

第一节 概　　述

自然界是由各种物质组成的。从宏观上看，大量存在的是三态的物质即气体、液体和固体，从微观上看，它们是物质分子聚集的状态，是实物存在的形式。一般来讲，当一个客观实体分布在一维线、二维平面或三维空间上时，其质量对之长度、面积或体积之比，统称为密度。需要区别时可分别称为线密度、面密度和体密度。体密度常简称为密度，本书所述的密度系指体密度。

密度是用于定量地表征物质内在特性的一个物理量。每一种物质都有一定的密度值，物质不同密度不同，例如，一块铝比同体积的木头重，而比同体积的铁轻；反之，相同体积的这些物质，铁的质量大于铝的质量，铝的质量大于木头的质量。我们平时所说的某种物质的轻重，是对相同体积的物质而言的，也就是指物质密度的大小。物质的密度以单位体积内物质的质量来度量，而且与它们所处的状态或条件有关，如温度、压力。而与物质组成的物系的形状、光泽、质量大小和体积大小无关。为了正确表示密度量值，必须指明物质所处的有关状态或条件。均匀物质的密度在一定的状态（如温度、压力等）下都有确定的值；但对于非均匀物质，例如多相物体、空气柱、烧结物和粉粒体等，其密度在物质各处不同，对于非均匀物体通常选用充分大的体积进行计算给出平均密度。

密度在化学、酿造、食品、原子能、冶金、农业、制革、制盐和造纸等领域有广泛的应用，如在石油工业中，对原油和石油产品产量的计量，通常是通过测量它的密度和体积计算出来的，特别在原油管线计量方面，通过测量密度计算质量流量是在线计量的重要方法。在石油炼制的很多场合，例如蒸发、吸收和蒸馏操作上以及最终产品的质量监控与检测，密度是重要的参数。另外，在石油钻井水泥浆的配制上，测量密度也是重要手段。密度在化学工业中应用也很广泛，例如，在结晶和溶解过程中，通过测量各种溶液的密度来确定浓度可以有效地控制结晶的生长速度和溶解速度。密度计还可以用在酸、碱液的稀释过程中，使其稀释成一定浓度的酸、碱液。同时，密度还是各种化学试剂的一项重要指标，它的准确与否将直接关系到化工产品的质量。在酿造工业中，酒精和各种饮用酒是用酒精浓度或密度来表示的，为生产出质量合格的酒精和酒，必须严格控制其浓度或密度。在医疗行业密度也有广泛的应用，如医用酒精的配制与密度有着密切的关系。在食品工业中，制造奶和奶制品的过程都需要确定其密度，以保证产品的质量。在原子能工业中，在重水浓缩车间，采用高精度密度计可以更好地控制产品的纯度。在冶金工业，钢铁业、矿业上的铁矿石浆、精矿的矿浆等也需测定其密度或浓度。在农业生产方面，为了科学种田，农药配制等都要测量密度。在农林和一些建筑、公路部门对土壤也要测定其密度，以确定土壤的粒度。在制革、制盐和造纸工业中，需要分别测定丹宁酸、卤液和纸浆的浓度或密度。在进出口商品检验项目中，检验密度数据也是个重要的技术指标，以此判定商品是否符合要求。在国防建设中，密度测量也有多方面的应用，例如，作为喷气飞机燃料的航空汽油就需要测定其密度。在军事和航道测量中，测量海水密度是研究大洋环流、水声学、海洋资源的重要参数。在地矿部门中，对铀矿及其铀锭的密度测定也是非常重要的数据。

第二节　密度计量专业常用名词术语及定义

一、一般术语

1. 密度（density）

表示单位体积“V”中所含物质的质量“m”，即

$$\rho = \frac{m}{V} \tag{1-1}$$

2. 表观密度（apparent density）

多孔固体（粉末或颗粒状）材料质量与其表观体积（包括“空隙”的体积）之比。

注：空隙包括材料间的空隙和本身的开口孔、裂口或裂纹（浸渍时能被液体填充）以及封闭孔或空洞（浸渍时不能被液体填充）。

3. 实际密度（actual density）

多孔固体材料质量与其体积（不包括“空隙”的体积）之比。

4. 堆积（容积）密度（bulk density）

在特定条件下，既定容积的容器内，疏松状（小块、颗粒、纤维）材料质量与其体积之比。

5. 相对密度（relative density）

在规定条件，物质密度ρ_1与参考物质密度ρ_2之比。即

$$d = \frac{\rho_1}{\rho_2} \tag{1-2}$$

注：在密度测量领域中，参考物质对于液体与固体通常采用纯水，对于气体通常采用与其气体的压力和温度相同的干燥空气。

6. 标准密度（standard density）

在规定的条件下的物质密度（例如，温度273.15K即0℃和压力101325Pa下的气体密度；20℃下的液体密度）。

7. 临界密度（critical density）

物质在临界点的密度。

8. 质量体积（比体积）（specific volume）

物质体积“V”与其质量“m”之比。它是密度的倒数。即

$$v = \frac{V}{m} = \frac{1}{\rho} \tag{1-3}$$

9. 质量百分浓度（mass percentage concentration）

溶液中所含溶质质量“m'”与溶液质量“m”的百分比，简称“质量浓度”。即

$$p = \frac{m'}{m} \times 100\% \tag{1-4}$$

10. 体积分数（volume percentage concentration）

在一定温度下，溶液中所含溶质体积“V'”与溶液体积“V”的百分比，简称“体积浓度”。即

$$q = \frac{V'}{V} \times 100\% \tag{1-5}$$

11. 液体静力称量（hydrostatic weighing）

通过质量称量确定浸入液体中的密度标准（如标准浮子或硅球等）在稳定状态下所受到的浮力，从而求得液体密度的一种方法，可用于密度量值传递。

二、密度测量仪器

1. 固体密度基准（solid density primary standard）

固体密度基准主要包括固体密度基准硅球、硅球直径测量装置和密度量值传递装置。固体密度基准采用绝对测量方法建立，是复现和统一国家密度量值的最高依据。其测量范围是 $500\text{kg/m}^3 \sim 10000\text{kg/m}^3$。

2. 密度标准液（density standard liquids）

用于进行密度量值传递的标准液体，具有很高准确度和稳定性。其密度值是利用固体密度基准，在某一固定温度和压力条件下采用液体静力称量法来获得的。

3. 固体密度标准　标准硅球（环）（standard silicon sphere（ring）solid density standard）

用物理化学性质稳定的材料（如单晶硅、石英等）制作的密度标准，其形状可以为球体、环状或者柱状等，使用液体静力称量法来实现高准确度的密度量值传递或密度测量。

4. 固体密度基准硅球（solid density primary standard silicon sphere）

使用物理化学性能稳定的单晶硅材料制作的球体，其质量大约为1kg，直径为93.6mm，是密度量值传递的最高标准，其质量和直径可直接溯源到质量和长度国家基准。

5. 密度副基准－酒精计组（secondary standard alcoholometers）

密度副基准－酒精计组由25支玻璃浮计组成，其量值是由固体密度基准通过静力称量法并通过国际酒精浓度表转换而来，测量范围为0～100%，通过直接比较法可以对一等标准酒精计组进行量值传递。

6. 密度副基准－密度计组（secondary standard hydrometers）

密度副基准－密度计组由137支玻璃浮计组成，其量值通过液体静力称量法溯源至固体密度基准，测量范围为 $650\text{kg/m}^3 \sim 3000\text{kg/m}^3$。通过直接比较法向密度计量标准器具进行量值传递。

7. 浮计（hydrometer）

一种在液体中能垂直自由漂浮，由它浸没于液体中的深度来直接测量液体密度或溶液浓度的仪器。本术语仅指质量固定式玻璃浮计，简称为“浮计”。

8. 玻璃浮计的组成部分（component parts of glass hydrometer）

（1）躯体 body

为浮计主体部分，是底部呈圆锥形或半球形（以避免附着气泡）的圆柱体。

（2）压载物 loading material

为调节浮计质量并使其垂直稳定漂浮而装在躯体最底部的材料。

（3）干管 stem

熔接于躯体的上部，顶端密封的细长圆管。

（4）刻度 scale

固定在干管内一组有序的、指示不同量值的刻线标记。

（5）示值范围 indication range

浮计所指示的“最低值”到“最高值”的范围。

（6）分度值 division

浮计相邻两刻度线所对应的量值之差。

9. 标准浮计（standard hydrometer）

标准浮计分一等标准浮计和二等标准浮计。一等标准浮计负责二等标准浮计的量值传递工作，二等标准浮计负责工作浮计的量值传递。

10. 通用密度计（hydrometer for general use）

用于测量液体密度的通用浮计。

11. 专用密度计（hydrometer for special purpose）

用于测量某一种液体密度或相对密度的专用浮计。仪器以所测液体而命名。

12. 海水密度计（seawatermeter）

用于测量海水密度的浮计。海水密度计的标准温度是17.5℃，其密度值是17.5℃时的海水密度与17.5℃时的纯水密度的比值，是一相对的密度，为无量纲量。测量范围为1.000～1.040。

13. 酒精密度计（alcohol hydrometer）

用于测定酒精溶液密度的浮计。测量范围为789.24kg/m^3～998.21kg/m^3。

14. 酒精计（alcoholmeter）

用于测定酒精溶液体积或质量百分浓度的浮计。

15. 质量酒精计（mass alcoholmeter）

用于测定酒精溶液质量百分浓度的浮计。测量范围为p：0～100%。

16. 体积酒精计（volume alcoholmeter）

用于测定酒精溶液体积百分浓度的浮计。测量范围为q：0～100%。

17. 糖量计（saccharometer）

用于测定糖溶液质量百分浓度的浮计。测量范围为p：0～80%。

18. 石油密度计（densimeter for petroleum）

用于测量石油产品密度的浮计。测量范围为650kg/m^3～1100kg/m^3。

19. 乳汁计（densimeter for latex）

用于测量乳品密度或乳汁度的浮计。乳汁度用$m°$表示。测量范围为1015kg/m^3～1040kg/m^{3}或15m°～40m°。

$$乳汁度(m°)=\rho_{20}-1000 \tag{1-6}$$

20. 土壤计（densimeter for soil）

用于测量土壤（泥水混合液）的相对密度或土壤度的浮计。土壤计分甲种土壤计和乙种土壤计。

21. 甲种土壤计（A – type densimeter for soil）

用于测量土壤（泥水混合液）的土壤度的浮计。甲种土壤计的单位用符号 $S°$表示。

$$S° = \frac{\rho_{20} - 998.207}{0.623} \tag{1-7}$$

式中：ρ_{20}——与土壤度 $S°$相对应的 20℃的土壤密度，kg/m^3，其测量范围为 $-5S° \sim 50S°$，相当于密度 $995kg/m^3 \sim 1030kg/m^3$。

22. 乙种土壤计（B – type densimeter for soil）

用于测量土壤（泥水混合液）相对密度的浮计。乙种土壤计是以相对密度表示的，测量范围为 0.995 ~ 1.030。计算公式为：

$$d_{20}^{20} = \frac{\rho_{20}}{\rho_{水}} \tag{1-8}$$

式中：d_{20}^{20}——乙种土壤计以相对密度表示的示值；

ρ_{20}——液体在 20℃时的密度值，kg/m^3；

$\rho_{水}$——纯水在 20℃时的密度值，kg/m^3，$\rho_{水} = 998.207kg/m^3$。

23. 泥浆密度计（slurrymeter）

用于测量泥浆密度的仪器。已知泥浆罐的体积，用称量的方法测出泥浆的质量，从而测得泥浆的密度。测量范围为 $960kg/m^3 \sim 3000kg/m^3$。

24. 波美计（Baume – densimeter）

用于测量液体密度或波美度的浮计。波美计分重波美计和轻波美计两种。

25. 轻波美计（light Baume – densimeter）

用于测量比水轻的各种液体的密度或轻波美度。轻波美度用符号 BI 表示。单位为 BI，测量范围为 10BI ~ 72BI。轻波美度与密度的换算关系为：

$$d_{15}^{15} = \frac{144.3}{134.3 + BI} \tag{1-9}$$

26. 重波美计（heavy Baume – densimeter）

用于测量比水重的各种液体的密度或重波美度。重波美度用符号 Bh 表示。单位为 Bh，测量范围为 0 ~ 70Bh，相当于密度 $1000kg/m^3 \sim 2000kg/m^3$。

重波美度与密度的换算关系为：

$$Bh = 144.3 - \frac{144150}{\rho_{20}} \tag{1-10}$$

27. 尿液密度计（densimeter for urine）

用于测量尿液密度的浮计。测量范围为 $1000kg/m^3 \sim 1050kg/m^3$。

28. 电液密度计（densimeter for electrolyte）

用于测量蓄电池内酸性或碱性溶液密度的浮计。测量范围为 $1100kg/m^3 \sim 1300kg/m^3$。

29. 水密度计（densimeter for water）

用于测量水密度的玻璃浮计。测量范围为 $995kg/m^3 \sim 1000kg/m^3$。

30. 密度瓶（pyknometer；density bottle）

在一定温度及规定标线下具有一定的容积，用称量法测量液体或固体密度的仪器。

注：（1） Pyknometer = Pyconometer = Picnometer；

（2）密度瓶也可不带标线，但测定时以瓶塞口为准。

31. Chancel 密度瓶（Chancel pyknometer；Chancel Density bottle）

用称量法测量气体密度的仪器。

32. 液体静力天平（hydrostatic balance）

通过称量已知体积的物体（如浮子）来确定液体密度，或在已知密度的参考液体中称量被测固体密度的仪器。

33. 莫尔－韦斯特法尔天平（Mohr－Westppal balance）

液体静力天平的一种变型，用于测量液体或固体的相对密度。

34. 浮子（float）

浮子有两种：一种是与液体静力天平一起测定液体密度的，两端封闭的玻璃圆柱体；另一种是使用于密度梯度管中，标定管中液体密度大小的特制玻璃小球。

35. 本生－西林流出（扩散）计（Bunsen－Schilling effusiometer）

通过测量相同条件下的等体积气体以及空气流出锐孔时间来测量气体相对密度的仪器。

36. 密度梯度柱（density gradient column）

密度梯度柱为一已知密度的液体柱，管内液体的密度自上而下连续变化。用标准玻璃浮子标定管中的液体密度，通常用来测定固体样品的密度。

37. 电密度计（electrical densimeter）

基于电量随物质密度变化原理测量物质密度的仪器（例如，利用线圈内的铁磁芯的移动）。

38. 电离辐射密度计（ionizing radiation densimeter）

带有电离辐射源，利用电离辐射吸收特性变化来测量均质材料和非均质混合物平均密度的仪器（例如，γ 射线密度计）。

39. 真密度仪（true density instrument）

应用阿基米德原理－气体膨胀置换法，利用惰性气体在一定条件下的玻尔定律（$pV = nRT$），通过测定测试腔放入样品所引起的气体容量变化来精确测定样品的真实体积，从而得到其真密度的仪器。

40. 振动管密度计（oscillation－tube densitmeter）

进行液体密度测量的仪器，当液体充满密度计中的振动管时，管的振动频率发生变化，仪器根据测量的频率变化计算得出液体的密度。

41. 振动式密度计（oscillation－type densimeter）

一种利用振动频率随密度变化的关系来测量物质密度的仪器。一般传感器形式有管式、音叉式、弦式等。

42. 在线密度计（densimeter on line）

可在一定压力条件下测量，实现连续在线测量流动或者静止状态下液体、气体密度的仪器，其输出信号有多种形式便于实现工业现场控制。

43. 声学密度计（acoustic densimeter）

一种利用物质的声波性质（如声压、声速等）与密度变化的关系来测量物质密度的仪器（例如超声波密度计）。

44. 差压式密度计（differential pressure - type densimeter）

一种利用静态压力与密度变化的关系来测量液体密度的仪器。静压式密度计的工作原理是一定高度液柱的静压力与该液体的密度成正比，因此可根据压力测量仪表测量出来的静压数值来测量液体的密度。

45. 液化石油气密度测量仪（LPG density testing apparatus）

具有耐压结构，用于测量液化石油气（Liquefied Petroleum Gas，简称 LPG）密度的仪器，主要由液化石油气密度计及压力容器组成。

（1）液化石油气密度计 LPG densimeter

耐压，可内附温度计，用于测量液化石油气密度的玻璃浮计。

（2）压力圆筒 pressure cylinder

具有耐压结构，用于装 LPG 与 LPG 密度计的圆筒。

46. 自动密度计（automatic densimeter）

能提供并直接输入自动控制系统测量信号的连续密度计。

47. 偏振光糖量计（polarized tight saccharometer）

利用偏振光通过蔗糖溶液（一种旋转物质）所产生的旋转角，与相同偏振光通过规定浓度的蔗糖标准溶液所引起的旋光角之间的关系，测定蔗糖溶液浓度的仪器。

48. 折光糖量计（refraction metric saccharometer）

利用糖溶液浓度与折射率的关系测定糖溶液浓度的仪器。

49. 热式浮计（thermo - hydrometer）

躯体内部带有温度计的浮计。

50. 数显式密度计（digital densimeter）

使用数字显示仪表显示密度值的密度测量仪器。

三、特性术语定义

1. 体[膨]胀系数（coefficient of volume expansion）

温度每变化 1℃，物质体积的相对变化率。

$$a_V = \frac{1}{V} \times \frac{dV}{dt} \tag{1-11}$$

2. 浮计标准温度（standard temperature of hydrometer）

浮计刻度标定时的温度。只有在该温度下使用浮计时，其示值才是正确的。标准温度一般标注在浮计体内，我国除海水计为 17.5℃以外，通常使用 20℃作为标准温度。

3. 弯月面（meniscus）

浸在液体中的浮计干管与液面相接触的自由表面的形状。

4. 弯月面上缘读数（upper edge reading for meniscus）

液体弯月面最上缘与浮计干管相接触液面的水平刻线处的读数。适用于不透明液体。

5. 弯月面下缘读数（below edge reading for meniscus）

液体水平面与浮计干管相接触液面的水平刻线处的读数。适用于透明液体。

6. 弯月面修正（meniscus correction）

将用下缘读数方法校准的浮计浸入不透明液体中进行读数时所作的修正。

7. 温度修正（temperature correction）

在浮计的非标准温度下使用浮计时所作的修正。

8. 液体表面张力（liquid surface tension）

凡作用于液体表面，使液体表面积缩小的力，称为液体表面张力。

9. 表面张力修正（surface tension correction）

对校准浮计时的液体表面张力，与浮计浸入被测液体表面张力差值所作的修正。

10. 毛细作用常数修正（capillary Constance correction）

校准浮计时的液体毛细作用常数，与浮计浸入被测液体毛细作用常数差值所作的修正。

11. 浮计的允许误差（permissible error of hydrometer）

浮计所允许的误差界限。

12. 浮计的示值误差（indication error of hydrometer）

在相同条件下，所用浮计示值与标准浮计修正后示值（测得的实际值）之间的差值，该误差不应超过仪器的最大允许误差。

13. 空气浮力修正（air buoyancy correction）

在空气中，用称量法测量物质密度时，为消除空气浮力的影响所作的修正。

第三节　密度与温度、压力的关系

在表示物质密度时，除应指明物质的状态（如化学成分、聚集状态、变体、处理过程与方法）外，还必须给出测量时的温度和压力等参数。在三态物质中，密度受温度和压力的影响不同。对于固体和液体来说，一般可以认为密度仅与温度有关，为正确表达其密度必须注明其温度。对于气体，其密度不仅与温度有关而且与压力有关，为正确表达其密度就必须同时注明其温度和压力。

一、密度与温度的关系

同一种物质其密度随着温度的升高而减小，随着温度的降低而增大。通常物质密度与温度的关系式为：

$$\rho_2 = \frac{\rho_1}{1+\alpha_V(t_2-t_1)} \approx \rho_1[1+\alpha_V(t_1-t_2)] \tag{1-12}$$

式中：ρ_1——物质在 t_1（摄氏度）时的密度；

ρ_2——物质在 t_2（摄氏度）时的密度；

α_V——物质的体胀系数。

体胀系数 α_V 表征了物质的热膨胀特性，单位为“每摄氏度”（以下简写为$℃^{-1}$）。一般来讲温度上升体积膨胀，温度下降体积收缩，其膨胀程度由构成物系的物质而异。对于三态物质，以气体的 α_V 值最大，其次是液体，固体最小。所以液体与固体相比，更要注意温度的影响，故在工业测量中带有进行自动温度补偿的装置。对于各向同性的固体来讲，其体胀系数可由它的线膨胀系数 α_l 求得，即 $\alpha_V=3\alpha_l$。体胀系数可从物化数据手册中查出，常用按式（1-12）对各种物质的密度或体积随温度的变化进行比较与计算。

体胀系数 α_V 随温度及压力而变化，但是在压力一定的某个温度下 α_V 为一定值。一般所

给的 α_V 值表是指在某个不大温度范围内的平均值。

物质密度的热特性，也常用密度温度系数描述，密度温度系数 γ 为：

$$\gamma = \frac{\rho_2 - \rho_1}{t_1 - t_2} \tag{1-13}$$

式中：ρ_1——物质在 t_1（摄氏度）时的密度；

ρ_2——物质在 t_2（摄氏度）时的密度。

密度温度系数 γ 表示在压力不变的情况下，物质温度每变化 1℃的密度变化量，单位为 $kg \cdot m^{-3} \cdot ℃^{-1}$。通常所给的 γ 值，是指在温度变化范围不大的平均值。常用它对各种物质在不同的温度下的密度或体积进行比较与计算。

一些液体、固体和气体在通常温度范围内的平均体胀系数见表 1－1、表 1－2 和表 1－3。

表 1－1 液体的体胀系数

名 称	$\alpha_V/10^{-3}℃^{-1}$	名 称	$\alpha_V/10^{-3}℃^{-1}$	名 称	$\alpha_V/10^{-3}℃^{-1}$
乙醚	1.66	煤油	1.00	石油醚	1.42
戊烷	1.61	甲苯	1.09	汞	0.18
氯仿	1.27	石油（密度 847kg/m³）	0.96	水（0℃～10℃）	0.14
汽油	1.24	橄榄油	0.72	水（10℃～20℃）	0.15
苯	1.24	盐酸	0.57	水（20℃～30℃）	0.25
四氯化碳	1.24	硫酸	0.56	水（30℃～40℃）	0.35
二硫化碳	1.22	乙酸	1.07	水（40℃～60℃）	0.46
甲醇	1.20	甘油（丙三醇）	0.50	水（60℃～80℃）	0.59
乙醇	1.10	二甲苯	0.62	水（80℃～100℃）	0.70

表 1－2 固体的体胀系数

名 称	$\alpha_V/10^{-6}℃^{-1}$	名 称	$\alpha_V/10^{-6}℃^{-1}$	名 称	$\alpha_V/10^{-6}℃^{-1}$
银	57.6	钛	25.5	镍铜合金	48.0
德国银	55.2	钨	13.5	钠	208.8
铝	69.6	碳钢	33.0	氯化钠	116.7
镁铜铝合金	72.0	殷钢	15.0	氯化钾	107.1
铱	19.5	金	42.3	镍铬合金	55.2
钾	249.0	钙	66.9	锴	15.3
镍	38.1	钴	41.1	硫	183.0
钼	15.0	白云母	60.0	硒	78.0
铂（白金）	26.7	铜	50.4	硅	7.5
铑	24.9	黄铜	57.0	铀	40.5
锌	81.0	青铜	53.0	不锈钢	30.0

表1－2（续）

名　称	$\alpha_V/10^{-6}℃^{-1}$	名　称	$\alpha_V/10^{-6}℃^{-1}$	名　称	$\alpha_V/10^{-6}℃^{-1}$
铁	35.1	锡	81.0	硬橡胶	252.0
锗	17.1	钽	19.5	电木	66.0
锇	14.1	铊	87.6	赛璐珞	330.0
磷	381.0	钒	23.4	聚苯醚	204.0
金云母	37.0	普通玻璃	25.5	焊料	75.0
铅	72.0	石英玻璃	1.5	尼龙	240～420
钯	34.8	硬质玻璃	12.3	陶瓷	24.0
铷	270.0	砖	28.5	合成云母	60.0

表1－3　气体的体胀系数

名　称	$\alpha_V/℃^{-1}$	名　称	$\alpha_V/℃^{-1}$	名　称	$\alpha_V/℃^{-1}$
空气	0.00367	二硫化碳	0.00390	一氧化碳	0.00367
氮气	0.00367	氦气	0.00360	二氧化碳	0.00374
氢气	0.00366	氧气	0.00367	氨气	0.00380

二、密度与压力的关系

同一种物质其密度随着压力的升高而增大，随着压力的降低而减少。通常物质密度与压力的关系为：

$$\rho_2=\frac{\rho_1}{1-k(p_2-p_1)}\approx\rho_1[1+k(p_2-p_1)] \tag{1-14}$$

式中：ρ_1——物质在压力 p_1 时的密度；

ρ_2——物质在压力 p_2 时的密度；

k——物质的压缩系数。

压缩系数 k 表征了物质的可压缩特性，单位为 Pa^{-1}。一般来说压力增加体积减小，压力减小体积增大，其压缩程度因构成物系的物质而异。在三态物质中，气体的压缩系数 k 值较大，液体和固体的压缩系数都很小。常按式（1－14）对各种物质在不同压力下的密度或体积进行比较与计算。

压缩系数 k 随压力及温度而变化，但是在温度一定的某个压力下 k 为一定值。一般所给的 k 值表示指在某个不大的压力范围内的平均值。

物质密度的可压缩特性，也常用密度压力系数来表述。密度压力系数 β 为：

$$\beta=\frac{\rho_2-\rho_1}{p_2-p_1} \tag{1-15}$$

式中：ρ_1——物质在压力 p_1 时的密度；

ρ_2——物质在压力 p_2 时的密度。

密度压力系数β表示在温度不变的情况下，物质压力每变化1Pa的密度变化量，单位为$kg \cdot m^{-3} \cdot Pa^{-1}$。通常所给的$\beta$值是指在压力变化范围不大的平均值。常用它对各种物质在不同压力下的密度或体积进行比较与计算。

常见物质在常压范围内的平均压缩系数见表1-4。

表1-4 压缩系数表

名 称	$k/10^{-9}Pa^{-1}$	名 称	$k/10^{-9}Pa^{-1}$	名 称	$k/10^{-9}Pa^{-1}$
汞	0.04	丙醇	0.93	乙醇	1.10
甘油	0.38	二硫化碳	0.93	甲醇	1.15
水	0.46	苯	0.94	丙酮	1.26
戊醇	0.91	四氯化碳	1.04	乙醚	1.88

第四节 密度单位换算

密度和浓度的单位很多，单位换算是通过表示单位间关系的单位方程换算的。目前我国密度单位使用的是SI计量单位kg/m^3或g/cm^3，kg/m^3和其他单位换算系数见表1-5。

表1-5 密度单位换算系数表

换算系数	$kg \cdot m^{-3}$	$g \cdot cm^{-3}(g \cdot mL^{-1})$	$lb \cdot in^{-3}$	$lb \cdot ft^{-3}$
1千克每立方米($kg \cdot m^{-3}$) =	1	0.001	3.61273×10^{-3}	6.24280×10^{-2}
1克每立方厘米($g \cdot cm^{-3}$) = ($g \cdot mL^{-1}$) =	1000	1	0.0361273	62.4280
1磅每立方英寸($lb \cdot in^{-3}$) =	27679.9	27.6799	1	1728
1磅每立方英尺($lb \cdot ft^{-3}$) =	16.0185	0.0160185	5.78704×10^{-4}	1
1英吨每立方码($UKton \cdot yd^{-3}$) =	1328.94	1.32894	0.0480110	82.9630
1磅每英加仑($lb \cdot UKgal^{-1}$) =	99.7763	0.997763	3.60465×10^{-3}	6.22883
1磅每美加仑($lb \cdot USgal^{-1}$) =	119.826	0.119826	4.32900×10^{-3}	7.48052
1工程质量每立方米($kgf \cdot s^2 \cdot m^{-4}$) =	9.80665	9.80665×10^{-3}	3.5429×10^{-4}	6.12208×10^{-1}

换算系数	$UKton \cdot yd^{-3}$	$lb \cdot UKgal^{-1}$	$lb \cdot USgal^{-1}$	$kgf \cdot s^2 \cdot m^{-4}$
1千克每立方米($kg \cdot m^{-3}$) =	7.52480×10^{-4}	1.00224×10^{-2}	8.34540×10^{-3}	0.101972
1克每立方厘米($g \cdot cm^{-3}$) = ($g \cdot mL^{-1}$) =	0.752480	10.0224	8.34540	1.01972×10^2
1磅每立方英寸($lb \cdot in^{-3}$) =	20.8286	277.42	231	2.82255×10^3
1磅每立方英尺($lb \cdot ft^{-3}$) =	0.0120536	0.160544	0.133681	1.633432
1英吨每立方码($UKton \cdot yd^{-3}$) =	1	13.3192	11.0905	1.35520×10^2
1磅每英加仑($lb \cdot UKgal^{-1}$) =	0.0750797	1	0.832674	10.1744

表1－5（续）

换算系数	UKton·yd^{-3}	lb·UKgal^{-1}	lb·USgal^{-1}	kgf·s^2·m^{-4}
1 磅每美加仑(lb·USgal^{-1}) =	0.0901670	1.20095	1	12.2190
1 工程质量每立方米(kgf·s^2·m^{-4}) =	7.37931×10^{-3}	9.8286×10^{-2}	8.1840×10^{-2}	1

第五节　密度测量方法分类

物质的密度有各种各样的测量方法。但按测量方法与测量量的关系，测量方法可以分为以下两大方面：一是溯源于密度基本原理公式的直接测量法，二是利用密度量与某些物理量关系的间接测量法。

直接测量法又可分为绝对测量法（简称绝对法）与相对测量法（简称相对法）。相对测量法是在密度计量测试技术中常用的方法，它是一种与密度已知的称其为密度标准参考物质进行比较（包括由此确定体积的密度测量）的测量。这类方法主要应用于实验室、化验室等。本书中介绍的液体静力称量法、浮计法、密度瓶法、浮选法都属于相对密度测量法。而绝对测量则是通过直接测量物质的质量和长度，而无需使用密度标准参考物质的一种测量，我国固体密度基准－单晶硅的密度测量就属于绝对测量。绝对法与相对法相比，因其是溯源于基本量的测量，因而准确度更高。然而，由于相对测量比绝对测量省时而且技术上简便，故在密度测量领域中被广泛地采用。

间接测量法种类很多，如利用振动量、电离辐射量、光学量、声学量、电量等与密度的关系的各种方法。这类方法主要用于工业生产过程中连续检测与控制流体密度或浓度。本书中的振动管液体密度计，电离辐射密度仪，旋光仪，折光仪，可见、紫外分光光度计，红外光度计，原子吸收光谱计，气相色谱仪，液相色谱仪等均属于间接密度或浓度测量仪器。密度测量法分类见图1－1。

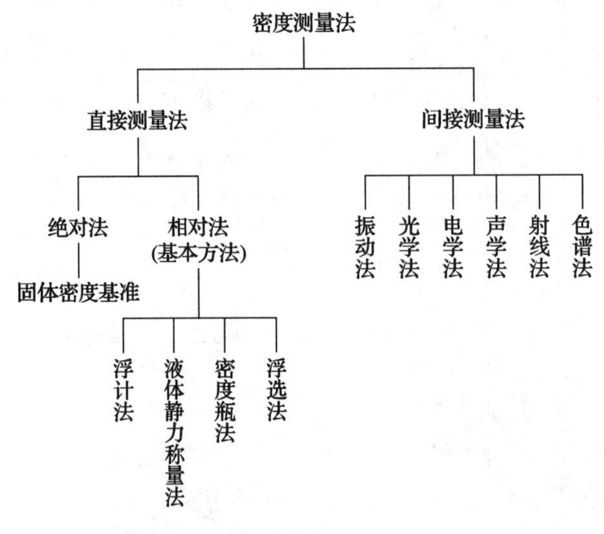

图1－1　密度测量法分类图

密度计按照使用场合的不同大体上可分为实验室型密度计和工业过程型密度计两种类型。实验室型密度计是用在实验室对试样的密度或浓度进行测量、分析或研究的一类仪器或装置。特点是具有较高的准确度，测定时要求细心操作并且对测量条件和环境要求严格。工业过程型密度计主要是指用于工业流程连续检测与控制流体的密度或浓度的密度计，其测量原理可有多种形式，但按照测量方法大体上可分为两类：一类为手工测量离散样品的离线密度计，即从管路或容器内提取离散样品用于分析测试，是一种静态测量方式；另一类为连续测量管路或容器（罐）内流体密度，或是从管路或容器内提取的连续样品的密度并给出输出信号的在线密度计，这类密度计多数为间接测量法，如在线振动管液体密度计、电离辐射密度计等，这类仪器的特点是利用各式传感器对生产现场的连续样品的密度或浓度进行自动连续指示、记录，从而适时对生产过程进行调控，用途广阔。

第二章　浮计及其测量

第一节　浮计的测量原理及技术参量

一、浮计在液体中的平衡方程式

浮计法是密度测量技术中一种最常用的方法，由于它具备成本低，操作方便，测量速度快等特点，几乎适用于所有的液体。在实验室可以达到较高的准确度，在工业上某些场合也有应用，主要用于从主管路或容器（罐）上离线采样进行密度测量。

浮计构造很简单，几种典型结构见图2－1。仪器主要由干管和躯体组成，干管内壁粘贴上刻度标尺，躯体是仪器主体，下面压载物为铅丸并用玻璃隔板封死。图2－1(c)是一种内部带有温度计的浮计，通常称为“热式浮计”。

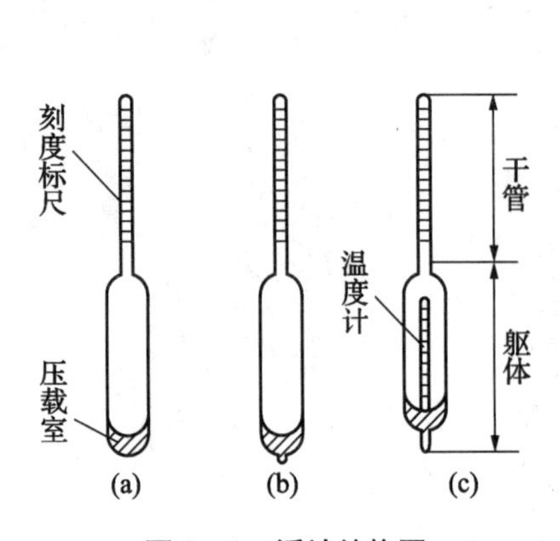

图2－1　浮计结构图

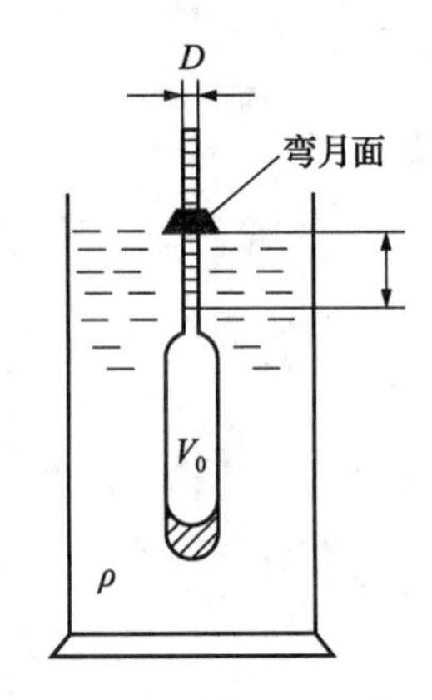

图2－2　漂浮于液体中的浮计

浮计的设计是基于阿基米德定律，由浮计浸没在液体里的深度直接得到液体密度或浓度。设质量为 m 的浮计浸没在液体密度为 ρ 的液体中，浸没在液体中的体积为 V_0，这时在忽略液体表面张力和露出液面在空气中的干管所受到的空气浮力的影响后，液体的密度：

$$\rho = m/V_0 \tag{2-1}$$

式中：ρ——液体密度；

m——浮计质量；

V_0——浮计浸没在密度为 ρ 的液体中的体积。

这是浮计最基本的公式。显然，当浮计质量一定时，浮计浸入液体中的体积与液体的密度成反比关系。即液体密度越大，浮计浸入液体中的体积越小；反之，液体密度越小，浮计浸入液体中的体积越大。但是考虑到空气浮力和液体表面张力对浮计示值的影响以及浮计本身特殊的结构，它在液体中的平衡方程式为：

$$m_0 = m - V\rho_0 = \left(V_0 + \frac{\pi D^2}{4}l - sa\right)(\rho - \rho_0) \tag{2-2}$$

式中：m_0——浮计在空气中的质量；

m——浮计质量；

V——浮计体积；

ρ_0——空气密度；

V_0——浮计躯体的体积；

D——浮计干管直径；

l——浮计下刻线至液面间干管的长度；

π——圆周率；

s——浮计干管的圆周长；

a——液体毛细常数；

ρ——液体密度。

二、浮计的主要技术参数

浮计参数主要有浮计质量、干管直径、标尺长度、躯体体积以及标准温度等。躯体体积是指浮计标尺下标线以下的体积。浮计的标准温度是指确定浮计刻度时的温度，在使用浮计时，只有在此温度下才能正确读出密度示值。各国规定浮计的标准温度有所不同，但大多数为20℃，我国浮计的标准温度除了海水密度计为17.5℃，其余都是20℃。浮计的标准温度应标明在浮计躯体内。浮计主要技术参数的计算公式有以下几种。

浮计躯体体积计算式为：

$$V_0 = k_0 \frac{\pi D^2}{4} L \tag{2-3}$$

浮计干管直径为：

$$D = 2\sqrt{\frac{V_0}{\pi L k_0}} \tag{2-4}$$

浮计标尺刻度全长为：

$$L = \frac{4V_0}{\pi D^2 k_0} \tag{2-5}$$

式中，$k_0 = \dfrac{\rho_2}{\rho_1 - \rho_2}$。

式中：ρ_1、ρ_2——浮计刻度标尺的下标线和上标线相对应的密度值，可看作常数。

浮计刻度计算式为：

$$l = L\frac{\rho_2(\rho_1 - \rho)}{\rho(\rho_1 - \rho_2)} \tag{2-6}$$

式中：l——浮计标尺上任一条刻线至下标线的距离；

L——浮计刻度标尺全长；

ρ_1、ρ_2——与浮计刻度标尺的下标线和上标线相对应的密度值；

ρ——与浮计刻度标尺上任一条刻线相对应的密度值。

对于某一支浮计来说，$L\dfrac{\rho_2}{\rho_1-\rho_2}$可看作常数，并用$k$表示，则式（2－6）中可变为：

$$l=k\left(\frac{\rho_1}{\rho}-1\right) \tag{2-7}$$

由式（2－7）可见，l仅是ρ的函数，而与浮计的m、V_0和D等参数无关。

浮计刻度标尺对于密度计和浓度计来说是不均匀的，其刻线间距随着密度的增大而逐渐变小。对于假定刻度浮计，其刻度标尺通常是均匀的，例如，波美计。以上公式是生产密度计的主要依据。

第二节　浮计的分类

浮计种类繁多用途广泛，按其用途和刻度方法可分为密度计、浓度计和假定刻度浮计。密度计是以密度或相对密度单位刻度的，有通用密度计和以所测液体命名的专用密度计，如石油密度计、蓄电池密度计、海水密度计、酒精密度计、土壤密度计（乙类）、乳汁密度计等；浓度计是以质量浓度或体积浓度单位刻度的，用于测定各种液体的浓度，如质量酒精计、体积酒精计、糖量计等；假定刻度浮计是以人为假定的单位刻度的，如波美计、API计、土壤计（甲类）等。

常见的玻璃浮计类别列于表2－1。

表2－1　常见各种浮计一览表

浮计名称	刻度	单位	测量范围	标准温度/℃	分度值	备注
通用密度计	密度	$kg \cdot m^{-3}$	650～2000	20	0.2、0.5、1、2	广泛用于测量各种液体密度，有一等标准密度计和二等标准密度计
石油密度计	密度	$kg \cdot m^{-3}$	600～1100	20	0.2、0.5、1	专门用于测定石油及石油产品密度，有二等标准石油密度计
海水密度计	相对密度	无	1.000～1.040	17.5	0.0001	专门用于测量海水相对密度，参考水温度也为17.5℃，有一等标准海水密度计
酒精计	体积浓度	%	0～100	20	0.1、0.2、0.5、1	专门用于测定酒精溶液的体积浓度，有一等标准酒精计和二等标准酒精计
糖度计	质量浓度	%	0～80	20	0.1、0.2、0.5、1	专门用于测定蔗糖溶液的质量浓度，有一等标准糖量计
乳汁计	假定刻度	m°	15～40	20	1、0.5、0.2	专门用于测定乳制品的密度或乳汁度，乳汁度与密度的换算关系为：$m^0=\rho_{20}-1000$
	密度	$kg \cdot m^{-3}$	1015～1040		1、0.5、0.2	

表 2－1（续）

浮计名称	刻度	单位	测量范围	标准温度/℃	分度值	备　注
波美计 盐水计	假定刻度	Bh	0～70 0～40	20	1、0.5、0.1	专门用于测定比水重的各种液体的波美度，波美度与密度的换算关系为：$Bh = 144.3 - \dfrac{144150}{\rho_{20}}$
土壤计	假定刻度	土壤度* s^0	－5～50	20	0.5	专门用于测定土壤（泥水混合物）的相对密度，参考水的温度也为20℃，土壤度与密度的换算关系为：$s^0 = \dfrac{\rho_{20} - 998.207}{0.623}$
	相对密度	无	0.995～1.030	20	0.0002	
蓄电池密度计	密度	kg·m^{-3}	1100～1300	20	1、2、5	专门用于测定蓄电池内酸性溶液的密度
胶量计	质量浓度	%	0～50	20	1	专用于测定胶质溶液的质量浓度
制革计	假定刻度	制革度	0～120	20	1	专用于测定制革液单宁酸的制革度，制革度与密度的换算关系为：$n = \rho - 1000$
液化石油气密度计	密度	kg·m^{-3}	500～650	20	1	专用于测定液化石油气以及轻质石油的密度
API计	假定刻度	API度	－1～101	15.56	0.1、0.2、0.5、1	专用于测定石油以及石油产品 *API* 度 $API = \dfrac{141.5}{d_{15.56}^{15.56}} - 131.5$
重液密度计	密度	kg·m^{-3}	2000～3000	20	1、2	专用于测定高密度液体

表 2－2～表 2－5 分别列出了土壤度、糖度计（质量浓度）、波美度、乳汁度在 20℃时与密度的换算表。

表 2－2　土壤度与密度 ρ_{20} 换算表（20℃）

土壤度/s°	ρ_{20}/(kg·m^{-3})	土壤度/s°	ρ_{20}/(kg·m^{-3})	土壤度/s°	ρ_{20}/(kg·m^{-3})	土壤度/s°	ρ_{20}/(kg·m^{-3})
－5	995.09	0	998.21	5	1001.32	10	1004.44
－4	995.72	1	998.83	6	1001.95	11	1005.06
－3	996.34	2	999.45	7	1002.57	12	1005.68
－2	996.96	3	1000.08	8	1003.19	13	1006.31
－1	997.58	4	1000.70	9	1003.81	14	1006.93

* 土壤度符号做单位时用正体，做量时用斜体。

表 2-2（续）

土壤度/s°	ρ_{20}/(kg·m⁻³)	土壤度/s°	ρ_{20}/(kg·m⁻³)	土壤度/s°	ρ_{20}/(kg·m⁻³)	土壤度/s°	ρ_{20}/(kg·m⁻³)
15	1007.55	24	1013.16	33	1018.77	42	1024.37
16	1008.18	25	1013.78	34	1019.39	43	1025.00
17	1008.80	26	1014.41	35	1020.01	44	1025.62
18	1009.42	27	1015.03	36	1020.64	45	1026.24
19	1010.04	28	1015.65	37	1021.26	46	1026.87
20	1010.67	29	1016.27	38	1021.88	47	1027.49
21	1011.29	30	1016.90	39	1022.50	48	1028.11
22	1011.91	31	1017.52	40	1023.13	49	1028.73
23	1012.54	32	1018.14	41	1023.75	50	1029.36

表 2-3　20℃时糖溶液质量浓度 p(%)与密度 ρ(kg·m⁻³)换算表

p/%	ρ_{20}/(kg·m⁻³)	p/%	ρ_{20}/(kg·m⁻³)	p/%	ρ_{20}/(kg·m⁻³)	p/%	ρ_{20}/(kg·m⁻³)	p/%	ρ_{20}/(kg·m⁻³)
0	998.207	18	1072.156	36	1156.297	54	1251.973	72	1360.12
1	1002.068	19	1076.550	37	1161.298	55	1257.649	73	1366.50
2	1005.961	20	1080.976	38	1166.335	56	1263.364	74	1372.91
3	1009.881	21	1085.434	39	1171.409	57	1269.118	75	1379.37
4	1013.829	22	1089.924	40	1176.518	58	1274.910	76	1385.86
5	1017.805	23	1094.446	41	1181.665	59	1280.742	77	1392.39
6	1021.809	24	1099.001	42	1186.848	60	1286.61	78	1398.95
7	1025.842	25	1103.589	43	1192.067	61	1292.52	79	1405.56
8	1029.904	26	1108.210	44	1197.324	62	1298.47	80	1412.20
9	1033.994	27	1112.865	45	1202.619	63	1304.46	81	1418.87
10	1038.114	28	1117.553	46	1207.950	64	1310.49	82	1425.59
11	1042.264	29	1122.275	47	1213.320	65	1316.56	83	1432.34
12	1046.443	30	1127.031	48	1218.727	66	1322.66	84	1439.12
13	1050.652	31	1131.822	49	1224.172	67	1328.81	85	1445.94
14	1054.891	32	1136.647	50	1229.656	68	1334.99	86	1452.79
15	1059.161	33	1141.506	51	1235.177	69	1341.22	87	1459.67
16	1063.462	34	1146.401	52	1240.737	70	1347.48	88	1466.59
17	1067.793	35	1151.331	53	1246.336	71	1353.78	89	1473.54

表 2－4　20℃时波美度 *Bh* 与密度 ρ_{20} 换算表

波美度/Bh	ρ/(kg·m⁻³)	波美度/Bh	ρ/(kg·m⁻³)	波美度/Bh	ρ/(kg·m⁻³)	波美度/Bh	ρ/(kg·m⁻³)
0	998.96	19	1150.44	38	1356.07	57	1651.20
1	1005.93	20	1159.69	39	1368.95	58	1670.34
2	1013.00	21	1169.10	40	1382.07	59	1689.92
3	1020.17	22	1178.66	41	1395.45	60	1709.96
4	1027.44	23	1188.38	42	1409.09	61	1730.49
5	1034.82	24	1198.25	43	1423.00	62	1751.52
6	1042.30	25	1208.30	44	1437.19	63	1773.06
7	1049.89	26	1218.51	45	1451.66	64	1795.14
8	1057.59	27	1228.90	46	1466.43	65	1817.78
9	1065.41	28	1239.47	47	1481.50	66	1841.00
10	1073.34	29	1250.22	48	1496.88	67	1864.81
11	1081.40	30	1261.15	49	1521.59	68	1889.25
12	1089.57	31	1272.29	50	1528.63	69	1914.34
13	1097.87	32	1283.62	51	1545.02	70	1940.11
14	1106.29	33	1295.15	52	1561.76	71	1966.58
15	1114.85	34	1306.89	53	1578.86	72	1993.78
16	1123.54	35	1318.85	54	1596.35		
17	1132.36	36	1331.02	55	1614.22		
18	1141.33	37	1343.43	56	1632.50		

表 2－5　20℃时乳汁度 *m*° 与密度 ρ_{20} 换算表

乳汁度/m°	ρ_{20}/(kg·m⁻³)	乳汁度/m°	ρ_{20}/(kg·m⁻³)	乳汁度/m°	ρ_{20}/(kg·m⁻³)
15.0	1015.0	20.0	1020.0	25.0	1025.0
15.5	1015.5	20.5	1020.5	25.5	1025.5
16.0	1016.0	21.0	1021.0	26.0	1026.0
16.5	1016.5	21.5	1021.5	26.5	1026.5
17.0	1017.0	22.0	1022.0	27.0	1027.0
17.5	1017.5	22.5	1022.5	27.5	1027.5
18.0	1018.0	23.0	1023.0	28.0	1028.0
18.5	1018.5	23.5	1023.5	28.5	1028.5
19.0	1019.0	24.0	1024.0	29.0	1029.0
19.5	1019.5	24.5	1024.5	29.5	1029.5

表 2-5（续）

乳汁度/m°	ρ_{20}/(kg·m^{-3})	乳汁度/m°	ρ_{20}/(kg·m^{-3})	乳汁度/m°	ρ_{20}/(kg·m^{-3})
30.0	1030.0	34.0	1034.0	38.0	1038.0
30.5	1030.5	34.5	1034.5	38.5	1038.5
31.0	1031.0	35.0	1035.0	39.0	1039.0
31.5	1031.5	35.5	1035.5	39.5	1039.5
32.0	1032.0	36.0	1036.0	40.0	1040.0
32.5	1032.5	36.5	1036.5		
33.0	1033.0	37.0	1037.0		
33.5	1033.5	37.5	1037.5		

第三节　直接比较法检定浮计

目前检定浮计有两种方法：一种为直接比较法（浮计法），一种为液体静力称量法。仲裁检定以直接比较法为准。本节只介绍浮计法。

浮计法就是将被检浮计与标准浮计同时浸入规定的检定液中直接比较它们的刻度，然后判定被检浮计是否合格并给出相应修正值的过程。检定执行 JJG 42—2011《工作玻璃浮计》和 JJG 86—2011《标准玻璃浮计》国家计量检定规程。

一、密度实验室要求

1. 通风

密度实验室要求通风良好，通风不畅的实验室可安装排风扇，排风扇的排风口应安装在低处（挥发性气体的密度大于空气）。

2. 采光

密度实验室要求采光好，阳光直射的窗户要安装窗帘，以防止强光直射影响浮计读数。

3. 水源以及灭火设备

实验室要有上下水和灭火器，在北方应安装热水器。

4. 禁止火源

实验室禁止吸烟，不能有明火。

浮计检定实验室要求清洁、光线好，同时温度要相对稳定。检定用的工作台应坚实、耐酸、房间应有上下水，还应配备防火器材。

检定用的仪器主要有标准玻璃浮计、检定筒、检定液、玻璃搅拌器、浮计架、天平、外径千分尺、温度计、量筒等。

二、检定所需的仪器设备

1. 玻璃筒

玻璃筒应清晰透明、规则无畸变；在上部读数部分应无妨碍浮计读数的缺陷，如气泡、气线、节点、波纹等。筒的大小尺寸应合适，浮计漂浮在液体中时，它与筒壁及底的距离至少要大于1cm。

2. 温度计

一般使用分度值为0.1℃的玻璃水银温度计，测量范围0℃～50℃。

3. 搅拌器

一般使用玻璃搅拌器，为减少棒与筒的摩擦也可用硬聚四氟乙烯做的搅拌器。

4. 天平

为计算毛细常数修正用，一般使用200g普通天平，准确度优于±100mg。

5. 外径千分尺

为计算毛细常数修正用，一般使用测量范围(0±0.01)mm～(25±0.01)mm，分度值为0.01mm的外径千分尺。

6. 溢出筒

溢出筒是在采用溢出法测定液体密度时所用的溢出容器（玻璃制作），以消除或减少液体表面张力变化对浮计示值的影响。所谓溢出法就是将溢出筒中的液体溢出一部分以形成新的液面再测量的方法。溢出筒的技术要求与玻璃筒相同。简易溢出筒见图2－3。

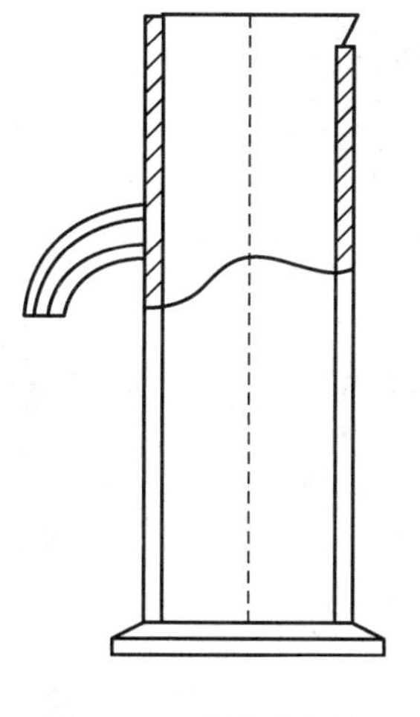

图2－3　简易溢出筒

图2－4　浮计架

7. 恒温槽

当液样性质要求高于或低于室温下测定时以及温度变化大时，可配备恒温槽调控液样温度。

除上述这些必要的设备外，还应备有计算机、浮计架、烧杯、量杯、纱布、毛刷、移液管、放大镜等。见图2－4。

三、检定液的配制

用于检定浮计的检定液各个国家有所不同，我国规定用五种检定液，即石油产品混合液、酒精水溶液、硫酸氢乙酯、硫酸水溶液和碘化钾与碘化汞水溶液。见表2－6。

表 2－6　检定用液体

浮计名称	测量范围	液体名称	备注
密度计	650kg·m^{-3}~800kg·m^{-3}	石油产品混合液（由石油醚、无铅汽油、煤油和柴油配制）	—
	810kg·m^{-3}~950kg·m^{-3}	酒精水溶液（由乙醇和纯水配制）	—
	960kg·m^{-3}~1000kg·m^{-3}	硫酸氢乙酯（由硫酸和 q 为 85% 的酒精水溶液配制）	—
	1000kg·m^{-3}~1830kg·m^{-3}	硫酸水溶液（由硫酸和纯水配制）	需要用溢出法检定
		硫酸氢乙酯	将毛细常数修正到硫酸水溶液
	1840kg·m^{-3}~2000kg·m^{-3}	碘化钾、碘化汞水溶液（由碘化钾、碘化汞和纯水配制）	—
石油密度计	650kg·m^{-3}~800kg·m^{-3}	石油产品混合液	—
	810kg·m^{-3}~950kg·m^{-3}	酒精水溶液	将毛细常数修正到石油产品混合液
	960kg·m^{-3}~1100kg·m^{-3}	硫酸氢乙酯	将毛细常数修正到石油产品混合液
酒精计	q：0~25% 相当于密度为 998.2kg·m^{-3}~968.1kg·m^{-3}	酒精水溶液	需用溢出法检定
		硫酸氢乙酯	将毛细常数修正到酒精水溶液
	q：26%~100% 相当于密度为 967.0kg·m^{-3}~789.2kg·m^{-3}	酒精水溶液	高浓度可加少许乙醚进行配置
糖量计	p：0~80%	硫酸氢乙酯	将毛细常数修正到糖溶液
海水密度计	1.000~1.040	硫酸氢乙酯	将毛细常数修正到海水
乳汁计	15m°~40m°相当于密度 1015kg·m^{-3}~1040kg·m^{-3}	硫酸水溶液	需用溢出法检定
乳汁密度计	1010kg·m^{-3}~1040kg·m^{-3}	硫酸氢乙酯	将毛细常数修正到乳汁

表 2－6（续）

浮计名称	测量范围	液体名称	备注
土壤计(甲种)	$-5s°\sim50s°$相当于密度 $995kg\cdot m^{-3}\sim1030kg\cdot m^{-3}$	硫酸水溶液	需用溢出法检定
		硫酸氢乙酯	将毛细常数修正到硫酸水溶液
土壤计(乙种)	0.995～1.030		
波美计	0～65Bh 相当于密度 $1000kg\cdot m^{-3}\sim1830kg\cdot m^{-3}$	硫酸水溶液	需用溢出法检定
		硫酸氢乙酯	将毛细常数修正到硫酸水溶液
	66Bh～70Bh 相当于密度 $1840kg\cdot m^{-3}\sim2000kg\cdot m^{-3}$	碘化钾、碘化汞水溶液	

注：所用化学试剂均为化学纯以上。石油醚沸程 30℃～60℃

检定中，配制检定液是一项经常性的工作，对于初次密度计检定液的配制可按如下公式进行：

$$V_1=\frac{\rho-\rho_2}{\rho_1-\rho_2}V \tag{2-8}$$

式中：ρ、V——所配制的检定液的密度（g/cm^3）、体积（cm^3），根据玻璃筒的体积确定；

ρ_1V_1、ρ_2V_2——配制检定液所用液体 1 与 2 的密度与体积，$V_2=V-V_1$。

两种液体的体积比为：

$$\frac{V_1}{V_2}=\frac{\rho-\rho_2}{\rho_1-\rho} \tag{2-9}$$

以上仅是所需两种液体体积的计算值，由于两种液体相互混合时会伴有吸热或放热现象，而使混合后的液体体积膨胀或冷缩。所以，在检定液的温度接近室温时，应对检定液体进行微调，使检定液的密度在标准浮计检定点上、下两个分度值之内。由于检定液需要进行微调，所以配制检定液时，应留出一定的微调量。

在配制硫酸水溶液、硫酸氢乙酯时务必注意，一定要将硫酸缓慢地沿着玻璃搅拌器或者检定筒的边沿倒入水或体积百分数为 85% 的酒精水溶液中，并不断搅拌，液体温度不可超过 40℃，不可反向操作。因为硫酸遇水会产生放热反应，反向操作会引起水的沸腾而溅出筒外，造成事故。一定要在有水源的情况下操作硫酸、碘化钾碘化汞等腐蚀性液体，并戴上防护眼镜。硫酸溅到皮肤上，第一时间用大量的流水冲洗，冲洗后再施以其他的方法治疗。

浓度计检定液可按照其体积浓度（q）或者质量浓度（p）配制，比较常用的就是酒精水溶液（q），比如 85%（q）的酒精水溶液的配置方法就是用量筒量出 85mL 的无水乙醇，并在量筒中继续加入纯水至 100mL，所得的溶液即为 85%（q）的酒精水溶液。

碘化钾、碘化汞水溶液的配置方法：用质量比为 7∶10 的纯固体的碘化钾和碘化汞放入烧杯里并加蒸馏水不断搅拌，使碘化钾和碘化汞与水充分混合。这时如果液体呈现红色沉淀需加碘化钾，如果呈现白色沉淀需加碘化汞，配好后的液体应呈透明的柠檬黄色，开始配置的液体密度应大于 $2000kg/m^3$，而后根据需要加水配置到所需要的密度。需要注意的是这种液体怕光，遇光会变成深红色，不易读数，所以不用时应将液体放入棕色瓶或储存在阴暗处保存。

检定过程中产生的腐蚀性（硫酸氢乙酯、硫酸水溶液）、可燃性（石油产品混合液）以及有毒有害（碘化钾碘化汞水溶液）的废液不得倒入下水道中，应报请环保部门回收做无害化处理。除了碘化钾碘化汞溶液不可以重复利用以外，其余的液体也可以过滤后重新用来配置新的检定液，比如高密度的硫酸水溶液、硫酸氢乙酯溶液可以用来配置低密度的硫酸水溶液、硫酸氢乙酯溶液，高浓度的酒精水溶液可以用来配置低浓度的酒精水溶液。硫酸水溶液、硫酸氢乙酯溶液的过滤需要使用耐酸的砂芯漏斗，酒精水溶液的过滤可以使用普通的漏斗加滤纸或脱脂纱布。

新配置的检定液需要放置在检定室稳定12h使用，以便液体温度均匀稳定。

四、检定项目

1. 外观检查

主要是检查浮计的玻璃材质、外形尺寸、垂直偏差、刻度标尺、标识（包括浮计名称、标准温度、制造厂或商标、出厂年月、编号），对乳汁计、糖量计、土壤计等除了上述标志外还应该标注“上缘读数”。

垂直偏差可以在检定时根据浮计在检定液中的自由飘浮状态检查，读取浮计两端读数差的方法。也可以用目测的方法进行检查，方法如下：将浮计的躯体在实验台的桌面上轻轻滚动一圈，观察浮计干管是否画圈，就可以明显找出垂直偏差超差的浮计，只要浮计的干管偏离躯体中心线的1.5°以上，即可认定浮计的垂直偏差超差。外观检查不合格的浮计不再进行示值误差的检定，直接判定为不合格。

2. 浮计示值检定

对于工作玻璃浮计，每支浮计应检定三点，即刻度标尺的上、下两条主要刻度线以及中间任意一条主要刻度线。每支浮计应检定两次，如果两次检定结果修正值之差大于0.2个分度值，必须进行第三次检定。对于一等标准密度计应每隔10kg/m^3 检定一点，对于一等标准酒精计应每隔1% 检定一点，对于一等标准海水密度计应每隔0.002 检定一点，对于一等标准糖量计应每隔1% 检定一点。对于工作玻璃浮计一般是检定上中下三点，如果使用部门有特殊要求，也可按照使用部门的要求进行检定，每一点应检定两次，如果两次检定结果之差大于0.2个分度值，必须进行第三次检定，被检浮计修正值取两次相近测量结果的平均值，并将尾数按照数据修约规则修约到分度值的十分之一。

浮计示值允许误差除了石油密度计为±0.6个分度值，其他的都是±1个分度值。

浮计的检定最终目的是评判其是否合格，如果合格就需要给出它们的修正值，被检浮计的修正值等于标准浮计修正后的示值$\rho_{标}$（标准浮计示值加检定证书修正值，或加温度、毛细常数修正值）减去被检浮计修正后的示值$\rho_{被}$（被检浮计示值或加温度、毛细常数修正值），即

$$\Delta\rho = \rho_{标} - \rho_{被} \tag{2-10}$$

根据误差理论浮计修正值是一个与示值误差大小相等，符号相反的量。按规程规定，浮计示值误差不应超过浮计的最大允许误差。如果浮计某一刻线无修正值，那么可以根据与该点（处）相邻的上下两点的修正值，用直线内插的方法列出比例方程进行计算。列方程时，

应当注意取所求点的示值与其相邻的上下两点示值接近的差值计算，这样得到的结果较准确。这种计算认为浮计两点间的修正值是均匀变化的。

3. 检定数据的计算

浮计检定规程中规定，取同一检定点的两次修正值的算术平均值，并将尾数修约到分度值的十分之一，作为该点的修正值。

4. 检定结果的处理

经检定合格的浮计发给检定证书，不合格的发给检定结果通知书。工作玻璃浮计的检定周期一般为一年，最长不得超过两年。经过检定的标准浮计发给相应等级的检定证书，检定周期一等的为五年，二等的为三年。

检定点的实际值等于浮计示值加修正值。

五、浮计检定方法

1. 实验室的准备

由于漂浮的尘埃会影响液体弯月面的形成直接影响示值的准确度，所以浮计检定前应做好实验室的清洁工作。检定时检定筒中检定液的温度和室温之差对于标准浮计不得大于±2℃，对于工作浮计不得大于±5℃。

2. 确定浮计的标准温度、分度值和读数方法

浮计的标准温度是指浮计定度时的温度，我国除了海水密度计为17.5℃外，其余的都是20℃，浮计的标准温度刻度在浮计躯体内的标签上。

浮计的分度值是浮计标尺上的对应的两相邻标尺标记的两个值之差，可以从每支浮计两条相邻标记的数码之差，用数码间的分度数（以下简称格数）除之所得的商即为浮计分度值。例如，有一支密度计，其示值710kg/m^3～720kg/m^{3}之间有20个格，则密度计的分度值为：$(720-710)/20=0.5(\mathrm{kg/m^3})$。

浮计有两种读数方法，即按弯月面下缘读数和按弯月面上缘读数。我国规定除浮计内标明按弯月面“上缘读数”以外的浮计均按弯月面下缘读数。在国外也有以读弯月面上缘为准的，例如日本。如果要将上缘读数修正到下缘读数，应进行弯月面高度修正。

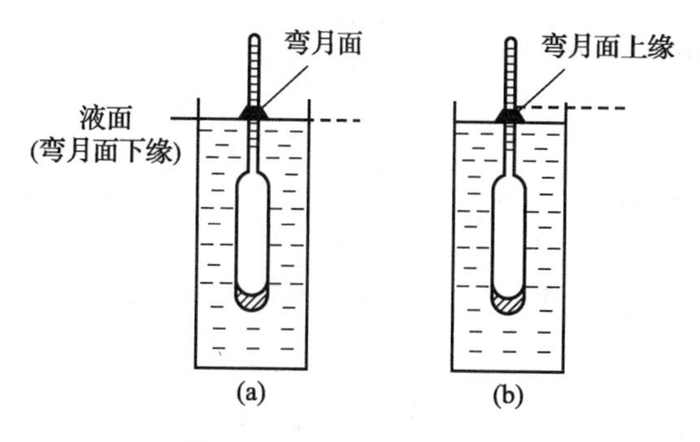

图2－5　浮计读数示意图

（1）弯月面下缘读数法。读液面与浮计干管相接触的液面水平刻线。读数时先将眼睛稍低于液面，当在干管四周看到椭圆形液面时再将眼睛慢慢抬高，直到看到的椭圆形液面成为一条直线时，读取它在干管刻度标尺上的水平位置。读下缘，一般适用于透明液体。见

图2－5(a)。

(2) 弯月面上缘读数。读液体弯月面最上缘与干管相接触的液面水平刻线，读数时眼睛要水平地对准弯月面最上缘，观测者这时应该背向光线，使自然光投射到弯月面上，从光线投射到上缘最高处的一个发亮的光点就可确定对准的水平位置。若通过灯光照射（从人的背后照射），灯光照射角度最好与液面成45°角，读上缘，一般适用于不透明液体。见图2－5(b)。

浮计读数计算方法：首先观测估读部分到可见计量数字的相邻刻线间的格数即分度值数(对于上缘可见刻线在估读部分上方；对于下缘读数可见刻线在估读部分下方)，然后化成刻度表示值。对于浮计示值从上至下递增的浮计，在上缘读数时，应将上述表示值加在可见刻线示值上；在下缘读数时，应将表示值从可见刻线示值上减去。对于浮计示值从上而下递减的浮计而言，计算方法正好相反。

3. 浮计的示值误差的检定

检定用标准器按照JJG 2094—2010《密度计量器具》选择相应的标准器，见表2－7。将所用仪器清洗干净并晾干，如果被洗涤的仪器有油污，应用脱脂棉蘸取酒精清洗干净。将清洗后的浮计放入液体中时，只允许用手拿干管最上端刻线以上部位，以防止手上的油脂吸附在浮计干管上，影响弯月面的形成。

表2－7　检定用标准器

<table>
<tr><th>受检浮计名称</th><th>测量范围</th><th>计量基、标准名称</th><th>测量范围</th><th>扩展不确定度</th></tr>
<tr><td>一等标准密度计组</td><td>$650kg\cdot m^{-3}$～$2000kg\cdot m^{-3}$</td><td rowspan="3">密度副基准—密度计组</td><td rowspan="3">$650kg\cdot m^{-3}$～$3000kg\cdot m^{-3}$</td><td rowspan="3">$2\times10^{-2}kg\cdot m^{-3}$～$20\times10^{-2}kg\cdot m^{-3}$</td></tr>
<tr><td>一等标准海水密度计组</td><td>1.0000～1.0400</td></tr>
<tr><td>一等标准糖量计组</td><td>p：0～80%</td></tr>
<tr><td>一等标准酒精计组</td><td>q：0～100%</td><td>密度副基准—酒度计组</td><td>q：0～100%</td><td>q：0.014%～0.026%</td></tr>
<tr><td>二等标准密度计组</td><td>$650kg\cdot m^{-3}$～$1500kg\cdot m^{-3}$</td><td>一等标准密度计组</td><td>$650kg\cdot m^{-3}$～$1500kg\cdot m^{-3}$</td><td>$8\times10^{-2}kg\cdot m^{-3}$</td></tr>
<tr><td>二等标准酒精计组</td><td>q：0～100%</td><td>一等标准酒精计组</td><td>q：0～100%</td><td>q：0.04%</td></tr>
<tr><td>二等标准石油密度计组</td><td>$650kg\cdot m^{-3}$～$1100kg\cdot m^{-3}$</td><td>一等标准密度计组</td><td>$650kg\cdot m^{-3}$～$1110kg\cdot m^{-3}$</td><td>$8\times10^{-2}kg\cdot m^{-3}$</td></tr>
</table>

注：1 在计量基、标准名称一栏中的浮计，其标准温度均为20℃。
2 在受检浮计名称一栏中的一等标准海水密度计组的标准温度均为17.5℃。

将检定液体倒进圆筒中时，要缓慢并不断用搅拌器搅拌，以使筒中液体温度均匀稳定，为了防止气泡的形成，搅拌器底部不要露出液面，要均匀地上下搅拌。如果产生了气泡，应静等气泡消失后进行测量。

浮计浸入液体中时，应在浮计接近所测密度点时再放手，否则在干管上过多的黏附液体会加大浮计质量造成测量误差，尤其是对于黏性液体更加重要。浮计在液体中平稳漂浮时，在干管四周形成的弯月面形状应正常，无锯齿形方可，否则应重新清洗浮计。

读数时，液体温度一定要稳定；浮计应为自由漂浮状态，不得与任何物体相碰并按浮计规定的读数方法进行读数。

测定完毕将浮计从筒中取出，清洗干净并擦干放入仪器盒内。

六、浮计检定时各种修正

1. 温度修正

检定浮计时，当两支具有同一标准温度和制作材料相同的浮计浸入到同一非标准温度的检定液中检定时，由于两支浮计体积改变所导致的误差相同，在比较其示值时相互抵消了，所以，这时只要液体温度均匀一致，无需做温度修正。然而，如果两支相互比较的浮计标准温度不同，为了比较他们的结果，必须对他们其中的一支浮计示值进行温度修正，公式如下：

$$\Delta\rho_t = \rho_1\alpha_V(t_1 - t_2) = \rho_2\alpha_V(t_1 - t_2) \tag{2-11}$$

式中：$\Delta\rho_t$——温度修正值；

ρ_1——标准温度为 t_1 浮计 1 的密度；

ρ_2——标准温度为 t_2 浮计 2 的密度；

α_V——玻璃体胀系数（一般为 25×10^{-6}）。

式（2－11）就是浮计检定时温度修正公式。用该公式对所比较的两支浮计进行修正时，对哪支浮计示值修正都可以，而且修正值大小相等，符号相反。为了利于理解，可以这样记忆，即对哪支浮计示值进行修正，式中的 t_1 就是哪支浮计的标准温度，而 t_2 就是另一支浮计的标准温度。

在实际的应用中，被检的密度计可能是以相对密度刻度或者假定刻度密度刻度，这时应将标准密度计的示值和被检密度计的单位转换成同一单位进行计算。

根据式（2－11）可编制成用于各种浮计的温度修正表格，常用的标准温度为20℃、15℃的通用密度计在0℃～50℃温度修正表见表2－8。

表2－8　标准温度15℃和20℃的密度计（kg·m^{-3}）温度修正值表

t/℃		600	700	800	900	1000	1100	1200	1300	1400	1500	1600	1700	1800	1900	2000
0	-	+0.3	+0.4	+0.4	+0.4	+0.5	+0.6	+0.6	+0.6	+0.7	+0.8	+0.8	+0.8	+0.9	+1.0	+1.0
5	0	+0.2	+0.3	+0.3	+0.3	+0.4	+0.4	+0.5	+0.5	+0.5	+0.6	+0.6	+0.6	+0.7	+0.7	+0.8
10	5	+0.2	+0.2	+0.2	+0.2	+0.2	+0.3	+0.3	+0.3	+0.4	+0.4	+0.4	+0.4	+0.4	+0.5	+0.5
15	10	+0.1	+0.1	+0.1	+0.1	+0.1	+0.1	+0.2	+0.2	+0.2	+0.2	+0.2	+0.2	+0.2	+0.2	+0.3
20	15	0	0	0	0	0	0	0	0	0	0	0	0	0	0	0
25	20	-0.1	-0.1	-0.1	-0.1	-0.1	-0.1	-0.2	-0.2	-0.2	-0.2	-0.2	-0.2	-0.2	-0.2	-0.3

表 2-8（续）

t/℃		600	700	800	900	1000	1100	1200	1300	1400	1500	1600	1700	1800	1900	2000
30	25	-0.2	-0.2	-0.2	-0.2	-0.2	-0.3	-0.3	-0.3	-0.4	-0.4	-0.4	-0.4	-0.4	-0.5	-0.5
35	30	-0.2	-0.3	-0.3	-0.3	-0.4	-0.4	-0.5	-0.5	-0.5	-0.6	-0.6	-0.6	-0.7	-0.7	-0.8
40	35	-0.3	-0.4	-0.4	-0.4	-0.5	-0.6	-0.6	-0.6	-0.7	-0.8	-0.8	-0.8	-0.9	-1.0	-1.0
45	40	-0.4	-0.4	-0.4	-0.6	-0.6	-0.7	-0.8	-0.8	-0.9	-0.9	-1.0	-1.0	-1.1	-1.2	-1.2
50	45	-0.4	-0.5	-0.6	-0.7	-0.8	-0.8	-0.9	-1.0	-1.0	-1.1	-1.2	-1.3	-1.4	-1.4	-1.5
-	50															

2. 毛细常数的修正

漂浮在液体中的浮计，由于玻璃干管与液体相接触，液面在附着力（固体和液体分子间的作用力）、内聚力（液体分子间的作用力）、表面张力（使液面缩小的力）和重力诸力作用下，在液体浸润干管时，会在干管四周形成向上弯曲的凹弯月面。该弯月面加大了浮计本身的质量，使它浸入不同液体中的深度要比假定无弯月面浸入的更深些。浮计刻度都是在指定的某种液体中确定的，当将它浸入不同的液体中时，弯月面影响是不同的，这时为得到被测液体的实际密度值，应对示值加以弯月面不同的修正。其修正值常用与弯月面有关的表面张力和毛细常数量来表达。

$$\Delta\rho_{\sigma} = \frac{(a_2 - a_1)\pi D\rho^2}{m_0} \tag{2-12}$$

式中：$\Delta\rho_{\sigma}$——浮计示值的毛细常数修正值，g/cm^3；

a_1——适合于浮计刻度的液体毛细常数，mm^2；

a_2——浮计浸入的液体毛细常数，mm^2。

毛细常数修正值 $\Delta\rho_{\sigma}$ 既与液体性质有关，又与浮计的质量和干管直径有关。

浮计经毛细常数修正后的示值为：

$$\rho_t = \rho + \frac{(a_2 - a_1)\pi D\rho^2}{m_0} \tag{2-13}$$

在浮计检定过程中，毛细常数的修正经常会遇到。我们打开标准器证书会发现，所有的修正值前面都给出了这个修正值所用的检定液体，我们只有在这个检定液体中使用该标准器，其示值修正值才是正确的，否则，这个示值修正值就是错误的。所以，我们在检定过程中，一定要使用标准浮计所规定的检定液体。

需要注意的是，在标准酒精计的 0～25% 范围内，标准器一般会给出两个修正值，一个是在酒精水溶液中的修正值，一个是在硫酸氢乙酯的修正值。要根据我们所使用的检定液体的类别选定标准酒精计的修正值。为什么标准器会给出两个修正值呢？这是因为在这个量程范围内酒精水溶液的气泡很多很细，这些细小的很不容易消散的气泡附着在浮计的下端，极易产生误差，所以规程规定在这个范围内可以使用硫酸氢乙酯代替酒精水溶液进行检定。但是需要注意的是酒精计的使用还是在酒精水溶液中的，所以工作酒精计的修正值还是要给酒精计在酒精水溶液中的修正值，这就需要进行毛细常数的修正。

另一个需要注意的就是，在标准密度计的 $1000kg/m^3 \sim 1830kg/m^3$ 范围内也有两个修正值，一个是硫酸氢乙酯的修正值，一个是硫酸水溶液的修正值。也要根据实际使用的检定液选定标准密度计的修正值。为什么给了两个修正值呢？这是因为硫酸水溶液的表面张力不稳定，在检定时需要将液体表面的一层液体溢出而取得毛细常数的一致，这给检定工作带来了麻烦，因此规程规定可以使用硫酸氢乙酯代替硫酸水溶液。但是国际上密度计的测量值是以硫酸水溶为准的，所以规程允许两种检定液任选，但以硫酸水溶液的修正值为准。标准器的传递过程中，两种检定液可以任选，但是最终给到工作浮计修正值时，必须是以硫酸水溶液的修正值为准的。在实际的检定过程中，一定要和标准器的检定液一致；如果特殊情况下条件不一致，那么需要进行毛细常数的修正，将标准密度计的修正值修正到所使用的检定液的毛细常数修正值。

在检定工作浮计时也经常需要做毛细常数的修正，这常常发生在专用的玻璃浮计上，比如石油密度计、乳汁计、糖量计、土壤计等，我们在检定时使用的检定液体与浮计实际使用的液体不一致，需要把毛细常数修正到浮计实际使用的液体中。对于不知道用途的普通密度计，需要在检定证书中给出检定液体，以便用户在使用时根据所测液体的不同，自行进行毛细常数的修正。

七、浮计检定结果的不确定度分析

浮计检定时，在检定环境、条件以及浮计本身技术条件符合规程的要求，并对可修正的误差（温度和毛细修正）考虑之后，测量不确定度主要有下列因素决定。

1. 上级标准器的不确定度

用于检定被检浮计的基准或标准浮计是经上一级基准装置或标准浮计标定的，即所给修正值的不确定度大小已经确定，可通过标准器证书查到。

2. 读数误差引起的不确定度

读示值是用眼睛估读的，一般该项误差不大于0.1个分度值。

3. 液体毛细常数变化对示值误差的影响

液体毛细常数取决于液体本身的特性，它与液体的表面张力有关。由于液体表面的清洁程度会影响表面张力，这种变化对表面张力大（即毛细常数大）的液体更加显著。另外，液体温度对毛细常数也有影响，但是很微小。

4. 检定液温度对浮计示值的影响

由于浮计检定是在同一种检定液中直接比较它们的示值，所以检定时不要求液体温度与它们的标准温度相一致，重要的是液体温度要均匀以及与室温之差相对稳定，这就要检定液温度与室温相差不宜过大，按照标准浮计和工作浮计规程规定两者分别不能大于 ±2℃ 和 ±5℃。为保证检定工作的顺利进行，检定房间设置温度控制设备是最理想的。

5. 浮计倾斜所引起的不确定

这个不确定度分量是由于浮计在液体中漂浮不垂直造成的，规程规定这种不垂直对示值的影响不大于 ±0.1 个分度值。

以上就是浮计检定中不确定度分量的主要来源，将上述各项不确定分量合成并乘以置信因子（一般为2），即可得到浮计检定结果的扩展不确定，一般按照上述分析方法，浮计扩展不确定度一般为分度值的 0.2 ~ 0.4 个分度之间。

第四节　浮计的使用

一、浮计的测量

浮计在实际的使用中的要求与浮计的计量检定要求基本相同，首先要确定浮计的标准温度、读数方法、分度值、浮计的修正值以及修正值的检定液体等数据。测量步骤如下。

（1）首先根据所测液体密度及其精度来选择浮计，并确认标准温度、分度值、读数方法。

（2）浮计要仔细清洗干净，清洗后的浮计放入液体中时，只允许用手拿干管最高刻度线以上部分，同时要注意垂直取放。

（3）装盛液体的容器需清洗干净后再慢慢倒入液体，并不断搅拌，观察有无气泡。无气泡后缓慢放入浮计，避免浮计在液体内上下摆动。

（4）读数时浮计不得与容器壁、底以及搅拌器接触，并按照浮计的读数方法读数。

（5）在浮计读数前后测量液体温度，并取他们的算数平均值作为液体温度值进行温度修正。

（6）根据所测液体的性质、读数方法、温度确定是否修正。

二、浮计测量的影响因素及修正

1. 温度对浮计示值的影响

在使用浮计时，液体温度对浮计示值的影响往往被很多人所忽视，通常不管液体温度如何，认为重复刻度标尺读得的示值，就是液体的密度。实际上这是不正确的。因为这种测量必须在浮计的标准温度下测量的。如果密度测量要求精度高或者液体温度偏离浮计的标准温度很大，就会给测量结果带来不可忽略的影响。在实际的工作中，并非都能保证测量浮计的标准温度下，尤其是在生产现场，这时的温度有可能偏离浮计标准温度很多。这种情况下，需对浮计的示值进行温度修正，才能得到液体的真实密度值。其修正公式为：

$$\Delta\rho_t = \rho_{t0}\alpha_V(t_0 - t) \tag{2-14}$$

式中：$\Delta\rho_t$——浮计示值的温度修正值，kg/m^3；

ρ_{t0}——浮计在温度 t 的示值，kg/m^3；

α_V——浮计玻璃体胀系数（通常为 $25\times10^{-6}℃^{-1}$）；

t_0——浮计标准温度，℃；

t——所测液体温度，℃。

浮计经温度修正后的示值即在标准温度 t_0 时液体密度的实际值为：

$$\rho_t = \rho_{t0}[1 + \alpha_V(t_0 - t)] \tag{2-15}$$

式中：ρ_t——经过温度修正到浮计标准温度 t_0 后的密度，kg/m^3。

2. 体胀系数影响及其修正

浮计材质一般为玻璃，玻璃的热胀冷缩对浮计的示值产生影响，当液体温度高于浮计的标准温度时，那么由于玻璃膨胀使浮计的体积比它在标准温度下的体积大，这时，相应的浮计浸没于液体中的深度减小，所以浮计测量的示值大于液体的实际密度，这时温度修正值为负值；反之，为正值。浮计体胀系数修正值 $\Delta\rho_t$ 仅与浮计本身的体胀系数以及温度有关，而与它的尺寸无关。

为避免浮计材质不同而使 α_V 不同引起测量误差，建议使用 $\alpha_V=(25\pm2)\times10^{-6}℃^{-1}$ 的玻璃材质，这也是国际标准所规定的。当所用玻璃浮计的体胀系数与常规值不同时，应对示值做玻璃体胀系数的修正，其修正式为：

$$\Delta\rho_\alpha=\rho'[\alpha'_V-25\times10^{-6}](t_0-t) \tag{2-16}$$

式中：　$\Delta\rho_\alpha$——浮计示值的玻璃体胀系数修正值；

ρ'——浮计示值；

α'_V——浮计玻璃体胀系数；

$25\times10^{-6}℃^{-1}$——玻璃体胀系数的常规值；

t_0——浮计的标准温度；

t——液体温度。

当 α'_V 与 α_V 相差大时，应考虑这一影响。若相差 $20\times10^{-6}℃^{-1}$（这时 $t_0-t=1℃$），在 $600kg/m^3\sim2000kg/m^3$ 密度范围内为 $0.012kg/m^3\sim0.040kg/m^3$。

浮计经玻璃体胀系数修正后的示值对于密度计为：

$$\rho_\alpha=\rho'[1+\alpha'_V-25\times10^{-6}](t_0-t) \tag{2-17}$$

式中：ρ_t——经过玻璃体胀系数修正到 $25\times10^{-6}℃^{-1}$ 后的密度，kg/m^3。

以上公式也适用于相对密度计。

根据式（2-16）和式（2-17）可编制成用于各种浮计的玻璃体胀系数修正值表格，常用的通用密度计和通用相对密度计的修正值见表2-9和表2-10。

表2-9　密度计玻璃体胀系数修正值表

$\rho'/(kg\cdot m^{-3})$	$(\alpha'_V-25)\times10^{-6}$ 的值/$℃^{-1}$		
	10×10^{-6}	15×10^{-6}	20×10^{-6}
600	0.006	0.0090	0.012
700	0.007	0.0105	0.014
800	0.008	0.0120	0.016
900	0.009	0.0135	0.018
1000	0.010	0.0150	0.020
1100	0.011	0.0165	0.022
1200	0.012	0.0180	0.024
1300	0.013	0.0195	0.026
1400	0.014	0.0210	0.028
1500	0.015	0.0225	0.030
1600	0.016	0.0240	0.032
1700	0.017	0.0255	0.034

表2－9（续）

$\rho'/(\mathrm{kg\cdot m^{-3}})$	$(\alpha'_V-25)\times10^{-6}$的值/℃$^{-1}$		
	10×10^{-6}	15×10^{-6}	20×10^{-6}
1800	0.018	0.0270	0.036
1900	0.019	0.0285	0.038
2000	0.020	0.0300	0.040

表2－10　相对密度计玻璃体胀系数修正值表

d'	$(\alpha'_V-25)\times10^{-6}$的值/℃$^{-1}$		
	10×10^{-6}	15×10^{-6}	20×10^{-6}
0.6	3.3	5.0	6.7
0.7	3.9	5.8	7.8
0.8	4.4	6.7	8.9
0.9	5.0	7.5	10.0
1.0	5.6	8.3	11.1
1.1	6.1	9.2	12.2
1.2	6.7	10.0	13.3
1.3	6.7	10.8	14.4
1.4	7.2	11.7	15.6
1.5	7.8	12.5	16.7
1.6	8.9	13.3	17.8
1.7	9.4	14.2	18.9
1.8	10.0	15.0	20.0
1.9	10.6	15.8	21.1
2.0	11.1	16.7	22.2

注：$\alpha_V=25\times10^{-6}$℃$^{-1}$。

3. 毛细常数的影响及修正

所有的浮计都有其适合的液体，这可以通过检定证书中浮计修正值所给出的适用液体得出，当浮计实际使用的液体不符时，应对浮计进行毛细常数的修正，修正方法参见本章第三节。

修正毛细常数需要知道液体的毛细常数，对于常用的液体的毛细常数可通过查表得到。毛细常数的数值通常可查表2－11以及JJG 42—2011《工作玻璃浮计》得到。除此以外也可以用液体表面张力测定仪测定液体的表面张力σ，通过式（2－18）计算出液体的毛细常数：

$$a=\frac{\sigma}{\rho g} \tag{2-18}$$

式中：a——液体毛细常数，mm^2；

σ——液体表面张力，mN/m。

毛细常数的测定也可用毛细管上升法实测，该方法简单实用，方法如下。

使用已知内径的玻璃毛细管，垂直插入液体中，毛细管内的液体由于液体表面张力的作用而上升，对于很细的毛细管（1mm）且认为液体完全浸润管壁的情况下，可将弯月面近似地看成一半球面，见图 2-6。

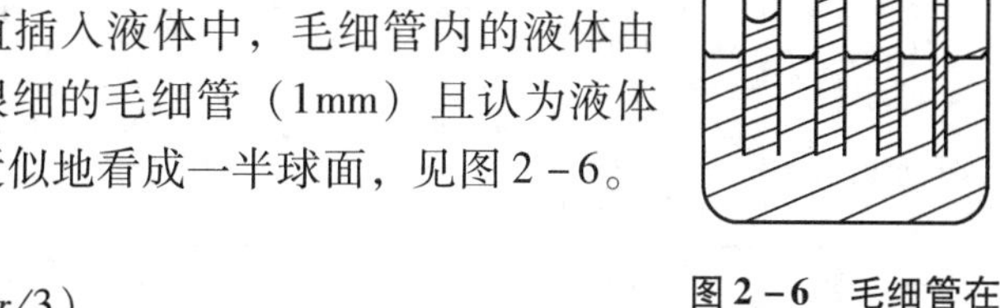

图 2-6　毛细管在液体浸润管壁时表面呈半球状弯月面

这时计算毛细管常数公式为：

$$a=\frac{r(h+r/3)}{2} \tag{2-19}$$

式中：a——毛细常数，mm^2；

r——毛细管半径，mm；

h——液体在毛细管中上升的高度，mm。

测量时若同时使用两支毛细管，计算式为：

$$a=\frac{r_1 r_2}{6}\left[\frac{3(h_1-h_2)}{r_2-r_1}-1\right] \tag{2-20}$$

式中：r_1、r_2——两支毛细管的半径，mm；

h_1、h_2——液体在两支毛细管中的上升高度，mm。

本法的特点是由于毛细管常数 a 与液体在两毛细管中上升的高度差有关，故不用对准液面。表 2-9 列出常用液体的表面张力（与空气接触时）。

表 2-11　20℃液体的表面张力 σ

液体名称	σ/(N·m⁻¹)	液体名称	σ/(N·m⁻¹)	液体名称	σ/(N·m⁻¹)
乙醚	0.017	苯胺	0.043	水	0.0687（45℃）
甲醇	0.023	甘油	0.065		0.0679（50℃）
乙醇	0.0241（0℃）	丙酮	0.024		0.0662（60℃）
	0.0233（10℃）	水	0.0756（0℃）		0.0644（70℃）
	0.0224（20℃）		0.0749（5℃）		0.0626（80℃）
	0.0216（30℃）		0.0742（10℃）		0.0608（90℃）
	0.0207（40℃）		0.0735（15℃）		0.0589（100℃）
煤油	0.024		0.0728（20℃）	氯苯	0.033
汽油	0.029		0.0720（25℃）	乙酸乙酯	0.024
松节油	0.027		0.0712（30℃）	蓖麻油	0.036
橄榄油	0.033		0.0704（35℃）	碳酸二乙酯	0.026
苯	0.029		0.0696（40℃）	溴萘	0.045

表2－11（续）

液体名称	σ/(N·m^{-1})	液体名称	σ/(N·m^{-1})	液体名称	σ/(N·m^{-1})
蔗糖(熔融的)	0.067	戊醇	0.026	十六酸乙酯	0.032
芝麻油	0.032	丙醇	0.024	丙胺	0.022
油酸	0.033	辛醇	0.028	浓硝酸	0.041
氯仿	0.027	苯酚	0.041	浓硫酸	0.055
四氯化碳	0.027（20℃）	苯酮	0.045	汞(在真空中)	0.480
	0.023（50℃）	苯醛	0.040	汞(在空气中随时间而减少)	0.500～0.400
四氯乙烷	0.036	氮苯	0.038		
四溴乙烷	0.050	氮萘	0.045		
甲苯	0.028	二氯化乙烯	0.032		

4. 弯月面高度影响及修正

弯月面高度是指弯月面下缘位置到上缘位置之差，即浮计下缘读数位置到上缘读数位置的差值。

弯月面高度 h 可用朗伯格（Langberg）方程求得。对于以密度单位刻度的浮计来说朗伯格方程是：

$$h=\frac{1000\sigma}{D\rho_{上}g}\left(\sqrt{1+\frac{2D^{2}\rho_{上}g}{1000\sigma}}-1\right) \tag{2-21}$$

式中：h——弯月面高度，mm；

σ——液体表面张力，mN/m；

$\rho_{上}$——浮计上缘读数的密度值，kg/m^3；

D——浮计干管直径，mm；

g——重力加速度，取标准重力加速度值9.80665m/s^2；

1000——单位换算系数。

该式常用于在不透明液体里无法按弯月面下缘读数，而读弯月面上缘，但要得到下缘读数浮计示值的弯月面读数高度的修正值计算。

对于以相对密度单位表示的浮计来说朗伯格方程式是：

$$h=\frac{\sigma}{Dd_{上}g}\left(\sqrt{1+\frac{2D^{2}d_{上}g}{\sigma}}-1\right) \tag{2-22}$$

式中：$d_{上}$——浮计上缘读数的相对密度值。

若弯月面高度 h 用密度单位表示，则弯月面高度修正式为：

$$\Delta\rho_{h}=\rho_{下}-\rho_{上}=\frac{1000\sigma\Delta\rho_{E}}{D\rho_{上}gL}\left(\sqrt{1+\frac{2D^{2}\rho_{上}g}{1000\sigma}}-1\right) \tag{2-23}$$

式中：$\Delta\rho_{h}$——以密度单表示的弯月面高度修正值，kg/m^3；

$\rho_{下}$——浮计下缘读数密度值，kg/m^3；

$\rho_{上}$——浮计上缘读数密度值，kg/m^3；

L——浮计刻度标尺全长，mm；

$\Delta\rho_E$——浮计刻度标尺最高密度值与最低密度值之差，即密度测量范围，kg/m^3。

同理，对于以相对密度单位表示的浮计，其修正式为：

$$\Delta d_h = d_{下} - d_{上} = \frac{\sigma \Delta d_E}{D d_{上} g L}\left(\sqrt{1 + \frac{2D^2 d_{上} g}{\sigma}} - 1\right) \tag{2-24}$$

式中：Δd_h——以相对密度单表示的弯月面高度修正值；

$d_{下}$——浮计下缘读数相对密度值；

$d_{上}$——浮计上缘读数相对密度值；

Δd_E——浮计相对密度测量范围。

根据式（2-23）、式（2-24），要想求浮计在弯月面下缘读数的示值，应将弯月面高度修正值 $\Delta\rho_h$ 或 Δd_h 加在弯月面上缘读数上，即：

$$\rho_{下} = \rho_{上} + \Delta\rho_h \tag{2-25}$$

$$d_{下} = d_{上} + \Delta d_h \tag{2-26}$$

弯月面高度 h 也可由实验确定。这时可将浮计浸在被测液体具有大致相近表面张力的透明液体中，由观测到的弯月面下缘上升的最高高度求出。

第三章　液体静力称量法

液体静力称量法是指通过称量一定体积的液体质量，通过质量与体积之比而获得液体密度的方法。称量的方式有多种，一种是基于阿基米德定律称量固定体积的物体浮力的方法，如称量式数显液体密度计；还有将液体直接装入一定体积的容器中用天平进行称量的方法，例如密度瓶；也有利用杠杆原理称量固定体积的液体质量的方法，如泥浆密度计。

第一节　用液体静力称量法检定玻璃浮计

一、静力称量法测量装置

用于检定玻璃浮计的液体静力称量法，是指通过质量称量确定浸入液体中的密度标准（如标准浮子或硅球等）在稳定状态下所受到的浮力，从而求得液体密度的一种方法。自2011年起我国就将液体静力称量法作为密度量值传递方法之一，该方法可达到较高的准确度。

图3－1是液体静力称量装置示意图。装置主要由液体静力天平、恒温系统等组成。静力天平秤盘下方可吊挂由吊钩和吊丝组成的吊具系统，天平一般常选用最大秤量为200g以上、分辨力为0.1mg的天平及配套砝码，恒温水槽水温应控制在（20±0.1）℃，圆筒内的液体温度计应为0℃～50℃、分辨率为0.01℃的数显密度计。

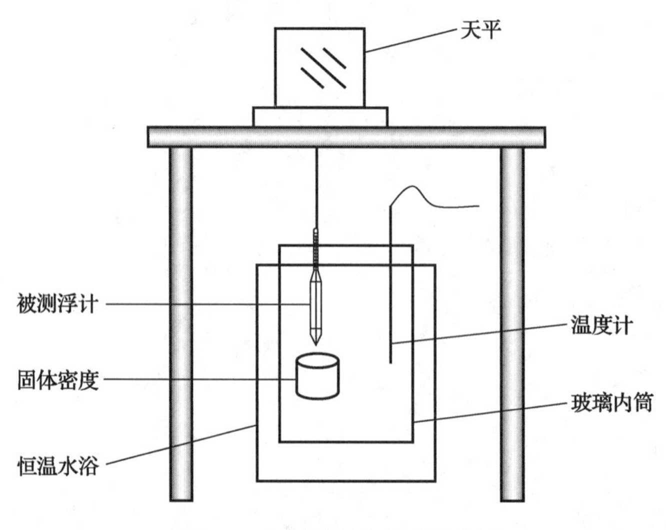

图3－1　液体静力称量法示意图

固体密度基准（标准）是规则的几何形状固体，如硅球、硅圈或硅柱等。

二、用静力称量法检定玻璃浮计

1. 浮计空气中质量测量 w_a

（1）天平清零后将浮计放置在天平秤盘中心（可以定制一浮计底托以便浮计可以竖直站立），待稳定后记录天平读数 A_1；

（2）取下玻璃浮计，待天平稳定后记录此时读数 A_2，天平清零；

（3）重复1.（1）、1.（2），进行两次测量，并记录此时空气温湿压；

（4）取两次测量平均值为浮计在空气中的质量值。

2. 标准液体密度测量 ρ_L

（1）天平清零并搅拌液体后将固体密度标准挂载于天平下方，浸没于检定用液体中，待稳定后记录密度标准在检定用液体中称量的天平示值 I_1 和液体温度 t；

（2）取下固体密度标准，待天平稳定后记录此时读数 I_2，天平清零；

（3）重复2.（1）、2.（2），进行两次测量；

（4）取两次测量平均值为固体密度标准在液体中称量的天平示值。

3. 浮计在检定用液体中质量 w_L 及被测浮计各点修正值 $\Delta\rho$

（1）天平清零后将吊挂器具固定在浮计干管顶部没有刻度的地方，调整使其可以垂直浸没于恒温液体中。

（2）搅拌液体后，将浮计挂到天平下（注意排除浮计体表气泡），通过调整使浮计浸到要检定的刻度上，弯月面下缘读数正好对准刻线中心位置，液体温度稳定在(20 ±0.1)℃，待天平稳定后记录读数 I_{31}，并同时记录下液体温度 t 和空气温湿压。

（3）取下浮计，待天平稳定后记录此时读数，I_{32}。

（4）重复3.（2）、3.（3），进行两次测量，若两次测量结果最大值与最小值之差经计算后大于0.2个分度值，则该被测点需要重新检定。[或者在3.（2）确保弯月面下缘读数正好对准刻线中心位置的情况下直接读两次天平数值取平均值]

（5）取两次测量结果的平均值作为浮计该点的修正值。

4. 数据处理

（1）标准液体的密度 $\rho_1(t)$

固体密度标准测液体的密度 $\rho_1(t)$

$$\rho_1(t)=\frac{m_s-w_1\left(1-\frac{\rho_a}{\rho_{we}}\right)}{V_{si}[1+\alpha_{V1}(t-20)]} \tag{3-1}$$

式中：$\rho_1(t)$——温度 t 时液体的密度，g/cm^3；

m_s——固体密度标准在真空中的质量，g；

w_1——固体密度标准在检定用液体中称量的天平示值，g；

ρ_a——空气密度（可直接测得，也可根据空气温度、湿度及大气压力经计算得到，g/cm^3）；

ρ_{we}——砝码密度，通常为 $8.0g/cm^3$；

V_{si}——固体密度标准在20℃时的体积，cm^3；

α_{V1}——固体密度标准体胀系数,℃$^{-1}$;

t——液体温度,℃。

（2）浮计空气中质量测量 W_a

$$W_a = m_H - (V_1 + V_2)[1 + \alpha_{V2}(t_a - 20)]\rho_a + \frac{W_a}{\rho_{we}}\rho_a \tag{3-2}$$

式中：W_a——玻璃浮计在空气中的天平视值，g；

m_H——玻璃浮计在真空中的质量，g；

V_1，V_2——20℃时玻璃浮计在待校准刻度上、下两部分体积，cm^3；

α_{V2}——玻璃浮计体胀系数,℃$^{-1}$;

t_a——空气温度,℃;

（3）浮计在标准液体中质量测量 W_1

$$W_1 = m_H - V_1[1 + \alpha_{V2}(t_a - 20)]\rho_a - V_2[1 + \alpha_{V2}(t - 20)]\rho_1(t) + \frac{W_1}{\rho_{we}}\rho_a + \frac{\pi D\sigma_2}{g} \tag{3-3}$$

式中：W_1——玻璃浮计在温度为 t 标准液体中称量的天平视值，g；

D——浮计干管在检定点的直径，mm；

σ_2——标准液体表面张力，mN/m；

g——重力加速度，m/s^2。

（4）浮计检测点的修正值 $\Delta\rho$

如果将玻璃浮计放置入20℃工作用液体中，恰好刻度处与液面对准，那么待测液体的密度 ρ_1 满足公式：

$$m_H + \frac{\pi D\sigma_1}{g} = V_1\rho_a + V_2\rho_1 \tag{3-4}$$

式中：σ_1——工作用液体表面张力，mN/m；

ρ_1——工作用液体的密度，g/cm^3。

式(3-2)、式(3-3)、式(3-4)，在合理忽略次级变量的条件下，可以计算出工作用液体的密度 ρ_1

$$\rho_1 = \frac{w_a + \frac{\pi D\sigma_1}{g}}{w_a - w_1 + \frac{\pi D\sigma_2}{g}}[(1 + \alpha_{V2}(t - 20))\rho_1(t) - \rho_a] + \rho_a \tag{3-5}$$

可以计算出当前密度计刻度对应的修正值为：

$$\Delta\rho = \rho_1 - \rho_n \tag{3-6}$$

式中：$\Delta\rho$——浮计检测点的修正值，g/cm^3；

ρ_n——检定点密度标称值，g/cm^3。

在实际的检定过程中，该计算由计算机完成。

采用静力称量法检定玻璃浮计相对于玻璃浮计法的优点在于不同密度段的玻璃浮计可以用一种介质进行测量，避免了易燃易爆及剧毒腐蚀性液体的使用，对于环境保护和操作者身体健康都有着重要意义。

三、液体静力称量法不确定分析

液体静力称量法影响测量结果不确定度因素主要有以下几个方面。

1. 固体密度标（基）的不确定度分量

我国的固体密度基准的是直接溯源于质量和长度基准，其测量范围为 500kg/m^3 ~ 10000kg/m^3，其相对扩展不确定度为 $U_{rel}=2\times10^{-6}$，$k=2$；固体密度标准的不确定度以其检定证书所列为准。

2. 天平和砝码的不确定度分量

天平和砝码的测量准确度直接影响密度测量的准确度，天平应选用最大秤量为 200g 以上、分辨力为 0.1mg 的天平及配套砝码，其不确定度分量以检定证书为准。

3. 空气密度对测量结果的影响

随着温度、湿度以及大气压力的变化，空气密度会随之变化，在一般的测量中，通常将空气的密度作为一个常数计算。假如砝码的质量在 1000g，空气密度每变化 0.02kg/m^3，砝码浮力相应变化 24mg，这将对液体密度的绝对值产生较大的影响。我国的液体静力称量装置对空气的密度采用的实时测量的方法，将温度传感器、湿度传感器和大气压力传感器分别放入天平的防风罩中接近称量室的位置，湿度传感器和大气压力传感器输出的电压信号接入数据采集卡中，热敏电阻温度计与计算机相连接，以实现空气密度的自动化测量。安装了自动加减砝码的程序通过计算机控制实现砝码的加载和卸载以减少手动加减砝码对天平称量室空气密度的影响。

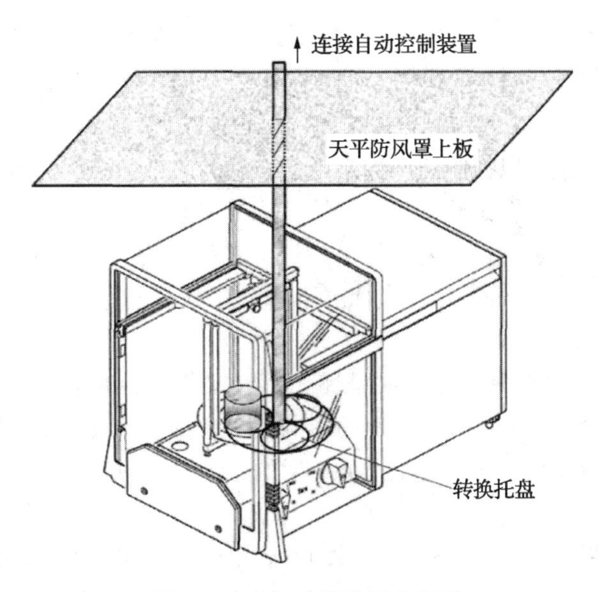

图 3-2　天平称量装置示意图

4. 弯月面力对测量结果的影响

固体密度标（基）准和被测固体物质都是通过吊具浸入到液体中，在液体表面张力的作用下，会在吊丝接近液面的四周形成一个弯月面，从而使在吊丝上产生一个向下的力。假设液面上升高度为 h，则液柱所受重力与表面张力平衡，此时有：

$$f = M_\sigma g = \pi r^2 h\rho g = 2\pi r\sigma\cos\theta \tag{3-7}$$

式中：f——弯月面力；

M_σ——上升液柱的质量；

σ——表面张力。

对于液体能完全浸润器壁时，可认为是理想状态，此时的接触角 $\theta = 0$，$\cos\theta = 1$，此时式（3－7）为：

$$f = M_\sigma g = \pi r^2 h\rho g = 2\pi r\sigma \tag{3-8}$$

对于同一液体，在同一条件下，hr 是一个常数，称为“毛细常数”设其为“α”，则：

$$\alpha = hr/2 = \sigma/\rho g \tag{3-9}$$

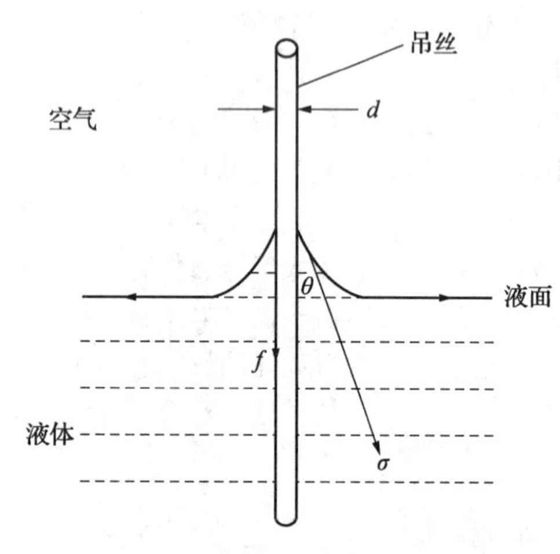

图3－3　吊丝周围形成弯月面示意图

浸在液体中的吊丝同毛细管一样，也会受到表面张力的作用。表面张力是一种使液面缩小的力，其作用方向与液面相切，且与边界相垂直。将物体吊挂在水中或液体中称量时，吊丝受到表面张力的弯月面力如图3－3所示，其中 σ 为表面张力，沿着吊丝产生的垂直方向的力 f 为弯月面力。对特定的液体来说，该力大小与吊丝的直径 d、表面张力 σ 以及接触角 θ（吊丝与间的夹角）有关。

为了消除或尽量减少这一影响，称量按以下步骤进行：①在水（或液体）中称量吊具系统，即在其上未加负荷；②在水（或液体）中称量带有负荷的系统。

但是弯月面力是一个难以控制的不稳定因素，它的大小和温度、湿度、压力和接触面的状态等许多因素有关。所以在试验过程中应尽量选择细的吊丝，以减小弯月面力对质量称量的影响。实际的弯月面力是通过重复测量得到的。实验所用吊丝的直径为0.02mm，测量结果的标准差为 $u(\Delta m) = 0.88\text{mg}$，在合成标准不确定度中占比例高。

5. 温度对测量结果的影响

温度对测量结果的影响很大，所以在测量过程中要严格控制液体的温度。液体的温度是通过恒温水浴和恒温槽控制的，液体温度的影响主要来自恒温系统和环境温度的变化。在测量体积过程中，保持液体温度的稳定是十分重要的，恒温槽的温度波动性将直接影响标准和待测样品的体积。体积的变化将直接影响天平平衡，尤其对于体胀系数较大的固体物质来说，温度的不确定度将直接导致其测量结果的不确定度的增加。因此，在测量密度时，一定要在温度稳定而均匀的条件下进行。环境温度的变化会影响恒温槽的温度，为了尽量减少恒温槽与外部温度的热交换，环境温度的温度波动性应控制在±1℃，恒温槽的温度控制精度为0.01℃。

6. 重力梯度

重力梯度对质量称量的影响是由于固体密度标（基）准与砝码的称量的高度不同所引起。见图3－4。

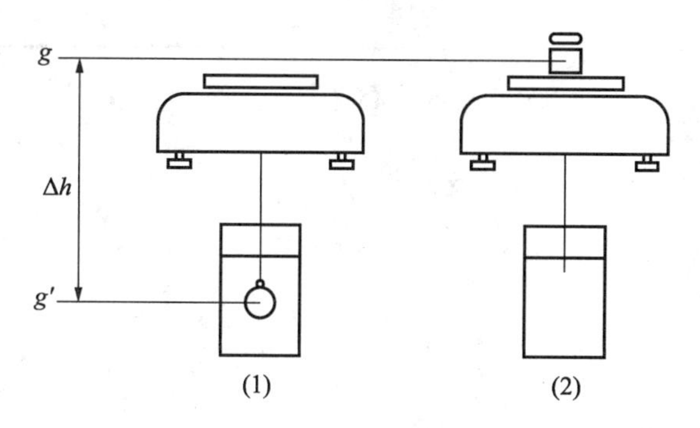

图 3－4　重力梯度对质量称量的影响示意图

$$G_C=\left[\frac{m_{ms}}{g}\right]\left[\frac{\delta g}{\delta h}\right](h_{ms}-h_{ds})\qquad(3-10)$$

式中：G_C——重力修正系数；

$\left[\frac{\delta g}{\delta h}\right]$——重力梯度；

h_{ms}——砝码重心的高度；

h_{ds}——固体密度基准（或被测固体物质）重心的高度。

通过实验分析，重力梯度对合成标准不确定度的影响很小，可以忽略不计。

7. 压力对测量结果的影响

水的压力系数为 $4.6\times10^{-10}\mathrm{kg}\cdot\mathrm{m}^{-3}\cdot\mathrm{Pa}^{-1}$，压力对水的密度影响很小，在实验条件稳定的情况下，可以忽略不计。

第二节　密　度　瓶

密度瓶法是密度测量技术中的一种基本而常用的方法，通过测定装在密度瓶内物质的质量及其体积得到密度。密度瓶的特点是结构简单、制造容易、使用方便、测量范围广、测量准确度高，通常可达到 $0.1\mathrm{kg/m^3}$，更高可达到 $0.01\mathrm{kg/m^3}$ 以上。密度瓶除了在实验室中应用广泛，在工业上某些场合也有应用，例如利用耐压式压力密度瓶从主管路或容器（罐）上离线采样进行实验室分析与比较，以确定产品的密度。

密度瓶的种类很多，通常是玻璃材料的，用于高压或者特殊情况下也有使用金属材料制作的压力密度瓶。密度瓶按形式分有单管和双管两种，几种常见的密度瓶种类及用途列于表 3－1 中，相应的结构图见图 3－5。

表 3－1　几种常见密度瓶种类及用途

序号	名　　称	毛细管内径 mm	标称容积 $\mathrm{cm^3}$	特　　点	用　　途
1	李勃氏（Lipkin）管式密度瓶		1；2；5；10	双毛细管结构，易于灌注样品	用于易挥发的石油和化工产品

表3－1（续）

序号	名　　称	毛细管内径 mm	标称容积 cm^3	特　　点	用　　途
2	斯氏（Sprengel）管式密度瓶	1.6	5；10；25	同1	用于易挥发的石油和化工产品
3	盖氏（Gay－Lussac）瓶式密度瓶	1	10；25；50	带有毛细管塞	用于测量一般性液体，对于某些固体也可以测量
4	雷氏（Reischauer）瓶式密度瓶	通常内径为2.2～3.8	25；50	瓶体上方毛细管较长	用于测量一般性液体密度
5	哈氏（Hubbard）瓶式密度瓶	1.6	25	带有毛细管塞，瓶口广易洗涤，干燥和灌注试样方便	用于测量高黏度液体，可测量固体试样
6	带磨口插入温度计和毛细具支管的瓶式密度计	侧毛细管直径约为1.5	10；25；50	可以用温度计直接测量试样温度	用于测量液体和某些固体样品密度
7	气体密度瓶		300以上	根据气体密度的大小采取不同的取样系统	用于气体密度的测量
8	压力密度瓶		15		用于液化石油气密度的测量

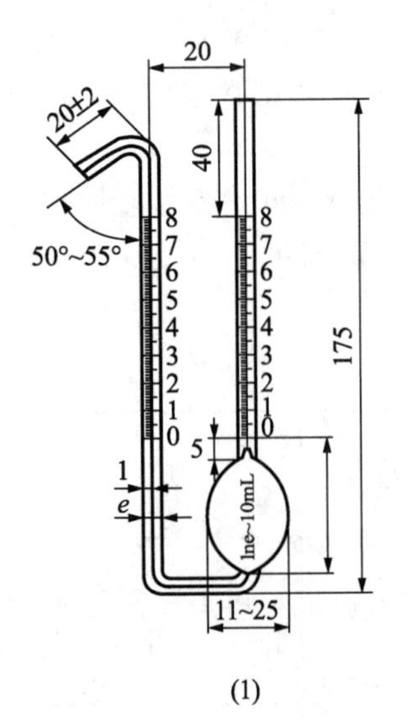

(1)

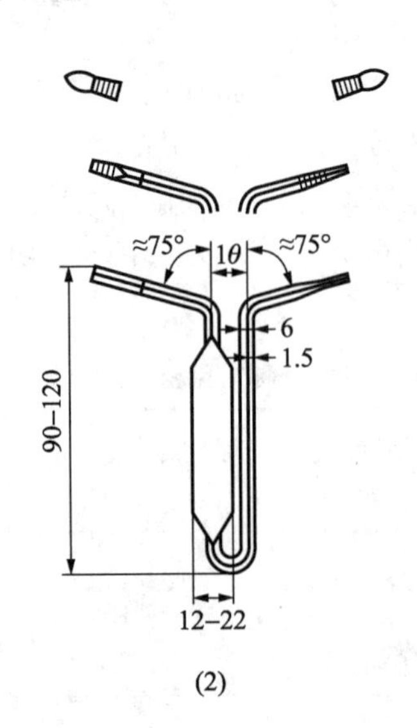

(2)

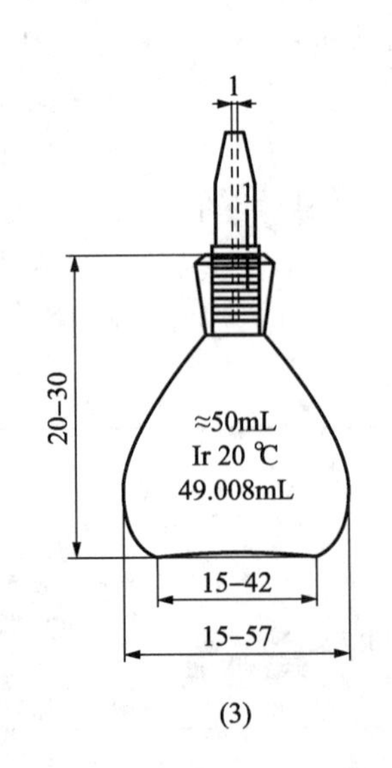

(3)

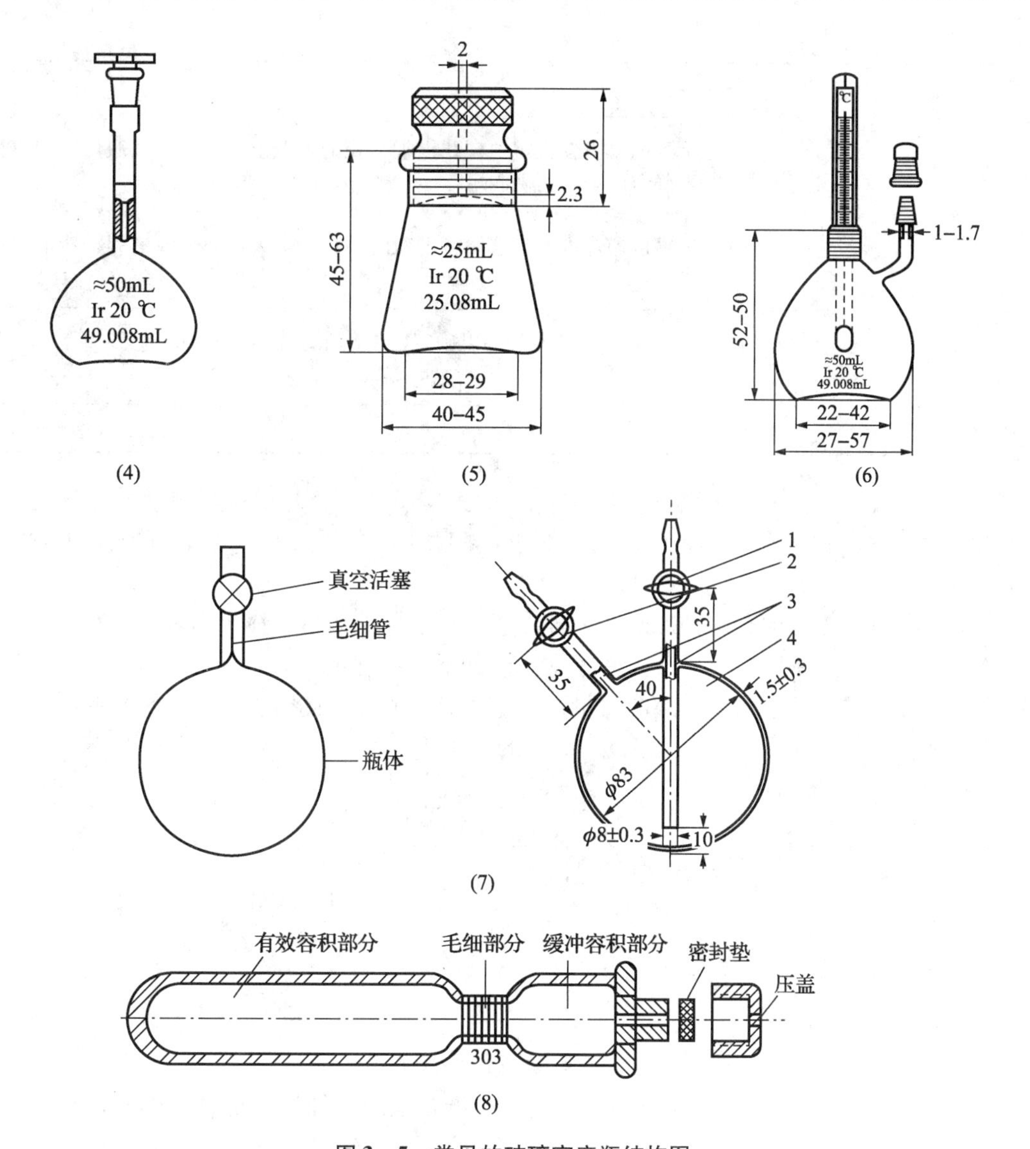

图 3－5　常见的玻璃密度瓶结构图

密度瓶的主要参数有：质量、毛细管直径、标称容积、标准温度、瓶高以及玻璃体胀系数等，列表 3－2 加以说明。

表 3－2　密度瓶主要技术参数

参　　数	技　术　说　明
质量	包括瓶塞的质量。在选用密度瓶时，瓶塞加上灌满试样的密度瓶质量，不得超过所用天平的最大称量值
毛细管直径	一般毛细管直径是已知的，以便对液柱高或低于其上标线的体积作修正。在毛细管或管塞上无标线时，测量时以灌满液体到瓶口处为准

表 3-2（续）

参　　数	技 术 说 明
标称容积	是指密度瓶在标准温度下在规定的标线以下体积的近似值，可标记在瓶体上，以标明仪器的特性，准确值应进行精确测定
瓶高	包括瓶塞在内的密度瓶高度，在选用密度瓶时，它应与天平、恒温槽等相应的设备匹配
标准温度	通常为20℃，可标记在瓶体上，用以确定密度瓶在此温度下在规定标线以下的标准体积
玻璃体胀系数	通常为 25×10^{-6}℃$^{-1}$

用于测量液体的密度瓶其容积相对较小，一般为 $10\text{cm}^3\sim50\text{cm}^3$；而测量气体的密度瓶则容积相对较大，一般在 300cm^3 以上，因气体密度小，采用容积大的玻璃密度瓶对测量有利。

密度瓶测量液体密度有两种形式，一种形式是密度瓶的质量和体积为未知，在密度瓶质量与体积未知时，用密度瓶测量液体密度是基于如下三组称量：称量空密度瓶的质量；称量灌有密度标准液或者纯水的密度瓶的质量；称量灌有被测液体的密度瓶的质量。此时液体的密度公式为：

$$\rho_t=\frac{m_3(1-\rho_3/\rho_0)-\dfrac{m_1(1-\rho_3/\rho_m)}{1-\rho_1/\rho_m}(1-\rho_1/\rho_0)}{\left\{\dfrac{m_2(1-\rho_2/\rho_0)-\dfrac{m_1(1-\rho_2/\rho_m)}{1-\rho_1/\rho_m}(1-\rho_1/\rho_0)}{\rho_w-\rho_2}+\Delta V_2\right\}[1+\alpha_V(t_3-t_2)]-\Delta V_3}+\rho_3 \tag{3-11}$$

式中：ρ_t——被测液体在 t_3℃时的密度；

m_1——在密度为 ρ_1 的空气中与空密度瓶相平衡的砝码质量；

m_2——在密度为 ρ_2 的空气中与灌满密度标准物质或者纯水至标线处的密度瓶相平衡的砝码质量；

m_3——在密度为 ρ_3 的空气中与灌满被测液体至标线处的密度瓶相平衡的砝码质量；

ρ_w——在温度 t_2℃时的纯水密度；

α_V——玻璃浮子的体胀系数；

ρ_0——砝码的材料密度；

ρ_m——密度瓶材料密度；

ΔV_2、ΔV_3——密度瓶在灌满密度标准物质或者纯水在 t_2℃时与灌满被测液在 t_3℃时相对于基线多余或不足的体积，ΔV_2、ΔV_3 在液面高于基线时取负值，反之取正值。

这种方法因密度瓶参数未知，故很麻烦。一般在实际应用中加以简化应用，方法如下：测量时如果认为空气密度不发生变化，液体温度也不发生变化，且 $\Delta V_2=\Delta V_3$，则（3-11）可简化为：

$$\rho_t=\frac{(m_3-m_1)}{(m_2-m_1)}(\rho_w-\rho)+\rho \tag{3-12}$$

式中：ρ——空气密度。

公式（3－12）是密度瓶常用的计算公式。

密度瓶容积的计算公式为：

$$V_2=\frac{m_2(1-\rho_2/\rho_0)-\dfrac{m_1(1-\rho_2/\rho_m)}{1-\rho_1/\rho_m}(1-\rho_1/\rho_0)}{\rho_w-\rho_2} \tag{3-13}$$

式中：V_2——密度瓶在温度 t_2 时的容积。

归算到20℃下的密度瓶的容积为：

$$V_{20}=V_2[1+\alpha_V(20-t)] \tag{3-14}$$

在实际的密度测量工作中，对于一些经常性的测定工作，可以预先测好密度瓶的质量和标准温度（20℃）的体积，把他们作为常数带入密度计算公式计算。在密度瓶质量与容积已知时，只要将被测液体灌满至标线处进行测量即可求得液体密度，计算式为：

$$\rho_t=\frac{m(1-\rho/\rho_0)-\overline{M}(1-\rho/\rho_m)}{\overline{V}_{20}[1+\alpha_V(t-20)]}+\rho \tag{3-15}$$

式中：ρ_t——被测液体在 t℃时的密度；

$\overline{M}$——密度瓶的平均质量（多次测量确定）；

$\overline{V}_{20}$——密度瓶在20℃时的平均容积（多次测量确定）；

m——在密度为 ρ 的空气中与灌满被测液至标线处的密度瓶相平衡的砝码质量；

ρ_0——砝码材料密度；

α_V——密度瓶的体胀系数（对于玻璃材质一般为 25×10^{-6}℃$^{-1}$）；

ρ_m——密度瓶材料密度。

这是密度瓶测量的另一种常用的形式。

气体密度瓶密度是由称量抽真空、充入气样的密度瓶质量、容积、温度与压力组成。测量装置主要有恒温槽、温度计、压力计、气样过滤干燥器等组成。用它测量比空气轻或重的气体时，都需要与一个形状相同的取样瓶连接，并经干燥后进入气样与用气样充分置换密度瓶后再测定。取样系统分别如图3－6、图3－7所示。

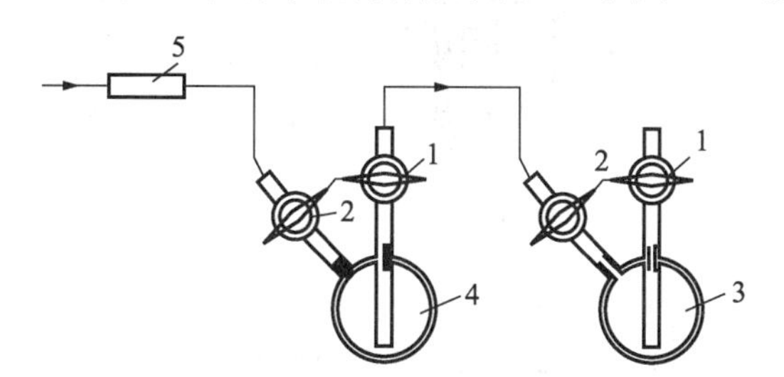

图3－6　测定比空气轻的取样系统

1～2—真空活塞；3—测定瓶；
4—取样瓶；5—干燥管

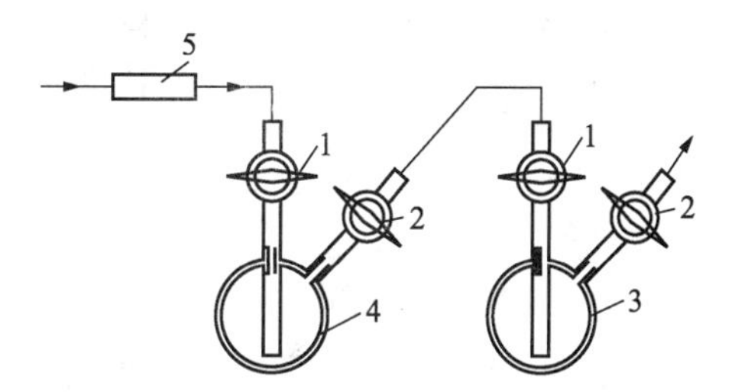

图3－7　测定比空气重的取样系统

1～2—真空活塞；3—测定瓶；
4—取样瓶；5—干燥管

密度瓶测量密度的不确定度主要有质量称量、温度、样品、空气密度、灌注液体和液柱高度等因素影响。在称量质量时，一定要注意将密度瓶外表面上的多余液体擦干和注意消除静电的影响。在相对湿度小于60%的空气中，用干布擦拭密度瓶时会感应静电荷，形成静电场，从而引起称量误差。在向瓶中灌注液体时如果灌不满或者灌注液体中带有气泡，会给测量带来较大影响。一定要认真操作注意观察，以充分排除液体中气泡，若发现气泡可用对密度瓶加热煮沸或冷却的方法，或者轻轻敲击密度瓶让气泡上升逸出，特别是对毛细管细的密度瓶更要加以注意。除此之外，还应注意密度瓶一定要清洗干净并充分干燥。为防止液体蒸发或从大气中吸水，称量时一定要加盖瓶盖，在密度瓶放入恒温槽调节好液柱高度后要密封好，不能有损失。

为了保证密度瓶测量的准确度，应定期采用国家密度标准物质或者纯水对密度瓶进行校准。

第三节　液体相对密度天平

液体相对天平是由学者韦斯特法尔（Westphal）提出的，因此也称为“韦氏天平”，是液体静力天平的一种变型。天平结构如图 3－8 所示，天平是不等臂的，在横梁 6 右臂上的 1～9 刻线上方有供放游码的“V”型槽。游码 4 个一组，其质量比为 1：1/10：1/100：1/1000，分别称为 1 号、2 号、3 号、4 号游码，相应表示小数的第一位数，第二位数，依此类推。我国生产的这种天平配套游码为 5g、500mg、50mg、5mg，测锤内附温度计，分度值为 0.5℃，测锤在 20℃时的体积为 $5cm^3$。天平读数是从调节天平平衡（使指针 14 与托架固定指针对准）所加游码位置及其大小知其密度的。其检定执行 JJG 171—2016《液体相对密度天平》。

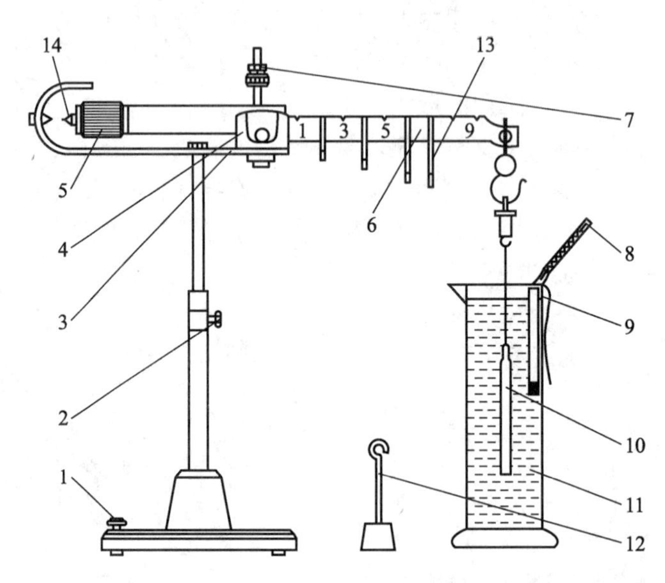

图 3－8　液体相对密度天平结构示意图

1—水平调整脚；2—支柱紧定螺丝；3—托架；4—玛瑙刀座；5—水平调节器；
6—横梁；7—重心砣；8—弯头温度计；9—温度表夹；10—测锤；
11—玻璃量筒；12—15g 钩码；13—骑码；14—指针

应注意的是，天平读数仅仅是在空气中的密度值，对于精确测量，为得到实际的相对密度值，还需要对示值予以空气浮力修正。下面推导经修正后的计算相对密度公式。

（1）在空气中称量浮子时的平衡方程式为：

$$m_G = m - V\rho \tag{3-16}$$

式中：m_G——横梁左臂上平衡重物的质量；

m、V——测锤质量和体积；

ρ——空气密度。

（2）在水中称量浮子时的平衡方程式为：

$$m_G = m - V\rho_w + m_w - V_w\rho \tag{3-17}$$

式中：ρ_w——20℃时的纯水密度；

m_w——与浸入20℃水中相平衡的1号游码的质量；

V_w——m_w 的体积。

（3）在液体中称量浮子时的平衡方程式为：

$$m_G = m - V\rho_1 + nm_w - nV_w\rho \tag{3-18}$$

式中：ρ_1——20℃时的液体密度；

n——天平示值；

nm_w、nV_w——与浸入20℃液体中相平衡的总游码质量和体积。

从上面的公式可得到计算液体密度的计算公式：

$$\rho_1 = (\rho_w - \rho)n + \rho \tag{3-19}$$

将上式变为相对密度的计算公式则为：

$$d_{20}^{20} = [(\rho_w - \rho)n + \rho]/\rho_w \tag{3-20}$$

该式的推导忽略了液体和水的表面张力影响并认为都是20℃，若将纯水密度 ρ_w = 998.21kg/m³ 与空气密度 ρ = 1.20kg/m³ 代入式（3-20），则变为下式：

$$\begin{aligned} d_{20}^{20} &= [(998.21 - 1.20)n + 1.20]/998.21 \\ &= (997.01n + 1.20)/998.21 \\ &= [1000n + (1.20 - 2.99n)]/998.21 \end{aligned} \tag{3-21}$$

令 $1.20 - 2.99n = A$，则式（3-21）变为：

$$d_{20}^{20} = (1000n + A)/998.21 \tag{3-22}$$

A 就是液体相对密度天平的修正值。为了方便起见，可将 A 值编成表，见表3-3。

表3-3　液体相对密度天平示值 n 的修正值 A

n	$A/(kg \cdot m^{-3})$	n	$A/(kg \cdot m^{-3})$	n	$A/(kg \cdot m^{-3})$	n	$A/(kg \cdot m^{-3})$
0.6	-0.6	1.0	-1.8	1.4	-3	1.8	-4.2
0.7	-0.9	1.1	-2.1	1.5	-3.3	1.9	-4.5
0.8	-1.2	1.2	-2.4	1.6	-3.6	2.0	-4.8
0.9	-1.5	1.3	-2.7	1.7	-3.9		

如果液体温度与校准浮子时的水温20℃不同，则相对密度须考虑温度对示值的影响。此时的相对密度的计算公式为：

$$d_{20}^{t} = \frac{[(\rho_w - \rho)n + \rho]}{1 + \alpha_V(t - 20)}/\rho_w \approx [(\rho_w - \rho)n + \rho][1 + \alpha_V(20 - t)]/\rho_w \tag{3-23}$$

将纯水密度 $\rho_w = 998.21\mathrm{kg/m^3}$ 与空气密度 $\rho = 1.20\mathrm{kg/m^3}$ 代入式（3－23），则变为式（3－24）：

$$d_{20}^{t} \approx [997.01n - 1.20][1 + \alpha_v(20 - t)]/998.21 \qquad (3-24)$$

液体相对密度天平的特点是结构简单、使用方便并能直接读取密度。在测量液态石油产品和化工产品方面应用较多。此天平一般配备两个1号游码，如果在吊钩上挂一个1号游码也可以测量相对密度大于1的液体密度。如将1号游码挂到吊钩上，另一个一号游码放到3号刻线上，2号游码放到刻线7上，3号游码放到刻线9上，4号游码放到刻线8上，此时天平的示值为1.3798，然后根据校准天平时平衡数计算液体相对密度。仪器最大测量相对密度为2.0，准确度为0.001。

第四节　泥浆密度计

泥浆密度计是专业测量泥浆密度的计量器具，也称为钻井液密度计。适用于钻井液密度的测量以及道路、桥梁施工中泥浆密度的测量。泥浆密度计按照测量原理的不同分为机械式和电子式两种。机械式泥浆密度计采用杠杆平衡原理，见图3－9。仪器主要由支座和带有刻度的杠杆组成。在杠杆的一端安放样品杯，另一端安装游砣。在样品杯内装满被测样品，移动游砣使杠杆平衡，杠杆上游砣所对应的刻度指示即被测样品的密度。机械式泥浆密度计按照样品杯内部压力的不同又分为常压泥浆密度计和加压泥浆密度计。常压泥浆密度计是在常压下将被测样品注入样品杯中。加压泥浆密度计是在一定的压力下将被测样品注入到样品杯中，用于测量含有空气或天然气的被测样品。

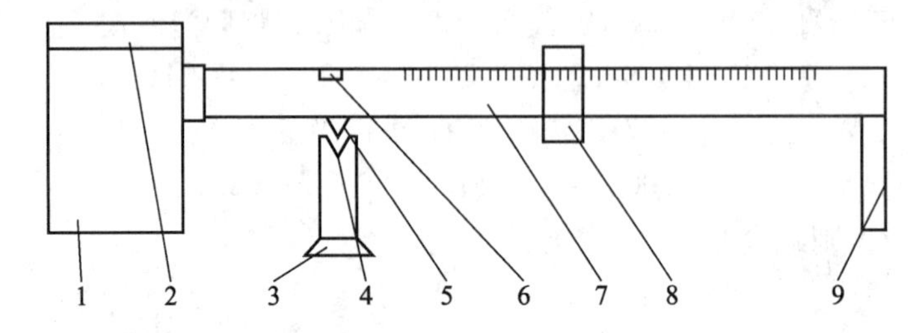

图3－9　机械式泥浆密度计结构原理示意图

1—样品杯；2—杯盖；3—支座；4—刀承；5—刀口；6—水平泡；7—标尺（杠杆）；8—游砣；9—调整腔（配重）

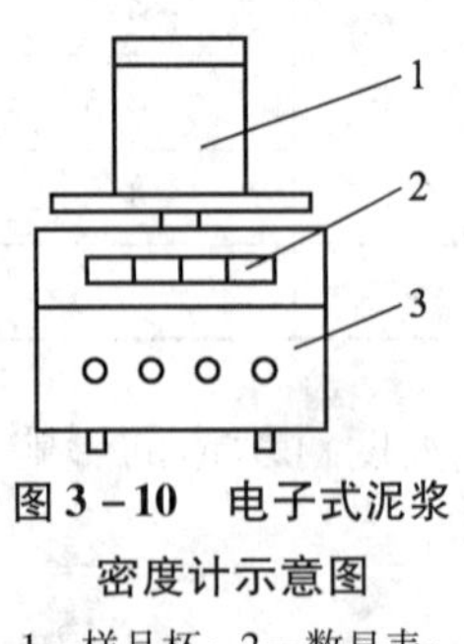

图3－10　电子式泥浆密度计示意图

1—样品杯；2—数显表；3—传感器

电子式泥浆密度计是利用力传感器将被测样品的密度值变化转变为电信号由数显表显示出样品的密度。电子式泥浆密度计由样品杯、数显表和传感器组成，见图3－10。

泥浆密度计的检定执行JJG 1045—2017《泥浆密度计》。规程中泥浆密度计的计量性能主要是示值误差的检定，方法是首先用纯水校准泥浆杯的体积，然后根据泥浆杯中所加替代物的质量计算泥浆密度计的密度计算值，比较该计算值与仪器示值的差。泥浆密度计的最大允许误差为 $\pm 10\mathrm{kg/m^3}$。

对于机械式泥浆密度计要对鉴别力进行检定，主要检查机械式泥浆密度计的刀口刀承的完好程度。因为在满量程时刀口与刀承所承受的压力最大，仪器的鉴别力值最大，所以进行鉴别力的检定时应在满量程时进行，鉴别力指标见表3－4。鉴别力值并不是越小越好，鉴别力值小则仪器的耐用性越差，不能满足施工现场恶劣的环境条件。由于电子式泥浆密度计没有刀口与刀承。所以电子式泥浆密度计不进行鉴别力的检定。

表3－4　鉴别力要求

测量范围/($kg \cdot m^{-3}$)	960～2000	700～2400	960～3000
所加砝码/g	0.7	1.0	1.4

注：鉴别力按照其量程的最大值所接近的类别进行检定。

机械式泥浆密度计的零点调节对于泥浆密度计非常重要，零点准确与否对其他各点的示值误差都会产生影响。由于零点的密度溯源于纯水，所以应注意使用清洁的纯净水；在操作时应防止样品杯倾斜，倾斜的样品杯内易存留气泡，从而使零点产生误差；在调整调整腔的配重时要在加盖调整腔盖的情况下进行零点调节；加压泥浆密度计的零点调节更应加以注意，一定要在样品杯加压的情况下进行，否则加压阀未关闭的情况下，零点调节会存在很大的误差。

如果泥浆密度计的零点调节准确，但仪器的示值误差随着测量点的增大而线性增大或减少，那么就是泥浆密度计的游砣质量由于磨损等原因发生变化与标尺不相匹配，可通过调整游砣的质量进行调节，此调节应由生产厂进行。

样品杯内壁对水的吸附会使泥浆密度计产生系统误差，尤其是加压泥浆密度计，其金属样品杯内壁及加压气孔的杯盖会吸附很多的水，增大测量误差，为此规程中增加了液体残留的处理方法，以提高测量的准确度。

替代物放置的位置是否均匀，对测量结果有很大的影响。所以应注意替代物放置的均匀性，以排除偏载对泥浆密度计示值的影响。

第五节　称量式数显液体密度计

一、称量式数显液体密度计的测量原理

称量式数显液体密度计是依据阿基米德原理制成，仪器主要由浮子、测力传感器和数显仪表组成。浮子的质量和体积是固定的，浮子浸入到不同密度的液体中所受到的浮力不同。浮力的变化通过纤细的吊丝传递给精密力传感器，传感器输出电信号到显示仪表，由此即可在显示仪表上直接得到液体的密度、相对密度或浓度。

称量式数显液体密度计的检定执行JJG 999—2018《称量式数显液体密度计》。将称量式数显液体密度计的浮子与标准玻璃浮计同时浸入到检定液体中，见图3－11。检定液体与JJG 42—2011《工作玻璃浮计》的选择相同，比较标准玻璃浮计的读数与显示仪所显示数据的差值。数显密度计的浮子通常为玻璃材质，定值温度通常为20℃，在这种情况下，数显密度计的检定无需作温度修正。当浮子的材料非玻璃材质时，因为热膨胀系数的不同，在非标准温度下检定需要对热膨胀系数引起的密度误差进行相应的修正，修正公式为：

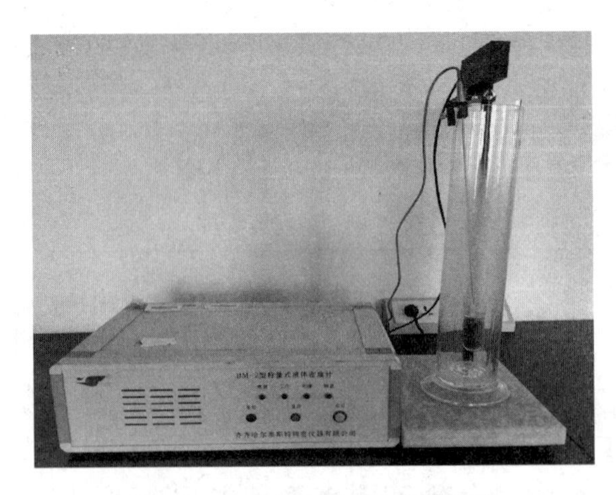

图 3-11 称量式数显液体密度计

$$\Delta\rho_{\alpha} = \rho'[\alpha'_V - 25\times10^{-6}](t_0 - t) \tag{3-25}$$

式中：$\Delta\rho_{\alpha}$——称量式数显密度计体胀系数修正值；

ρ'——密度计测量值；

α'_V——浮子材料体胀系数；

$25\times10^{-6}℃^{-1}$——玻璃体胀系数的常规值；

t_0——标准浮计的标准温度；

t——液体温度。

检定过程中要注意标准玻璃浮计浸入的检定液体应与其接受上一级检定用液体的毛细常数相一致，否则应进行毛细常数的修正。毛细常数修正公式如下：

$$\Delta\rho_{\mathrm{a}} = \frac{(a_2 - a_1)\pi D\rho^2}{M} \tag{3-26}$$

式中：$\Delta\rho_{\mathrm{a}}$——标准玻璃浮计的毛细常数修正值；

a_2——标准玻璃浮计接受检定时所用液体毛细常数；

a_1——标准玻璃浮计实际使用的检定液体的毛细常数；

D——标准玻璃浮计在检定处的干管平均直径；

ρ——液体密度；

M——标准玻璃浮计的质量；

π——圆周率。

仪器划分为0.1级、0.2级、0.5级、1.0级、10级，准确度级别的判定与示值的最大允许误差、重复性的关系见表3-5。

表 3-5 称量式数显液体密度计的准确度级别和允许误差

准确度级别	0.1级	0.2级	0.5级	1.0级	10级
最大允许误差	±0.1kg·m^{-3}	±0.2kg·m^{-3}	±0.5kg·m^{-3}	±1.0kg·m^{-3}	±10kg·m^{-3}
重复性	≤0.1kg·m^{-3}	≤0.2kg·m^{-3}	≤0.3kg·m^{-3}	≤0.5kg·m^{-3}	≤1.0kg·m^{-3}

二、称量式数显液体密度计的标定

称量式数显液体密度计在出厂时已经进行了准确的标定，一般情况下不需进行重新的标定。但是当仪器发生了数据偏移时，应对仪器重新标定。称量式数显液体密度计的标定方法如下：

（1）将仪器接通电源，打开仪器开关；

（2）按住标定键，仪器显示“C000000”，然后写入“888888”；

（3）按输入键，仪器显示“E05”，是分度值；

（4）按输入键，仪器显示“dc2”是小数点，显示的示值为两位小数；

（5）按输入键，仪器显示“F200000”是最大量程；

（6）按输入键，仪器显示“H5000”是最大置零范围；

（7）按输入键14次，直到仪器显示“115000”时将浮子挂于测力钩上；

（8）按输入键，仪器显示一个稳定的数值，例如：数值1809.45；

（9）按输入键，仪器显示“A000120”；

（10）按输入键，仪器显示的数值与“A000120”前显示的数值基本一致时，例如：1809.45数值，将浮子浸入已知密度的液体中，待仪器显示一个稳定的数值，例如数值2237.20；

（11）按输入键，仪器显示例如：“b0997.05”时，写入已知液体的密度值，例如数值“b0996.60”；

（12）按输入键，仪器显示的是写入的已知液体的密度数值996.60时，将浮子取出，记录仪器所显示的稳定数值，例如：数值1456.75；将仪器关机；

（13）重新打开仪器开关，按住标定键，仪器显示“C000000”写入“888888”；

（14）因为是重复前面的操作过程，只需按输入键18次后，仪器显示“115000”时，再次将浮子挂于测力钩上；

（15）按输入键，当仪器显示一个稳定数值，例如：数值1809.55；

（16）按输入键，仪器显示“A000120”；

（17）按输入键，仪器显示的数值与“A000120”前显示的数值基本一致时，例如：1809.55数值；摘下浮子，待仪器显示的数值基本稳定；

（18）按输入键，仪器显示例如：“b0996.60”时，写入上一次关机前记录下来的数值，例如：1456.75数值；

（19）按输入键，仪器显示数值1456.75，即为该仪器的底码；此时全部标定完成。

（20）如果仪器所显示数值不是数值1456.75时，需按清除键，此时即可进入测试状态。

三、称量式数显液体密度计的不确定分析

称量式数显液体密度计的不确定度来源主要有如下几个方面：

（1）密度测量标准器引入的不确定度分量；

（2）测量重复性引入的不确定度分量；

（3）温度变化引入的不确定度分量；

（4）称量式数显液体密度计的分辨率引入的不确定度分量；

（5）称量式数显液体密度计测量结果的数据修约引入的不确定度分量。

第六节　固体密度测量仪

固体密度测量仪是依据液体静力称量法测量固体的密度的：浸入液体中的固体失去的重量等于它所排开的液体的重量。固体密度的测量通常是使用密度标准物质（包括纯水），通过在空气和密度标准液体中先后称量的待测固体质量，即可计算求得其密度，具体见式（3－27）、式（3－28）：

$$\rho = \frac{m_1}{m_1 - m_2}(\rho_0 - \rho_L) + \rho_L \tag{3-27}$$

$$V = \alpha \frac{m_1 - m_2}{\rho_0 - \rho_L} \tag{3-28}$$

式中：ρ——待测固体密度；

m_1——待测固体在空气中的质量；

m_2——待测固体在密度标准液体中的质量；

ρ_0——密度标准液体的密度；

ρ_L——空气密度（1.2kg/m^3）；

α——空气浮力的修正因子（0.99985）。

该类仪器一般是经过天平的改造而成，固体密度测量仪配有特定的吊架，首先在空气中称量样品的质量，固体密度测量仪会通过一个按钮记录这个值。然后将该样品放入密度标准物液体中称量，固体密度仪会根据样品在空气中的质量和样品在密度标准液体中的质量进行计算给出该样品的密度值，如图3－12所示。如果固体的密度为已知，固体密度仪也可计算出被测液体的密度。该类仪器部分还配有打印机，可直接打印密度测量结果。对于密度小于水的固体密度的测量，密度仪配有专门的样品架，将样品固定在样品架上浸入到密度标准液体中测量其质量。样品架的质量为已知的，图3－13为测量比参考液密度小的固体密度装置示意图，需要一个特殊的支架将被测物体沉入水中。

图3－12　用天平测量固体密度示意图

图3－13　测量比参考液密度小的固体样品示意图

第七节 橡塑密度测量仪

橡塑密度计是一种专用于测量橡胶、塑料等粘弹性固体的密度计。它也是液体静力称量法的一种变形，所不同的是其浮力的大小是通过力矩平衡带动指针偏离而得出。仪器的结构原理示意图见3-14。

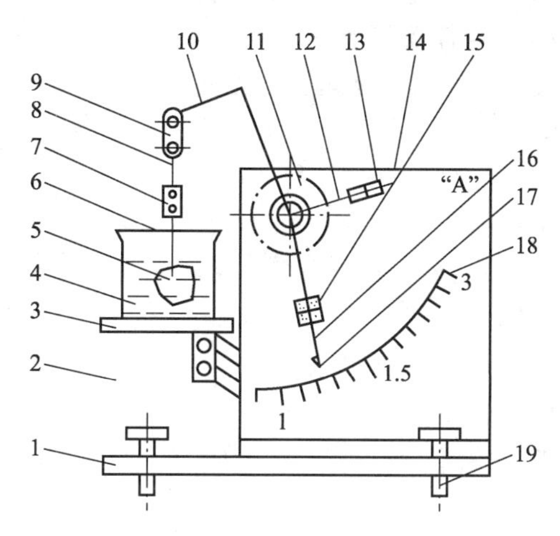

图3-14 橡塑密度计测量原理示意图

1—铸铁座；2—托起机构；3—托盘；4—烧杯；5—试样；6—针；7—插针套；8—连接杆；9—铝夹；10—梁；11—转动轴承；12—短臂；13—平衡锤；14—度盘；15—滑动砝码；16—长臂；17—指针；18—刻度线；19—水平调节螺丝

密度值ρ用指针旋转的角度φ来度量，其关系式如下：

$$\rho=(1+\tan\varphi)\rho_{水} \tag{3-29}$$

式中：ρ——试样密度，kg/m^3；

φ——试样浸入水中后，指针从刻度线起点（1000）转过的角度，（°）；

$\rho_{水}$——蒸馏水在实验温度下的密度，kg/m^3。

密度值刻度线分为两个范围：

$1.0g/cm^3$ ~ $1.5g/cm^3$ 分度值为 $0.1g/cm^3$；

$1.5g/cm^3$ ~ $3.0g/cm^3$ 分度值为 $0.3g/cm^3$。

橡塑密度测量仪在出厂时都配备了三块特制的砝码，用于校准。每次使用之前都需要进行校准，橡塑密度仪的校准方法如下：

（1）将长臂上的两个滑动砝码滑动到长臂的底端。

（2）调整基准螺丝，使指针指到刻度线的1.00位置。

（3）在连针锤上放置三个等量标定砝码。

（4）调整长臂上的两个滑动砝码，使指针准确地知道水平“标记”“A”的位置。

（5）去掉连针锤上的一个标定砝码，此时指针应指到3.00±0.05位置；去掉第二个标定砝码，指针应指到1.50±0.02位置；去掉第三个标定砝码，指针应指到1.00±0.01位置。

（6）如经上述检查，发现指针读数超过规定范围，再按照以下步骤进行调整。

① 重复（1）~（2）校正步骤。

② 将长臂上面的一个滑动砝码滑动到长臂的顶端。

③ 调整短臂上的螺丝砝码，直到指针准确地指到1.00位置为止（短臂上的螺丝砝码调整好之后立即锁住）。

（7）重复校正两次，每次均符合要求，既校正完毕。

橡塑密度测量仪的试样可为任意形状，质量为5g~12g。试样在进行测试之前需要处理，不应有气泡、气孔，表面应光滑、无裂痕、无油污。

橡塑密度计的测试方法如下：

（1）将长臂上的两个滑动砝码移动到长臂的底端。

（2）调整基准螺丝，使指针准确地指示到密度刻度线的1.00位置。

（3）将试样插在插针上并使插针保持垂直，调整长臂上的滑动砝码，使指针准确地指示到水平标线“A”的位置上。

（4）抬起梁，提起试样，将装有蒸馏水的玻璃烧杯放在托盘上，先用蒸馏水浸湿试样表面，然后放下试样，慢慢抬起托盘，使试样完全浸入蒸馏水中为止，连针锤不得接触水，插针浸入深度为15mm~20mm为宜，试样不得与烧杯的边和底相接触。

（5）试样浸入蒸馏水后表面不应附有气泡，蒸馏水的温度应同标准实验室温度相一致。

（6）试样浸入水中后，指针稳定地指在密度刻线上的示值即为该试样的密度值。每个样品的试验数量不得少于两次，取其算术平均值表示试验结果，允差为±1%。

橡塑密度仪的测量误差和样品的大小以及样品的密度有关，为保证测量的准确度，样品的重量应保持在5g~20g。由于测量原理的限制，密度测量的准确度随着样品密度的加大测量准确度也急剧下降，测量准确度和测量范围关系如下：

$0.9g/cm^3$ ~ $2.0g/cm^3$ 密度范围内的样品测量准确度为 $0.01g/cm^3$；

$2.0g/cm^3$ ~ $2.5g/cm^3$ 密度范围内的样品测量准确度为 $0.02g/cm^3$；

$2.5g/cm^3$ ~ $3.0g/cm^3$ 密度范围内的样品测量准确度为 $0.05g/cm^3$。

第八节　双浮子称量法

这种方法是把两个浮子同时吊挂在静力天平两边，从所受的浮力差求得液体密度。图3-15是双浮子称量装置示意图。双浮子测量技术中，双浮子a和b具有质量近似相等而体积相差较大的特点。一般它们的质量与体积参数是预先准确测定的。一般双浮子是由两种密度相差大的金属制成，如钛或钽，以增加两者的浮力差。浮子质量和体积一般已预先精确测定。其中体积参数一般可用密度标准物质以及纯水用液体静力天平法加以确定。在绝对测量法中，则将浮子的体积直接溯源到长度。浮子体积大对测量有利，一般体积为 $100cm^3$ ~ $150cm^3$，更高要求可为 $200cm^3$ ~ $250cm^3$。

在双浮子质量与体积已知时，密度计算式为：

$$\rho_1 = \frac{(m_a - m_b) - m(1 - \rho/\rho_0)}{V_a - V_b} \tag{3-30}$$

式中：ρ_1——被测液体在 t℃时的密度；

m_a、m_b——浮子 a 和 b 的质量；

V_a、V_b——浮子 a 和 b 在温度 t℃的体积；

m——在密度为 ρ 的空气中与双浮子相平衡的砝码质量差；

ρ_0——砝码材料密度。

因为 m_a，m_b 很小，$V_a - V_b$ 足够大，则式（3－30）可简化为：

$$\rho_1 = \frac{m(1-\rho/\rho_0)}{V_a - V_b} \tag{3-31}$$

在双浮子质量与体积未知时，须将它们在空气中，密度标准物质或者纯水中以及被测液体中称量三次，密度计算式（认为温度不变化）为：

$$\rho_1 = \frac{\{m_3(1-\rho_3/\rho_0)-(m_a-m_b)\}(\rho_n-\rho_1)}{m_2(1-\rho_2/\rho_0)-m_1(1-\rho_1/\rho_0)} \tag{3-32}$$

式中：m_1——在空气中称量双浮子时（空气密度 ρ_1）与双浮子相平衡的砝码质量差；

m_2——在纯水中称量双浮子时（空气密度 ρ_2）与双浮子相平衡的砝码质量差；

m_3——在被测液体中称量双浮子时（空气密度 ρ_3）与双浮子相平衡的砝码质量差；

ρ_w——在温度为 t_2 时的纯水密度；

ρ_0——砝码材料密度。

因为 $m_a - m_b$ 很小，$V_a - V_b$ 足够大，假定空气密度也不变化，则式（3－32）可变为：

$$\rho_1 = \frac{m_3(\rho_w - \rho)}{m_2 - m_1} \tag{3-33}$$

双浮子称量法既可以用于液体密度测量，也可以用于气体密度的测量。通过两个质量近似相等而体积相差大的浮子，由测得的浮力差求得气体密度。图 3－16 为测量装置示意图。天平是密封在耐压容器中的，测量平衡浮力差产生的力矩。为了测量这一浮力差，必须从外施加一个力矩使其恢复平衡，该力矩用螺线管产生的电磁力，测量平衡位置用差动变动器式电动测微仪。

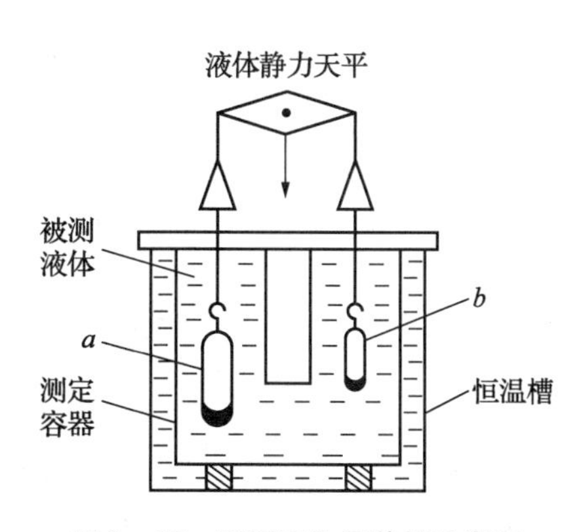

图 3－15　双浮子称量装置示意图

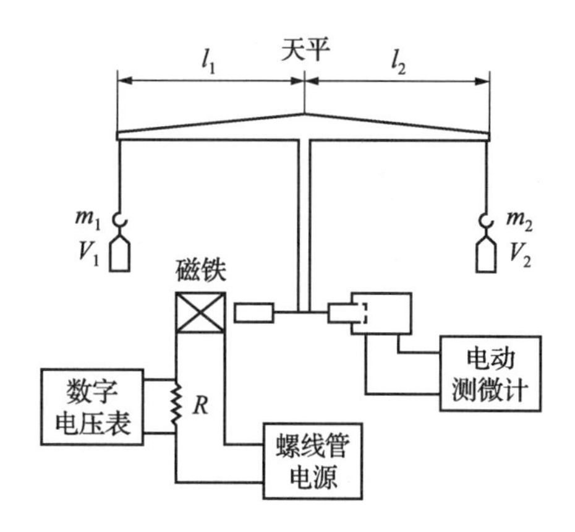

图 3－16　双浮子法测量气体密度

计算气体密度用式（3－34）：

$$\rho_g = \frac{M_1(p) - M_2(p) + (l_1+l_2)(m_1-m_2)g}{(l_1-l_2)(V_1-V_2)g} \tag{3-34}$$

式中：ρ_g——在 p、t 时的气体密度；

m_2、m_2——两个浮子的质量；
V_1、V_2——两个浮子的体积；
l_1、l_2——天平支点到每个浮子作用点的距离；
g——重力加速度；
$M_1(p)$——在压力 p 时与两个浮子产生的浮力差相平衡的平衡力矩；
$M_2(p)$——在压力 p 时与两个浮子交换位置产生的浮力差相平衡的平衡力矩。

因为 $m_1 \approx m_2$，式（3-34）可简化为：

$$\rho_g = \frac{M_1(p) - M_2(p)}{(l_1 - l_2)(V_1 - V_2)g} \quad (3-35)$$

式中，平衡力矩 $M_1(p)$ 和 $M_2(p)$ 是压力的函数，可用实验方法预先确定它们的关系；l_1、l_2 和 V_1、V_2 是预先标定的。常常利用这种方法测定在一个大气压附近的空气密度。

第四章　振动式密度测量法

振动式液体密度计从20世纪60年代起应用至今，已发展出很多的类别，并在不同的行业有着广泛的应用。按照其振动元件的形式可分为：管式（单管、双管、U形管）和板（膜）式以及音叉式等；按照其测量对象的不同又可分为气体振动式密度计和液体振动式密度计；按照其应用的领域的不同又可以分为实验室振动式液体密度计和在线振动式液体密度计等。但是不论何种形式的密度计，其组成部分主要是由检测和维持放大器两大部分组成。检测部分主要有振动元件、检测和驱动线圈等。检测线圈用于检测振动频率，而驱动线圈用于维持等幅的振动；维持放大器部分主要有电子元件和线路，其作用是将检测线圈的电信号放大，移相，然后将放大信号输送给驱动线圈，同时输送给信号转换器指示密度（二次表）。

第一节　实验室振动式液体密度计

实验室振动式液体密度计是指只限于在实验室使用的振动管液体密度计。该仪器相对于在线振动管液体密度计测量准确度高、实验条件要求严格，本节以安通帕数字密度计DMA5000为例进行介绍。该仪器是由U形玻璃振动管、电磁振荡器、温度控制器以及显示单元和数据处理单元组成。其测量原理为：当一定体积的液体充满U形石英振动管后，由于管内物质的质量发生变化，使得振动管的固有振动频率发生变化。体积一定时，振动管的频率是管内所充物质密度的函数。密度增大，频率降低，振动周期增大。反之，密度减小，频率增大，振动周期减小。二者之间的关式简单描述见式（4－1）：

$$\rho = AT^2 - B \tag{4-1}$$

式中：ρ——液体密度；

T——振动周期；

A、B——仪器常数。

图4－1为实验室振动式液体密度计，图4－2为传感器解剖图。其计量性能的划分见表4－1。

图4－1　实验室振动管液体密度计

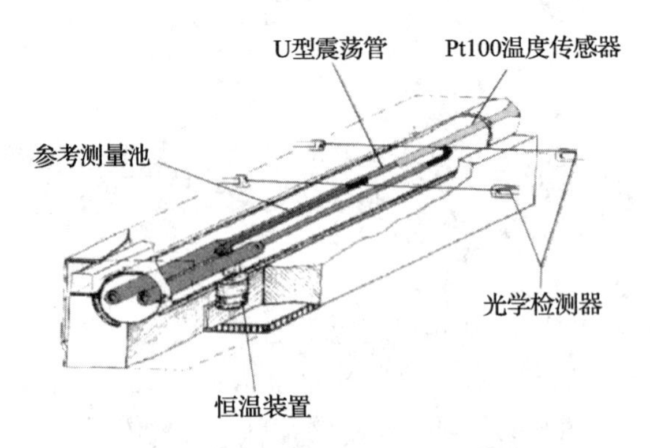

图 4－2　实验室振动密度计传感器解剖图

表 4－1　密度仪的计量性能要求　　单位：$kg \cdot m^{-3}$

标准密度仪（0.01 级）的计量性能要求		
量　程	不确定度 U	重复性
650～1500	0.01（$k=2$）	0.005
1500～3000	0.015（$k=2$）	0.0075

精密级和工作级密度仪的计量性能要求							
指　标	量　程			精密级		工作级	
最大允差	650～1500	±0.05	±0.10	±0.20	±0.50	±1.0	±2.0
	1500～3000	±0.075	±0.15	±0.30	±0.75	±1.5	±3.0
重复性	650～1500	0.025	0.05	0.10	0.25	0.50	1.0
	1500～3000	0.050	0.075	0.15	0.50	0.75	1.5
仪器级别	标准级	精密级		工作级			
	0.01	0.05	0.1	0.2	0.5	1.0	2.0
密度最大允差	±0.01	±0.05	±0.1	±0.2	±0.5	±1.0	±2.0
密度重复性	0.005	0.025	0.05	0.1	0.25	0.5	1.0

实验室台式振动管液体密度计的检定执行 JJG 1058—2010《实验室振动式密度仪》，检定的环境温度要求在（20±2）℃范围内，相对湿度 20%～85%。仪器的操作过程包括：进样、排样、清洗、净化四个过程。该仪器的特点是产品用量小，可实现设定温度的密度测量，并可设定程序按照设计的温度步长自动升温测量，仪器配有自动打印系统（自选），可以打印温度－密度曲线。该仪器配备了自动进样器（自选）可实现样品的连续自动进样。需要注意的是，人工进样时不得带入气泡，进样是否带入气泡可从可视窗口查看 U 形管内部有无气泡附着，如果有气泡需要重新进样。该仪器不可以对腐蚀性以及黏度高的液体进行测量，测量样品不能有固状杂质。每次测量完毕，U 形管内不得有样品的残留。仪器的检定可根据仪器等级的不同采用不同的方式，见表 4－2。

表 4-2　实验室振动管液体密度计检定方法分类

受检仪器	测量范围/($kg \cdot m^{-3}$)	计量标准器名称	扩展不确定度
标准级	650～3000	密度标准液体	$U=3\times10^{-3}kg\cdot m^{-3}$　$k=2$
精密级	650～3000	密度标准液体	$U=3\times10^{-3}kg\cdot m^{-3}$　$k=2$
		台式振动管密度标准装置	$U=1\times10^{-2}kg\cdot m^{-3}$　$k=2$
工作级	650～2000	密度标准液体	$U=3\times10^{-3}kg\cdot m^{-3}$　$k=2$
		台式振动管密度标准装置	$U=1\times10^{-2}kg/m^3$　$k=2$
		一等密度计标准装置	$U=(8\sim20)\times10^{-3}kg\cdot m^{-3}$　$k=2$

第二节　在线振动式液体密度计

在线密度计是指可在一定压力条件下测量，实现连续在线测量流动或者静止状态下液体、气体密度的仪器，其输出信号有多种形式便于实现工业现场控制。在线振动管液体密度计种类很多，本书依据其测量压力的不同分为常压在线振动管液体密度计和非常压在线振动管液体密度计两种。常压的在线振动管密度计不需要做压力的修正，而非常压密度计需要进行压力的修正。

一、微振筒数字密度计

微振筒数字密度计是由我国青岛澳邦量器有限公司自主研发的振动式密度计，近年来在我国石油行业应用十分广泛，根据使用情况不同，微振筒数字密度计又分为便携式微振筒数字密度计、手持式微振筒数字密度计和储罐在线自动计量仪。微振筒数字密度计的测量原理是流经微振筒传感器的液体改变了传感器的振动频率，通过监视此频率并进行一系列的转换，密度计即可提供高精度的密度测量，同时利用高精度的铂电阻温度计自动进行温度补偿。其特有的开放式结构使振动管的频率只与被测液体的密度和温度相关，从原理上消除了压力、人为误差（取样误差、样本污染、读数误差、计算误差）等参数的变化对测量精度的影响，直接获得各种介质在复杂环境条件下精确的密度值，无须经过中间参数转换，从而实现高准确度的密度测量。

微振筒数字密度计计算基础方程，见式（4-2）：

$$\rho=K_0+K_1T+K_2T^2 \tag{4-2}$$

式中：K_0、K_1、K_2——密度计系数，由实验确定；

T——振动周期；

ρ——液体密度，kg/m^3。

微振筒数字密度计的国家计量检定规程即将在 2021 年发布。微振筒数字密度计按照应用场景的不同分为以下三个类别：

1. 便携式微振筒数字密度计

便携式微振筒数字密度计（见图4－3）可以同时测量液体密度与温度，由密度传感器、线缆、屏幕界面、把手、锁定圈、收线仓和底座组成。适用于储罐、油船、槽车等储运装置现场测量。传感器为镍络合金材料制作，温度测量系统为铂电阻温度计，可以测量温度在－40℃～85℃的油品，摇动摇柄可将传感器浸入油品30m以内的任意深度，实时采集并显示测量深度、密度、温度、VCF、测量时间等数据，其使用示意图见图4－4。仪器的密度管理软件系统会自动将该数据进行换算而将油品的视密度转换成标准密度，根据密度分布情况提供密度分层报警信息并无线上传至服务器。与传统的方法相比，便携式微振筒数字密度计不需要繁重而易错的样品采集过程，消除了人为误差、取样误差、样本污染误差，使测量操作变得简便、快速、准确。通常该仪器的测量精度为0.5kg/m^3，最高可达到0.2kg/m^3。

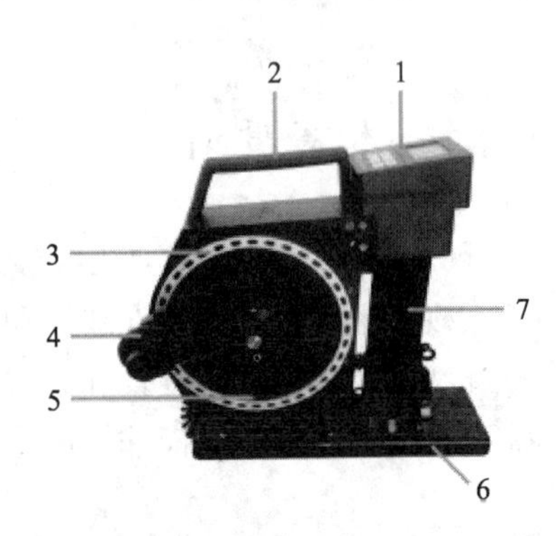

图4－3　便携式微振筒数字密度计结构图

1—显示部分；2—把手；3—锁定圈；4—摇柄；5—收线仓；6—底座；7—传感器收纳筒

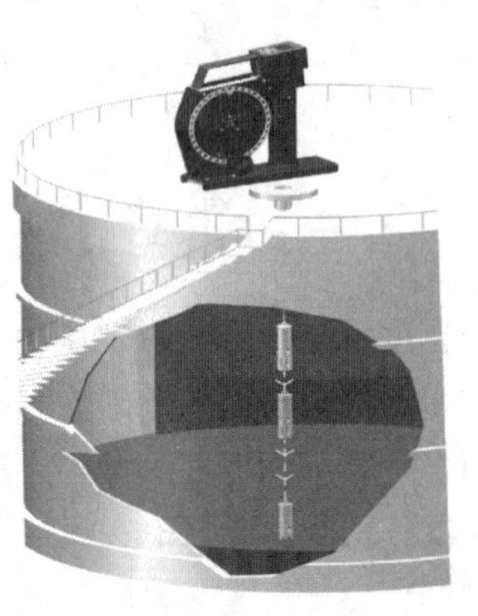

图4－4　便携式微振筒数字密度计安装示意图

2. 手持式微振筒数字密度计

手持式微振筒数字密度计的原理和便携式微振筒数显液体密度类似，所不同的是它是采样离线测量的方式进行密度测量，并通过其内置的测量程序快速将视密度转换成液体的标准密度。其主要由面板、上口、传感器、提手、量杯和把手组成，如图4－5所示。手持式微振筒密度计的取样量为0.7L～1L，屏幕界面显示密度、温度、标准密度、测量时间等信息，并配有密度管理软件系统，测量数据可无线上传至服务器。手持式数字密度计最快3s即可测量出标准密度，可以测量温度为－40℃～85℃的油品，储罐、油船、槽车、玻璃容器等储运装置的液体可现场取样测量，适用于油库、码头、加油站、化验室等场所。

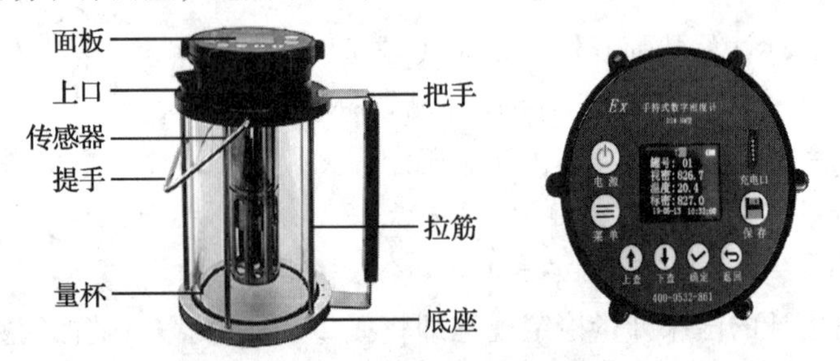

图4－5　手持式微振筒数字密度计

3. 储罐在线自动计量仪

储罐在线自动计量仪可以接入现有储罐计量系统（图4－6），组成全新的智慧型储罐在线多功能自动计量系统。储罐在线自动计量仪变送器由顶部接线腔、本安腔、防爆腔、连接法兰等组成。其核心器件为微振筒传感器以及伺服传动机构，该设备将微振筒密度传感器安装在一条尺带上，尺带盘卷在转鼓上，伺服电机通过隔离装置后可带动转鼓旋转，进而带动传感器上下运行。结合伺服控制与传感器采集技术，可以控制传感器到储罐的任意位置测量密度、温度。其安装示意图如4－7所示。

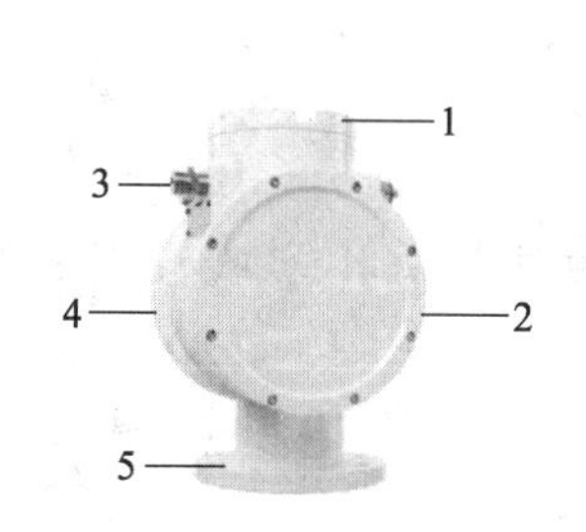

图4－6 储罐在线自动计量仪

1—顶部接线腔；2—本安腔；3—电源、信号接口；4—隔爆腔；5—连接法兰

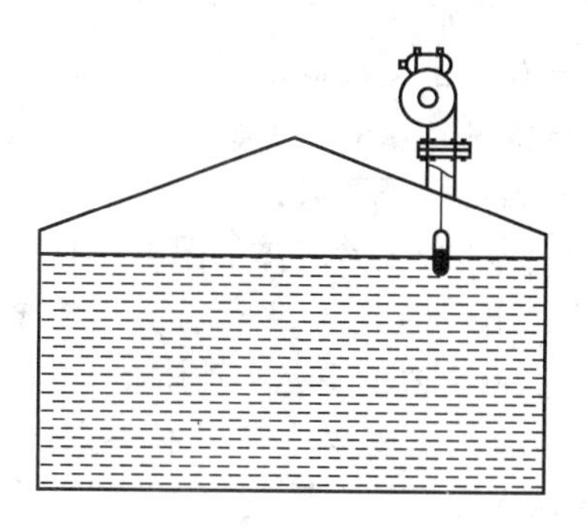

图4－7 储罐在线自动计量仪安装示意图

储罐在线自动计量仪可用于储罐内单点密度及多点平均密度、分层密度的测量，体积流量计公路发油实时密度采集，底部进出油品密度实时测温监控，密度分层预警等。还可同时测量任一点温度，并将检测到的视密度转换成标准密度连同VCF等数据发送至管理信息系统。根据技术需求，可进一步升级为具有液位、水位、多点密度、多点温度测量的储罐在线多功能测量仪。

二、在线振动管液体密度计

在线振动管液体密度计是在一定的压力下利用振动频率随密度变化的关系连续在线测量流动或者静止状态下液体、气体密度的仪器。这类仪器多连接于生产管线中在线测量，无需采样，可适用于多种规格管路工况条件下的连续测量，多用于工业现场控制。

在理想情况下，在线振动管液体密度计依据的原理是振动管的振动频率和流经管内液体密度之间有如下关系：

$$f=\frac{f_0}{\sqrt{1+\frac{\rho}{\rho_0}}} \tag{4-3}$$

式中：f——液体密度为ρ时的振动频率，Hz；

f_0——在一个大气压下空气的振动频率，Hz；

ρ——被测液体密度，kg/m^3；

ρ_0——仪表常数，kg/m^3。

一般情况下，在线密度计的密度值可表述为：

$$\rho=f(k_i,T,t) \tag{4-4}$$

式中：k_i——在线密度计系数；

T——密度计输出振动谐振周期，μs；

t——流经密度计液体的温度，℃。

在线振动管液体密度计按 JJG 370—2019《在线振动管液体密度计》进行检定，在线密度计须对密度计的温度进行修正，其温度修正见式（4－5）：

$$\rho_t = S(T_t, t_j, k_i, K_t) \quad (4-5)$$

式中：ρ_t——温度修正后的密度，kg/m^3；

T_t——在线密度计输出周期信号，μs；

k_i——依据式（4－4）计算出的密度系数；

K_t——温度修正系数；

t_j——流经密度计液体的温度，℃。

K_t 在仪器出厂时由生产厂标定，在检定中通过测量多组实验数据 $\bar{t}_j$、ρ_i、T_t，代入式（4－5）中，通过最小二乘法解得系数 K_t。

由于在线振动管密度计安装在管线中的压力一般与大气压力不同。这将引起密度计振动周期的改变，因此在线振动管密度计应进行压力修正。

将不同压力、温度下测量的液体密度 ρ_{ti}，液体温度 t_p、压力 p 及相应的在线密度计输出周期信号 T_{ti}，构成一组方程：

$$\begin{aligned} \rho_{t1} &= D(T_{t1}, t_{p_1}, p_1, k_i, K_t, K_{tp}) \\ \rho_{t2} &= D(T_{t2}, t_{p_2}, p_2, k_i, K_t, K_{tp}) \\ &\vdots \\ \rho_{tk} &= D(T_{tk}, t_{p_k}, p_k, k_i, K_t, K_{tp}) \end{aligned} \quad (4-6)$$

利用最小二乘法计算得出压力修正系数 K_{tp}。

在线振动管密度计分为单管与双管两种形式。单管液体密度计的特点是单通道形式，它有多种系列产品，以适应不同场合的测定。图 4－8 为力强单管密度计的典型结构图。一般管直径为 25mm，壁厚 1mm，也有管径为 40mm 的。

单管振动气体密度计也有多种品种，其典型的结构见图 4－9，一般振动管管径约为 18mm，

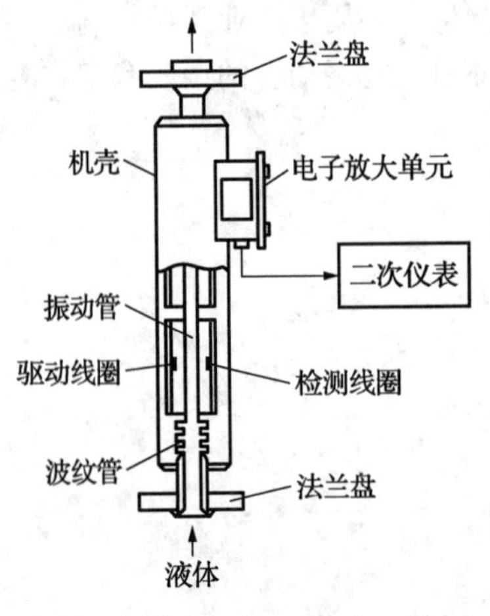

图 4－8　单管振动式液体密度计

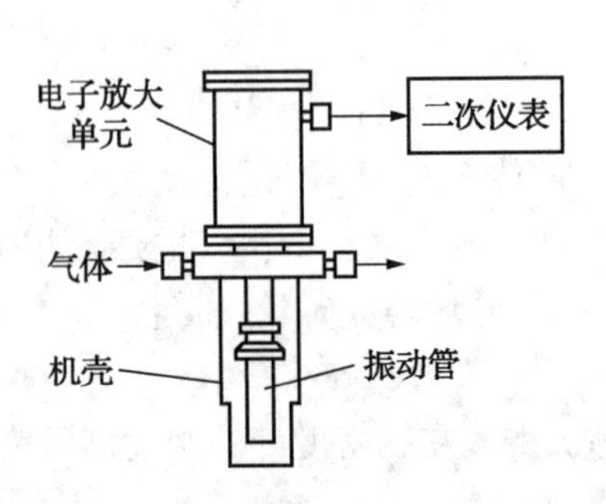

图 4－9　单管振动式气体密度计

壁厚为0.08mm。

双管液体密度计的特点是由两支平行的振动管构成，它们的自然谐振频率相同但振动方向相反，这样管端反作用可以相互抵消，性能更加稳定，并且能够根据现场管路大小定制合适的连接法兰，无需采样系统即可适用于多种规格管路工况条件。图4－10为澳邦双管振动密度计。

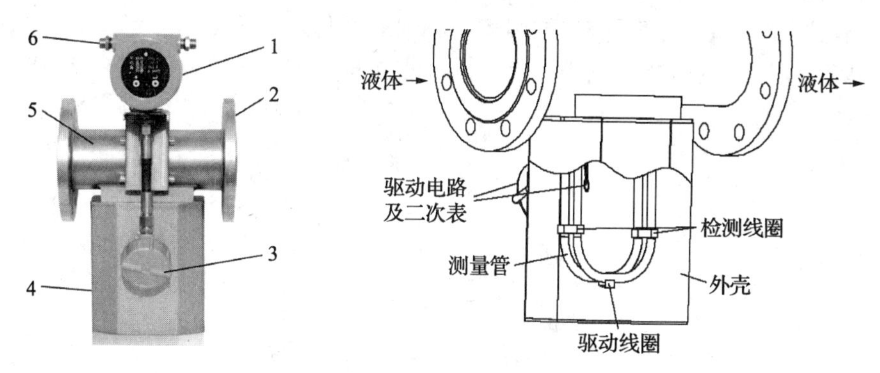

图4－10　管振动式液体密度计

1—变送器及显示界面；2—连接法兰；3—接线盒；4—传感器外壳；
5—主管道；6—电源及信号线接口

三、音叉式振动液体密度计

音叉式振动液体密度计在工业生产中应用也较为普遍，其主要由音叉体、固支体、永久磁铁、线圈、谐振电路等组成，其中谐振电路在固支体内部。传感器结构如图4－11示。

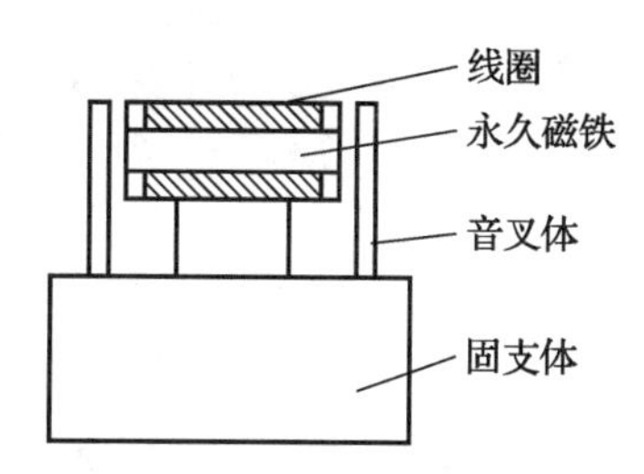

图4－11　音叉式振动管液体密度计传感器示意图

音叉由恒弹合金制成，其抗氧化和抗腐蚀能力极强，它是制造传感器的关键材料。音叉被电磁铁激励振动，同时信号拾取电路将此机械振动信号转变为电信号反馈给激振电路，使电路谐振于音叉的固有频率上。根据振动理论，音叉的振动频率f与其质量m_r和被测对象的质量m_s成反比。

$$f = k\frac{1}{\sqrt{m_r + m_s}} \tag{4-7}$$

式中：f——音叉的振动频率；

k——比例因子；

m_r——音叉的固有质量；

m_s——被测物质的质量。

音叉式振动液体密度计的国家校准规范正在起草中。

四、板（膜）振动式密度计

板（膜）振动式密度计的振动传感元件为薄的振动板（膜），如美国的 Baeton 公司生产的系列振动板（膜）密度计既可以测量液体，也可以测量气体。其传感元件是镍－钢－铁合金，具有抗酸性，将传感器安装在圆环中心轴上，其结构如图 4－12 所示。这类密度计的特点是性能稳定，不受外界振动干扰、准确度高而且应用范围广。一般来说，用于在线连续检测液体密度，准确度可以达到 0.1% F·S；对于气体准确度达到 1% F·S～2% F·S。

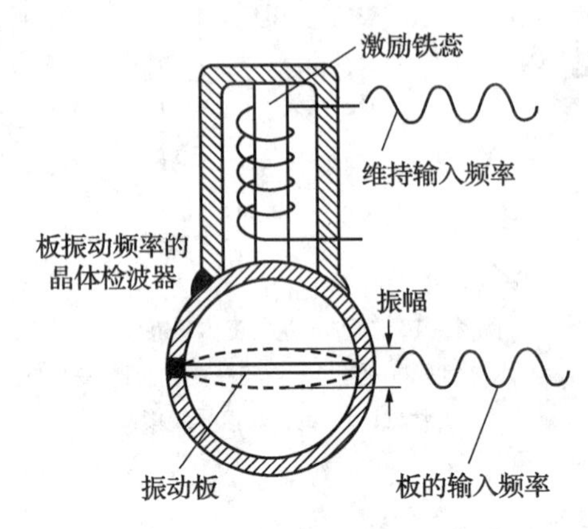

图 4－12　板（膜）振动式密度计

第五章　悬　浮　法

悬浮法是基于浮力原理测量液体或者固体密度的一种测量方法，它是利用固体试料在液体中悬浮时，试料和液体有相同的密度，通过测量液体的密度，而求出固体的密度的方法。本章主要介绍密度梯度法、浮沉比较密度测量法和浮压法。

第一节　密度梯度法

密度梯度法是用密度梯度管测定放入梯度液中的被测固体样品悬浮在管内的静止位置即液柱高度求得密度的方法。仪器主要包括密度梯度管、恒温水浴槽、测高仪以及标准玻璃小球等，为便于快速打捞被测样品，仪器还带有自动打捞系统，图 5－1 为密度梯度仪。

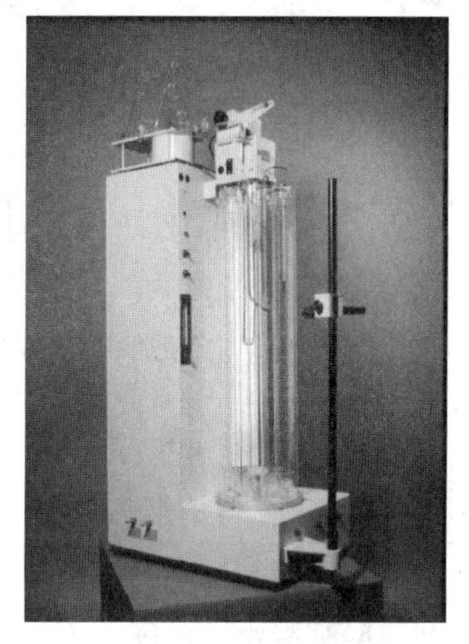

图 5－1　密度梯度仪

密度梯度管的构造很简单，通常是上方带有磨口盖的玻璃圆管。一般来说，圆管内径为 4cm～5cm，高约 25cm，有的更高，可达到 1m。圆管上带有一系列精确的高度刻度，内装配好的密度梯度液，配方见表 5－1。恒温水槽用于恒定密度梯度管的温度，要求标准温度为（23±0.1）℃（在塑料、化工等行业上采用），更高的要求温度波动 0.01℃～0.02℃。测高仪用于测定被测试样在梯度管中的高度。

使用密度梯度仪测定固体材料密度时，为避免气泡，须先将样品用轻液浸润，然后轻轻地放入管中，一般在放入 30min 后测定样品几何中心位置的高度。对于薄膜状样品，为消除表面张力的影响不易过薄，一般厚度不小于 0.13mm，高度位置稳定时间间隔不要小于 30min，但投入样品数量不宜过多。

表 5－1　密度梯度仪用液

液　　体	密度范围/($kg \cdot m^{-3}$)	液　　体	密度范围/($kg \cdot m^{-3}$)
甲醇/苯甲醇	800～920	水/硝酸钙	1000～1600
异丙醇/水	790～1000	氯化锌乙醇/水	800～1700
异丙醇/乙二醇	790～1110	四氯化碳/1.3 二溴丙烷	1600～1990
乙醇/四氯化碳	790～1590	1.3 二溴丙烷/溴化乙烯	1990～2180
乙醇/水	790～1000	溴化乙烯/溴仿	2180～2890
甲苯/四氯化碳	870～1590	异丙醇/甲基醋酸乙醇酯	790～1000
水/溴化钠	1000～1410	二甲苯/四氯化碳	840～1590

表5－1（续）

液　　体	密度范围/($kg \cdot m^{-3}$)	液　　体	密度范围/($kg \cdot m^{-3}$)
四氯化碳/溴仿	1590～2890	对称－四溴乙烷/亚甲烷碘化物	2960～3320
水杨酸异丙酯/对称－四溴乙烷	1100～2960		

配制密度梯度液常用两种方法：

（1）连续注入梯度管中液体密度逐渐变小的方法，配制方法示意图见图5－2；

（2）连续注入梯度管中液体密度逐渐变大的方法，配制方法示意图见图5－3。

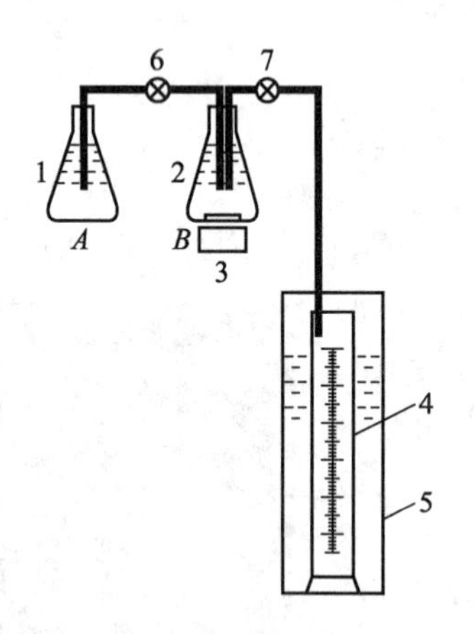

图5－2　梯度管中液体密度变小的方法

1—容器A（轻液）；2—容器B（重液）；

3—电磁搅拌器；4—梯度管；

5—恒温水浴；6、7—阀门

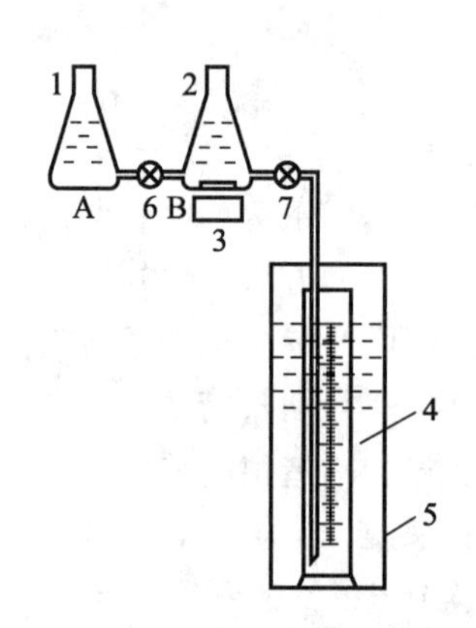

图5－3　梯度管中液体密度变大的方法

1—容器A（重液）；2—容器B（轻液）；

3—电磁搅拌器；4—梯度管；

5—恒温水浴；6、7—阀门

下面以图5－2的方法加以说明。

根据所需密度范围按表5－1选好轻、重液注入容器A与B中，同时对它们抽真空或缓慢加热等方法去除气泡。容器A中的液体密度按式（5－1）计算：

$$\rho_A = \rho_B - \frac{2(\rho_B - \rho)V_B}{V} \tag{5-1}$$

式中：ρ_A——容器A中的起始液体的密度；

ρ_B——容器B中的起始液体的密度；

ρ——所配密度的下限；

V——所配密度梯度液的总体积。

容器B中所需液体的体积应大于所配梯度液总体积的一半，如能使容器A与B之间产生流动，容器A的液体体积可按式（5－2）计算：

$$V_A = \frac{\rho_B \cdot V_B}{\rho_A} \tag{5-2}$$

式中：V_A——容器A中起始液体的体积；

V_B——容器B中起始液体的体积；

ρ_A——容器 A 中的起始液体密度；

ρ_B——容器 B 中的起始液体密度。

将所配好的轻、重液注入容器 A、B 中，开动电磁搅拌器进行配制，此时液面的波动不能太大，并用阀门控制流速，使 B 中混合液缓缓地沿着梯度管壁流入管中，直至所需液位。对配好的密度梯度管应在恒温条件下静止放置 8h ~ 24h。

配制合格的密度梯度液应是一种密度已知且密度连续变化的液柱。它的密度 - 高度关系即密度梯度曲线，常用标准玻璃小球进行校准。标准玻璃小球是经过充分退火的玻璃空心小球，其直径一般 2mm ~ 8mm，依据 $\rho_A\rho_B$ 的密度范围选择合适的玻璃小球，玻璃小球法是从一系列已知密度的空心玻璃小球在管中悬浮位置的高度来校准密度梯度曲线的，该方法方便实用而且测量精度很高。

玻璃小球的密度依据 JJF 1709—2018《标准玻璃浮子校准规范》进行校准，根据玻璃小球的密度范围，配置密度相接近的液体。对于未知密度范围的玻璃小球，可以采用简单的方法对其密度范围进行划分。将已知密度液体倒入烧杯，投入玻璃小球，观察玻璃小球的沉浮状态，进行玻璃小球密度的预判。将装有配置好的液体的检定筒放入水浴恒温槽中，水浴恒温槽控制温度在（23 ±0.1）℃以内。将玻璃小球及标准器放入检定筒中，搅拌液体，搅拌时搅拌器底部不要超出液面，以免产生气泡，观察玻璃小球在液体中的状态，若玻璃小球上浮至液面则应加入比液体密度小的液体，若下沉至底部则要加入液体密度大的液体。直到液体密度合适，玻璃小球悬浮在液体中。当玻璃小球悬浮在液体中，即处于随遇平衡时，等待 15min 以上，若玻璃小球扔悬浮于液体中，则读取密度计示值。根据需要对温度和毛细常数进行修正，见式（5 -3）：

$$\rho = \rho_1 + \Delta\rho + \Delta\rho_t + \Delta\rho_k \tag{5-3}$$

式中：ρ——被校准玻璃小球的密度值；

ρ_1——标准密度计示值；

$\Delta\rho$——标准密度计的修正值；

$\Delta\rho_t$——标准密度计的温度修正值，$\Delta\rho_t = \rho_1 \times \alpha_V\ (20 - t)$，$t = 23℃$，$\alpha_V = 25 \times 10^{-6}℃^{-1}$；

$\Delta\rho_k$——标准密度计的毛细常数修正值。

如此这样，对每个玻璃小球进行校准定值。一般来说，小球的表观密度范围为 $800kg/m^3 \sim 1600kg/m^3$。

校准密度梯度管就是用这些经准确校准的玻璃小球，确定它在梯度管中稳定悬浮的几何中心的高度，高度测量准确到 1mm。密度梯度曲线见图 5 -4，其有效部分应是一条无间断和拐点不多于一个的接近线性的曲线。通常灵敏度为每毫米 $0.1kg/m^3$。

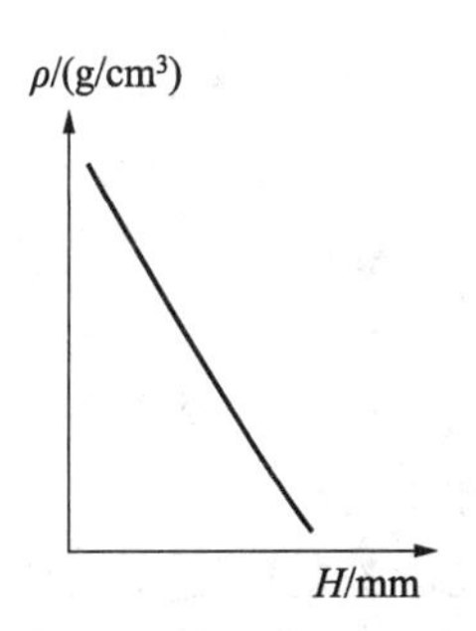

图 5 -4　密度梯度曲线

试样密度的计算可采取两种方法：

（1）图接法—该法是利用密度梯度曲线，读取试样在梯度管中的高度所对应的密度值。该值即是试样的密度值。

（2）内插计算法—该法是利用事先已放在梯度管中的一组玻璃小球，测定它处在邻近位置上下两个小球的高度，其密度按式（5 -4）计算：

$$\rho_t = \rho_a + \frac{(h_x - h_a)(\rho_b - \rho_a)}{h_b - h_a} \tag{5-4}$$

式中：ρ_t——固体试样在温度为 t 和高度 h_x 时的密度；

h_a、h_b——试样上下相邻两个玻璃小球的高度；

ρ_a、ρ_b——与高度 h_a、h_b 相对应的玻璃小球的密度。

密度梯度仪的校准方法除了采用玻璃空心小球的校准方法以外还有其他的多种校准方法，如比色法、折射率法、浓度滴定法等。比色法是在所用液体中加入一种能溶解的染料，然后测定整个密度梯度管自上而下颜色的改变；折射率法是测定密度梯度管不同高度液体的光折射率的变化；浓度滴定法是用已知不同浓度的盐水溶液的小液滴滴入并悬浮在已制成的密度梯度管中，然后用测高仪测定每个小液滴在管里的高度。

密度梯度仪常用于实验室测定纺织品、玻璃纤维、小固体试样，例如塑料、玻璃和高分子材料的密度。特点是测量速度快、测量范围广、灵敏度和准确度高，还可以在同一条件下同时测定几种材料的密度。通常测量准确度优于 $1kg/m^3$，条件控制严格可以高于 $0.5kg/m^3$。

第二节　沉浮比较密度法

沉浮比较密度测量法是利用液体比固体的热膨胀系数高的特点，利用沉浮法测定固体密度的方法。其优点是：方法简单，测定迅速，能及时反映生产的波动情况，及时采取措施，达到监控生产的目的。

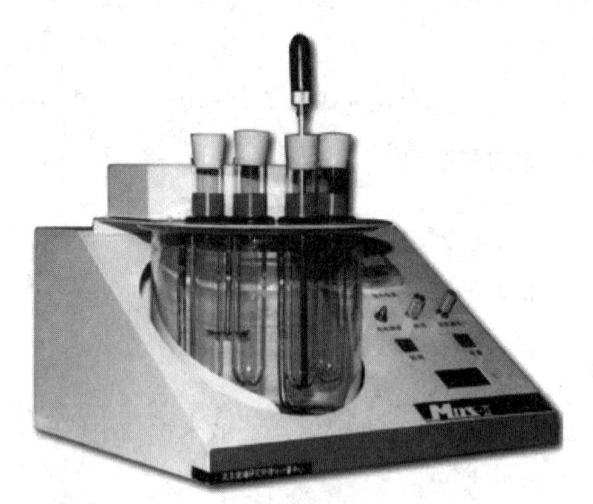

图 5-5　沉浮比较密度测量仪

沉浮比较密度仪的测定原理如下：将未知密度的试样和已知密度的参照标样放入盛有已知密度溶液的试管中，试管浸入温度可调的比较仪水浴里。在室温(20±3)℃时，配制的密度溶液的密度大于参照标样和固体试样的密度，因此，参照标样和被测试样漂浮在密度溶液上。由于密度溶液的热膨胀系数比被测试样及参照标样的热膨胀系数大得多，所以，温度升高时密度溶液的密度值比固体试样和参照标样的密度值下降得快得多，使两者同时升温，密度溶液的密度小于标样和试样的密度时，标样和试样分别沉降，根据沉降温度计算被测试样的密度。

沉浮比较密度测量仪常应用于建材行业以及玻璃制造行业，玻璃密度随玻璃的化学成分的变化而变化，并与玻璃的化学组成之间呈一定的依存关系。生产中通过监测玻璃密度，可以知道玻璃化学组成的波动情况，及时对原料及工艺做出调整，浮沉法测密度是当前玻璃生产厂家普遍采用的一种日常控制生产的方法。执行 GB/T 14901—2008《玻璃密度测定 浮沉比较法》。

在玻璃密度测量中常选择的以下两种有机液体：

（1）α－溴代萘（$C_{10}H_8Br$）密度（20℃）：$\rho=1.485g/cm^3$，密度的温度系数（20℃～30℃）：$0.002g\cdot cm^{-3}\cdot ℃^{-1}$；

（2）四溴乙烷（$CHBr_2-CHBr_2$）密度（20℃）：$\rho=2.965g/cm^3$，密度的温度系数（20℃～30℃）：$0.001g\cdot cm^{-3}\cdot ℃^{-1}$。

参照标样的密度用液体静力称量法精确测定，每块标准试样重约 6g～7g。玻璃密度计算公式为：

$$\rho=\rho_0\pm\alpha_V\cdot\Delta t \tag{5-5}$$

式中：ρ——被测试样密度；

ρ_0——参照标样密度（已知）；

α_V——密度溶液的热胀系数；

Δt——被测试样与参照标样在混合液中开始下沉时刻温度差。

α_V 值的计算方法：

$$\alpha_V=(\alpha_{V1}\cdot V_1+\alpha_{V2}\cdot V_2)/V \tag{5-6}$$

式中：α_{V1}、α_{V2}——溶液组分 1、2 的热胀系数；

V_1、V_2——溶液组分 1、2 的体积；

V——溶液的总体积。

参照标样的密度的定值执行 JJF 1709—2018《标准玻璃浮子校准规范》进行校准，当参照标样的密度值准确到 $\pm0.00001g/cm^3$ 时，密度测量精度可保持在 $0.0002g/cm^3$。

第三节 差压式密度测量法

一、比较差压式密度测量仪

从流体静力学中得知，假设液体内部参考点 h_0 处的压强为 p_0，则 h 点的压强、密度和深度的关系为：

$$p=p_0+\rho g(h-h_0) \tag{5-7}$$

式中：h——液体中任意点的深度，m；

p——h 点压强，Pa；

p_0——h_0 点压强，Pa；

ρ——液体的密度，kg/m^3；

g——重力加速度，m/s^2。

由式（5－7）可知，液体中某点的压强与液体密度及该点深度密切相关，并得到：

$$\rho=\frac{p-p_0}{g(h-h_0)} \tag{5-8}$$

根据式（5-8）可知，将两支传感器的间距（$h-h_0$）为一固定常数，而重力加速度 g 也是一常数，所以只要测量出 h_0 点的压强 p_0 及 h 点的压强 p，就可以算出流体密度 ρ。

比较差压式液体密度计主要由上下压力传感器、温度传感器、数据处理单元和显示单元等组成。液体密度计的工作原理是由两个压力传感器的压差与两个压力传感器之间的高度及液体的温度计算所得。

按照式（5-8）需要两个压力传感器，这会产生三个问题：①两支压力传感器匹配困难；②只能获得 h 及 h_0 两点的绝对压力，使得灵敏度降低；③仪器承受压差大，密封要求高。上述问题导致仪器加工成本费用较高，仪器灵敏度受到绝对压力测量的限制，难有较高的灵敏度，因此在实际测量中常使用单支差压式传感器测试流体密度的方法。

根据式（5-8）中压强、密度及深度之间的关系，采用单支差压式测量原理结构示意图见5-7。

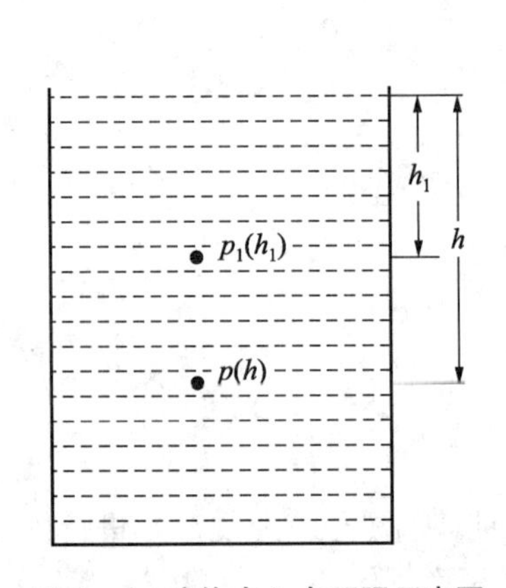

图5-6　液体内 h 点压强示意图

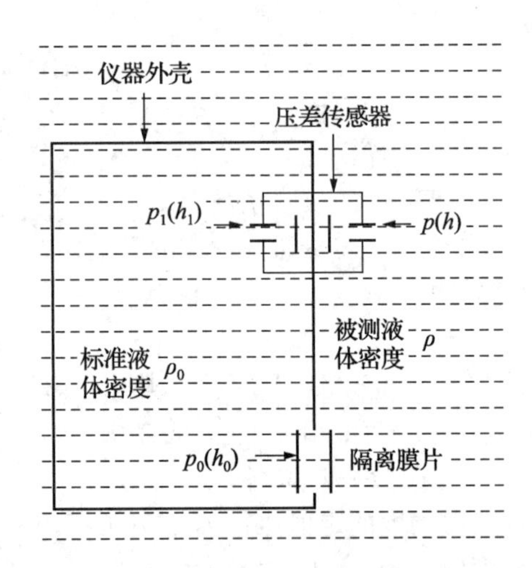

图5-7　差压式密度测量原理示意图

图5-7中仪器内部充满性能稳定、密度为 ρ_0 的标准液体；仪器上部装有差压测量传感器，能将 h_0 点和 h 点的压力差值转换为电信号，传到地面记录下来；仪器下部 h_0 点的橡胶隔离膜片将仪器内的标准液体和被测液体隔离，并使 h_0 点内外压力平衡相等。

$$\Delta p = p - p_1 = \Delta hg(\rho - \rho_0) \tag{5-9}$$

式中：Δh——两支压力传感器的距离；

ρ_0——密度标准液体的密度；

g——重力加速度。

令 $k=1/(\Delta hg)$，则式（5-9）变为：

$$\rho = k\Delta p + \rho_0 \tag{5-10}$$

由式（5-10）可知，被测液体的密度 ρ 是传感器两端压差 Δp 的一次函数。是用静压法推导出来的，而实际应用中被测液体是流动的，在流动状态下，Δp 不只是流体密度的函数，还和流体速度、黏滞程度有一定关系。但当流体速度很小时，它们的影响可忽略不计。

比较差压式流体密度测试仪结构简单，传感器无须匹配，仪器制作成本较低；由于不考虑绝对压力值，使得所测压力范围大大缩小，分辨能力有所提高，一般压力量程小于15kPa；仪器结构简单，无检测电极，且各部分均工作在差压不大的状态。因此，密封简单、容易。

表5－2 比较差压密度计计量性能

校 准 项 目	分辨率/($kg \cdot m^{-3}$)		
	0.1	1	2
最大允许误差	±2.0	±5	±10
重复性	0.5	3	5

二、吹泡式差压密度计

吹泡式差压密度计利用气压平衡的原理对介质密度进行测量，见图5－8。它采用空气作为压力传递介质，既可避免远传装置带来的附加误差，又可免除介质对测量元件的腐蚀。

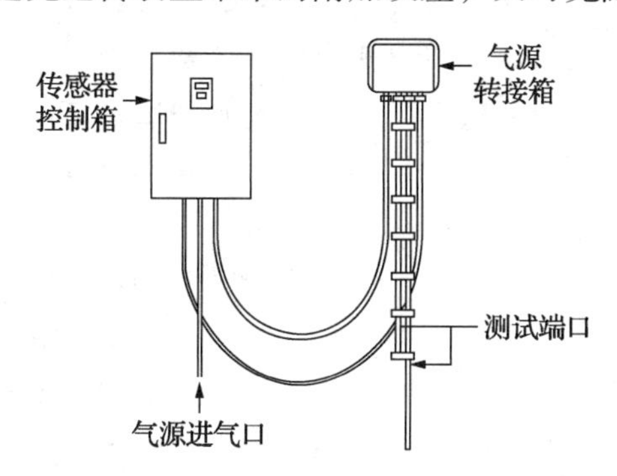

图5－8 吹泡式差压密度计结构示意图

仪器主要由三部分组成：①引压部分——由两根插入介质液面的管子组成；②检测显示部分——由差压传感器及信号处理线路组成；③气源部分——由一台气泵或现场气源组成。

具有一定流速的压缩空气经连接管路从插在介质中的管口冲出而形成气泡逸出液面，此时压力计的指示值p与出气口位于水下的深度有如下关系：

$$p = h\rho + vR \tag{5-11}$$

式中：h——气管出气口距离水面的高度；

ρ——介质的密度；

v——气流速度；

R——管路阻力。

在管路较短且固定不变的情况下，由于气流速度很低（只要有气泡逸出即可），压力损失项vR很小且基本保持固定不变，因此式（5－11）可改写成：

$$p = h\rho + c \tag{5-12}$$

式中：c——常数。

通过调零可扣除常数c对读数的影响；若将气管的出气端口插至水底部，则压力计的指示值p就等于水位高度h。相对于两个测量点，液体密度为：

$$\rho=(p_d-p_g)/(h_d-h_g) \tag{5-13}$$

差压传感器将检测到的压差信号传送到经过标定补偿的线路板上进行处理，此信号经IC放大电路，输出调整回路后，输出一个标准的二线制电流信号，最后经显示仪表显示出液体密度。

吹泡式差压密度计主要用来测定油田钻井液以及各种泥浆的密度，应用于海洋石油、沙漠油田、陆上油田固井作业。同时随着工业发展的需要也应用于石油化工、制药、冶金等生产现场对产品的在线密度测量。

第四节　浮　压　法

浮压法是由德国技术物理研究所（PTB）发展起来的一种全新的密度测量方法。目前被日本计量综合中心（NMIJ）用于测量单晶硅的密度。其测量原理如下：在一定的温度下，通过控制液体的压力，利用液体体胀系数调节液体的密度，从而比较测量基准密度硅球的密度。在绝对测量的基础上，通过浮压法可测量修正硅的及其微小的缺陷、杂质等。其用于测量单晶硅晶体的密度，通过调节压力可以测出硅晶体密度间非常微小的差别。这个方法极具潜力，目前利用浮压法测量单晶硅密度测量的最新进展已经达到（基准硅球比对结果）4×10^{-8}，期望值为1×10^{-8}。

如图5-9所示，通过改变装在封闭槽内的比例约为2∶1的1、2、3—三溴丙烷（20℃时$\rho\approx2410\text{kg/m}^3$）和1、2—二溴乙烷（20℃时$\rho\approx2180\text{kg/m}^3$）的混合物成分，将此混合物的密度调整到接近硅晶体的密度（20℃时$\rho\approx2329\text{kg/m}^3$）。在这种状态下，液体的密度呈垂直密度梯度，原因是下面的液体在重力作用下，由于其自身质量的作用使得它的体积压缩，因此当液体密度差不多等于硅晶体密度时，硅晶体能够被保持在稳定的悬浮位置。在密封槽中，与液体密度差有关的高度差Δh由公式得出：

$$\Delta\rho/\rho=k_T\Delta\rho=k_T\rho g\Delta h \tag{5-14}$$

式中：$\Delta p=\rho g\Delta h$。

k_T——液体的恒温压缩率；

g——重力加速度。

由于液体的恒温压缩率k_T在20℃时约为$4.39\times10^{-10}\text{Pa}^{-1}$，硅晶体的恒温压缩率在20℃时只有$1.023\times10^{-11}\text{Pa}^{-1}$，在同等的压力变化下，硅晶体的密度变化率比液体的小得多。这就是说密封槽内的压力可以调整，以便液体密度能和其中一个硅晶体的密度相等。

压力差Δp能使两个硅晶体悬浮在同一个垂直位置上，当Δp的值测量出来后，两个硅晶体的相对密度差见式（5-15）：

$$\frac{\Delta\rho}{\rho}=k_T\Delta p=k_T\rho g\Delta h \tag{5-15}$$

例如，当Δh约为10mm时，相对密度差为1×10^{-7}。当Δh约为1mm时，相对密度差降为1×10^{-8}。

但是这种方法要求非常小心地控制温度。当液体的压力增加时，在几乎绝热条件下密度会发生微小的变化，即当压力升高100Pa时液体温度会升高几毫开尔文。当封闭槽的温度在热处理槽中得到控制时，液体温度会下降，直到达到热平衡。由于液体的整体热膨胀系数达

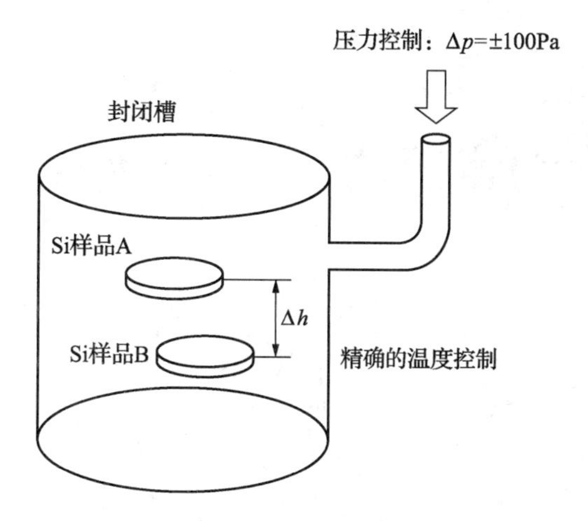

图 5－9 为比较硅晶体密度而发明的压浮法测量原理

到了 $8.6\times10^{-4}K^{-1}$，根据温度变化而变化的液体密度不可忽略。一般在达到很好的热平衡之前需要几个小时的降温。因此，在一组样品密度对比时需要非常精确地控制温度。如果要密度的测量不确定度为 1×10^{-7}时，通常需要 ±100μg 或更好的温度稳定性。

目前，在 PTB 和 NMIJ 都开展了浮压法的研究，以便在用 XRCD 方法确定阿伏加德罗常数时研究测量硅晶体的密度，这种方法用来检测硅晶体的显微缺陷。为了分析多种样品之间的密度差，NMIJ 发明了一种使用基质溶液分析的方法，这种方法可将数据间的协方差作用纳入考虑的范围。

第六章　电离辐射密度计

第一节　电离辐射密度计测量原理

电离辐射密度计是指带有电离辐射源，利用电离辐射吸收特性变化测量均质材料和非均质混合物平均密度的仪器（例如，γ 射线密度计）。本章以 γ 射线密度计为例进行介绍。

γ 射线密度计（也称为核子密度仪）是利用穿过被测物质后，其强度随密度的变化而相应变化的规律来测定密度的一种方法。其最大特点是非接触式在线测量，适用于道路桥梁、高温、高压、高粘度、剧毒、深冷、易燃、易爆等物质的密度检测，该方法对于密闭管道和容器等工艺系统中物料进行密度在线检测具有独特的优越性。实际应用中将密度参数转换成标准电压或电流信号，供自控系统对工艺进行控制。这种非接触式密度测量方法愈来愈广泛地用于石油、开采、炼油、化工、冶金、矿山、水泥、煤炭、轻工、水利、食品等多种行业。

根据核子密度仪应用的领域不同，其原理相同，但是放射源的活度可能相差很大，因此它们的使用方式、防护方法完全不同，这点一定要加以注意。本文所论述的核子密度仪是专业应用于土木工程中的核子密度仪。

核子密度仪通常安装有一个密封的 10mGy 的铯 137 放射源和一个密封的 50mGy 的镅 241/铍中子源，仪器中还安装有密度和湿度两种射线探测器，分别与伽玛源和中子源共同对被测材料的密度和湿度进行测量。

总密度（湿密度）检测原理：由 ^{137}Cs 放射源产生 γ 射线，射线通过被检测材料时由康普顿效应可知，被测材料的密度越大，γ 射线的衰减也越大。由核子仪的 γ 射线探头所检测到的 γ 射线的强弱，即可测得被测材料的密度。

γ 射线在被测材料中的穿透、反射和被吸收等行为只与被测材料中的组成成分的所有原子的原子核的质量相关。核子密度仪测量的总密度实际是单位体积的总的原子量。只有当被测材料的总的原子量发生变化时，核子密度仪的检测结果才相应地发生变化。核子仪通过检测被测材料中含有的所有元素的原子量总和计算被检测材料的总密度（湿密度），所以仪器的密度检测不受被检测材料的颗粒大小、级配、均匀度，以及物理状态、化学成分等方面的影响。除非被测材料的化学组成与常规材料有很显著的不同，通常情况下核子仪密度检测结果不需要进行校正。

水分（湿度）检测原理：由 $^{241}Am-Be$ 中子源产生中子流，根据氢核对中子流慢化作用最大的特性，被测材料中的含水量越多，则中子流通过被测材料所转化的慢中子就越多。由核子密度仪的中子探头测量慢中子量，即可测得被测材料的含水量的值。由于核子密度仪是通过测量自由水中的氢离子实现对水含量的测量，所以对蛇纹石、黏土、有机体和石灰处理的土壤中含有的结合水，这些材料中的结合水对仪器检测材料的含水率有轻微影响。这可以在仪器中输入水分偏置量的方法进行校正。

核子密度仪在进行密度和水分测量时，分别使用不同的放射源，不同的射线接收器，不同的数据计算系统，所以密度和水分两个检测系统相互独立，其检测数据也互不影响。

核子密度仪用于施工现场快速地检测建筑材料的湿密度（总密度）和含水量（湿度）。完成一次检测通常只需要1min或更短时间。对于各种土壤和没有凝固的水泥混凝土等材料，通常采用透射法。这个方法是在被检测材料中用钢钎钻一个垂直的检测孔，然后将仪器的探测杆伸入到被检测材料中，在各个深度上检测材料的密度和湿度。对于石头、混凝土等不能造孔的材料，通常采用反射法，这个方法是将仪器放置于被检测材料的表面，根据被检测材料的厚度和种类采用适应的检测档位，直接检测材料的密度、压实度等指标。

核子密度仪通常要求被测材料必须有一定的厚度和足够大的体积，否则没有足够多的射线计数用于计算密度或湿度。沥青混合料通常在铺筑时每层的厚度都不会超过7cm～8cm。需要注意的是仪器在检测时射线会穿透被测材料的层厚而同时检测了其他材料，这样仪器的检测结果就不仅仅是我们希望检测的薄层材料的密度，而是不同层厚的材料的共同的密度。除非仪器设计人员专门为这种检测目的进行程序上和检测技术上的改造而设置薄层检测功能，否则仪器就不能用于检测薄层的沥青混合料和其他混凝土材料。

第二节　电离辐射密度计测量方法

电离辐射密度计分为三类：

一、浅层核子仪

浅层核子仪又称为表层核子仪，市场上最常见的就是这种浅层核子仪，其测量方法为反射法，见图6-1。适合小于60cm以下的材料密度的测量，根据射线反射的强度确定样品的密度。

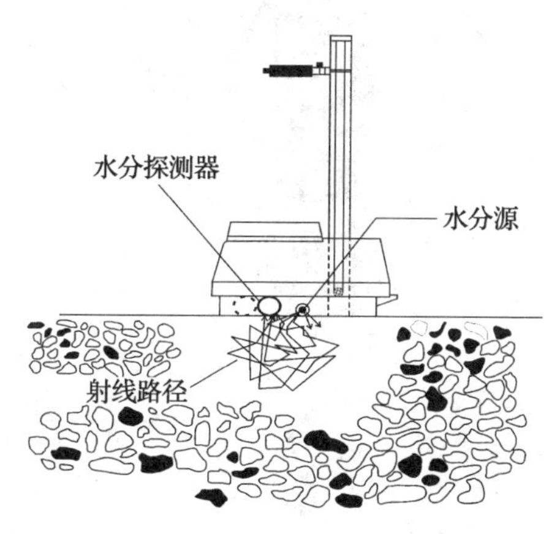

图6-1　浅层核子仪测量示意图

二、分层核子仪

分层核子仪又称为中层核子仪测量深度为60cm～90cm，分层核子仪有两根检测杆，所以有的地方称作双杆核子仪，其放射源和检测器分别放置于两根不同的探杆的端部，沿水平层面逐层检测被压实材料，为投射法。一般应用于压实层较厚的情况，特别适用于碾压混凝土工程项目的压实检测。见图 6－2。

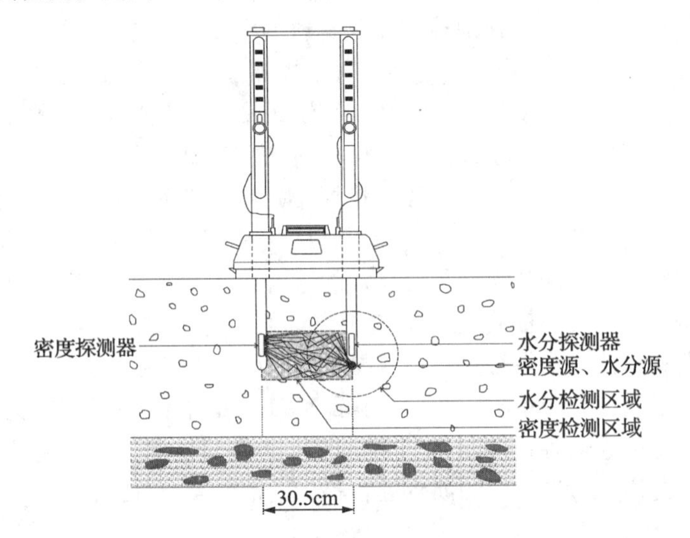

图 6－2　中层核子仪测量示意图

三、深层核子仪

深层核子仪的测量深度为数米至数百米深，如 501DR 核子密度仪和 503DR 中子水分仪。深层核子仪一般用于深层填埋材料的密度和含水率检测，还有定点长期监测公路、铁路路基、堤坝、护坡等的密度和含水率的变化以及用于检测水中的含沙量和含泥量。见图 6－3。

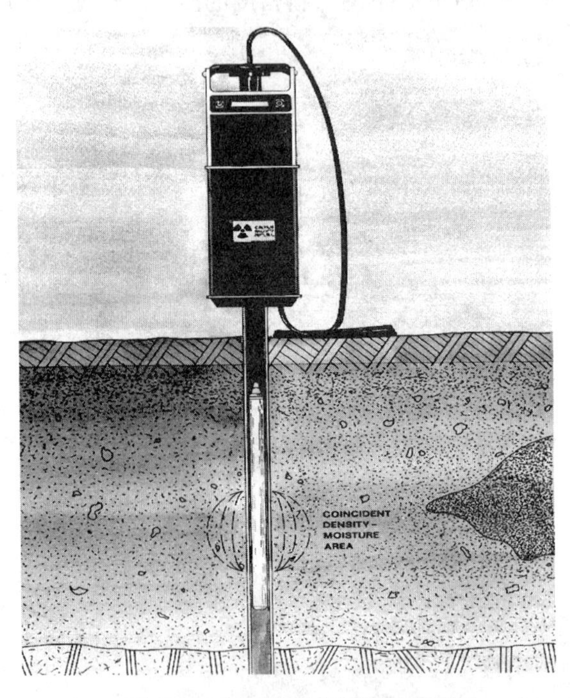

图 6－3　深层核子仪测量示意图

沥青含量核子仪——核子沥青含量检测仪用于无污染、快速检测沥青混合料中的沥青含量，代表性的型号有 AC－2R 沥青含量测试仪。

其他核子仪—除了以上各种仪器以外，被称作核子仪的还有用于土壤水分检测的中子水分检测仪和用于化工管道绝热层中隐藏水分检测的核子管道水分检测仪等，比如 MCM－2 管道检测仪。

核子仪的检定依据 JJG 1023—2007《核子密度及含水量》。由于放射源衰减、周围环境变化和本底辐射都会影响仪器的检测数据。因此核子密度仪应定期计量检定，将仪器读数与标准器相比较。按照规程规定，密度测量由三个标准块组成，含水量的标准器组由两块标准块组成。每台仪器在出厂时也配备对应的标准块。使用前可以按照仪器说明书进行检测，核子密度仪的安全防护按照仪器说明书严格执行。

核子密度仪多用于公路的地基、基层和面层、铁路路基、水库堤坝、机场跑道以及港口、发电厂、高等级赛车跑道、高层建筑等土木工程的现场施工的质量控制、监理检测、工程验收，还可以用于各种土木工程的养护检测及各种研究和开发。用于实验室和工程试验区段可以快速、准确获取各项施工参考数据。

第七章　超声波与荧光寿命单光子计数法

第一节　超声波密度测量法

超声波液体密度计是利用超声波在不同介质中传播速度不同以及相位变化不同这一原理，通过对超声波在液体中传播的时间差以及相位差来综合评判液体的密度的一种测量方法。

一、用声速法测量液体密度

对于液体而言，超声波几乎只能以纵波的形式进行传播，其传播速度为：

$$c=\frac{1}{\sqrt{\rho k}}=L/t \tag{7-1}$$

式中：c——超声波在液体中传播的速度；

ρ——液体的密度；

k——压缩系数；

L——超声波传播距离；

t——超声波传输时间。

液体中，声速随温度的变化关系较复杂，大多数情况下，声速随着温度的升高而变小，但在通常的情况下，压力为1个大气压，水中声速是随着温度的升高而变大，直至温度高达到73℃时为止，然后，开始随温度的继续升高而减小。通常液体中的声速是随压力的升高而增大的。当两种液体混合在一起时，混合液体中声速的变化与成分比之间的关系不是简单的线性关系。当两种无缔合性液体组成混合液时，声速与成分比之间呈线性变化关系；当两者之一或两者均为缔合性液体时，在大多数情况下，声速开始是随着所加入的另一种液体成分的增加而增大，达到某一最大值后又随所加入的该种液体成分的增加而减小。但如果两种混合液体中的一种是水的话，则情况刚好相反（水是一种缔合性液体）。

无论是发射和接收共体的还是分体的传感器，其工作原理都基本相同的。用超声波进行各种非声量的检测时，是通过某些声学特性（主要是声速、声衰减和声阻抗率等）的测量来进行的。其中，以超声波声速法最为简单可靠。

由液体密度与声速的关系可以得出，液体密度的测量最后归结为对超声波在液体中传播速度的测量。在利用时间法测量声速的时候，两个探头之间的距离是固定的，即固定声程L。只要能够测量出信号从发射到接收时所需要的时间t，就可以根据$c=L/t$计算出超声波在液体中传播的速度。这种方法十分简便，但是，对时间的精确测量要求很高。其原理如图7-1所示。

超声波密度传感器又叫作超声波换能器，它是实现声能与电能相互转换的器件，可以把声能转换为电能，也可以把电能转化为声能，它是实现超声测量的关键。常用的超声波换能

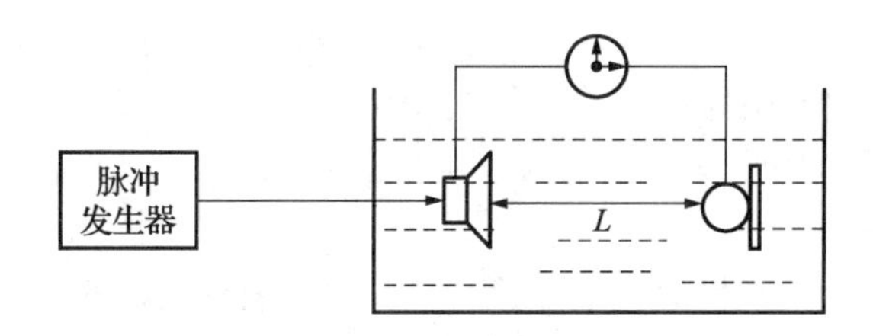

图 7－1　时间法测量声速原理图

器主要分为压电振子、磁致伸缩振子、机械换能器、电磁换能器、静电换能器等。其中，应用最为广泛的是压电换能器。它在发射和接收都占有独特的地位。压电换能器的核心是压电晶体。压电晶体主要是根据压电效应来工作的。

在液体中超声波是以纵波形式进行传播，液体中的粒子和气泡会对超声波造成散射衰减。若超声波的频率太低，则衰减特性不明显，不能保证测量的准确性；若频率选择过高，一是晶片制作较为麻烦，二是衰减太大，有可能接收不到信号或是接收到的信号很弱，不利于测量。通常所选择的频率在 1MHz ~ 10MHz 之间。考虑到接收的效果和后续处理电路的复杂程度，通常选择 2MHz 左右的频率。

探头的制作工艺要求严格，通常要求在无尘的环境中进行，有必要的温度、湿度控制设备，必要的工装夹具。

电路主要由四部分组成：发射电路、接收电路、单片机控制电路和温度补偿电路。其方框原理如图 7－2 所示。

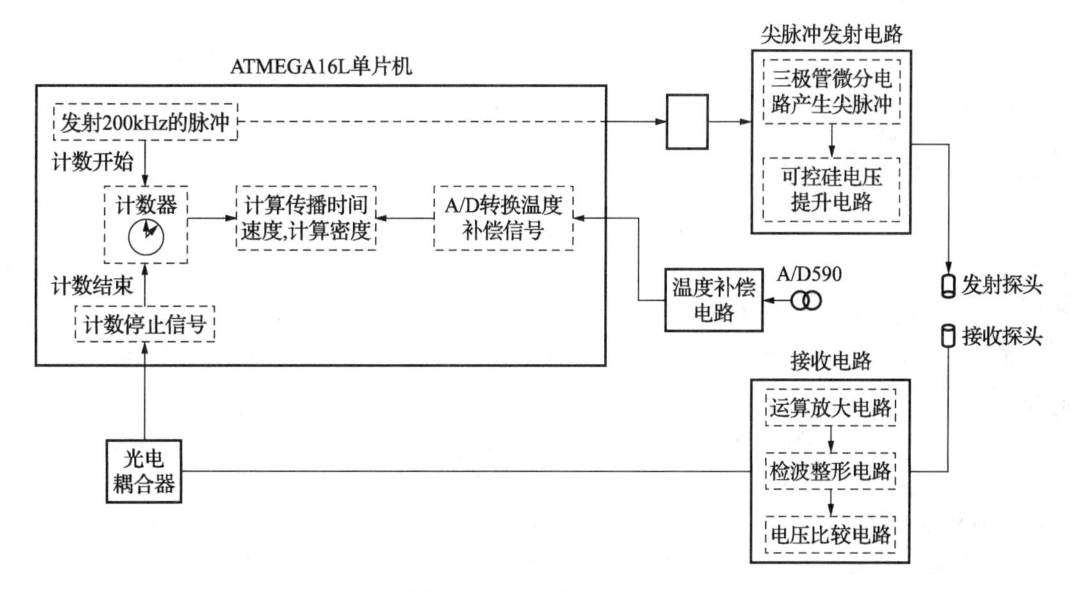

图 7－2　系统电路原理图

发射电路主要由可控硅和三极管组成。单片机通过光耦向发射电路发射一定频率脉冲信号，通过由三极管组成的微分电路产生尖脉冲，由可控硅将单脉冲的幅值提高。之所以将脉冲信号转化成尖脉冲，主要原因是不用人为调整电路的谐振频率，因为发射探头只有在其固有频率时才能正常工作。如果采用有一定宽度的脉冲信号，就需要确切测定发射探头的固有频率，然后，将电路的频率调谐在探头的固有频率。随着环境温度、压力的变化，探头的频率会有一些变化，这就要求电路的频率也随之变化。这种电路在环境条件变化很频繁的情况下显得有些不适应。而尖脉冲发射电路可以克服这种缺点，尖脉冲可以使发射探头产生自激，在其固有频率振动。

接收电路主要包括放大、检波和电压比较电路。接收探头接收的信号比较微弱，通过放大电路将其放大。放大后的信号经过检波二极管和电容组成的检波电路后形成较简单的信号波形。将检波后的信号经过由电压比较器变换电路转换成低电平信号，此信号经过光耦送入到单片机作为中断信号。单片机控制电路的主要功能是发射波形、计数、计算和修正液体密度。当单片机发射信号给发射电路的同时就开始计数，当接收到接收电路的负电平信号时，产生中断，计数停止。通过计数器所记数值，便可计算出超声波在液体中的传播速度，于是，计算出液体的密度。

温度对声速的影响很大，在液体中，温度每变化1℃将引起声速约为2%的变化，为了提高准确度，需要对温度进行补偿。一般采用温度传感器在单片机内部进行温度补偿的计算方法。

二、用相位差测量液体密度

利用相位法测量液体密度的典型仪器是基于声板波的液体密度测量仪，其传感器结构如图7-3所示。图中采用$LiNbO_3$压电晶体构成的基片上、下表面平行，下表面叉指换能器IDT_1用于激发声板波；另一叉指换能器IDT_2用于接收信号。压电基片上表面为待分析液体薄层。在声板波传感器中，声波在晶体和待测液体的边界处发生反射。由于在边界处，声场和相邻介质间存在多种作用机制，包括电效应、质量负载效应及粘性传输效应等。当处于压电基片上表面的待测液体薄层特性发生微小变化时，就会引起声板波的反射特性发生变化。为了求得待测液体的密度，需要求解压电晶体和液体中的波动方程，同时考虑加入边界条件。边界条件的变化使得声板波传播的相速度、群速度、群延时、插损、相位等发生变化。这样，通过精确测量这些变化，就可以得出待测液体特性的变化。

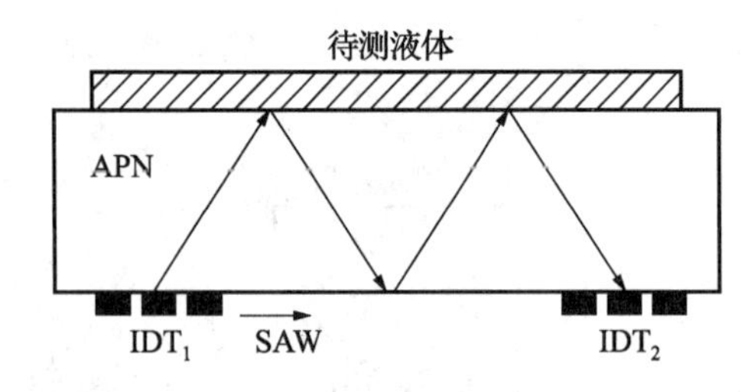

图7-3 APM液体密度传感器原理示意图

系统设计的信号检测原理如图7-4所示。信号发生电路产生源信号，经放大后加于IDT_1激励产生声体波。IDT_2得到的信号经放大、滤波后为输出信号。源信号与输出信号同时经A/D电路数字化，结果由微处理器经过通讯电路送上位机分析处理。

在液体密度传感器的实现中，存在以下因素影响着系统的精度，系统参数的设计也必须从以下方面加以分析：①A/D分辨率，A/D的分辨率取决于A/D的位数和采样点数。因此，在系统设计中应根据精度的要求来设计采样系统。②噪声干扰，可以通过硬件滤波、软件相关算法等手段有效地抑制噪声干扰，保证系统精度。③算法误差，系统设计中存在着算法误差，这种误差的产生主要是在采用数值分析方法逼近互相关函数值的时候产生的。为了保证系统的精度，必须要求逼近误差足够小。系统设计中，应根据精度的要求设计合适的逼近方法，然后根据逼近方法和精度要求就可以确定系统A/D的采样点数。

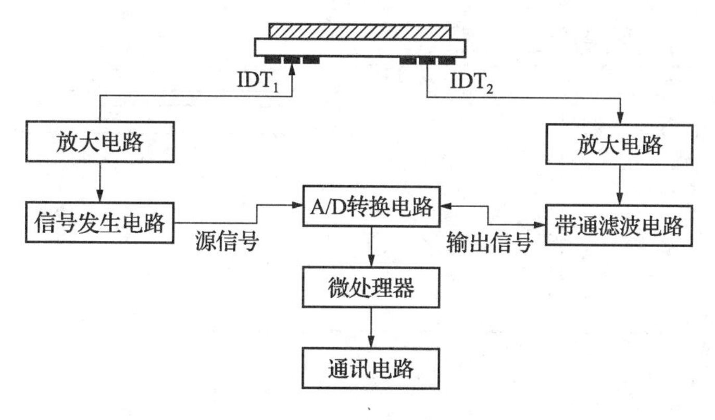

图 7－4　信号检测原理图

基于声板波的液体密度传感器系统设计的关键在于其信号检测部分，即发送与接收信号之间相位变化的检测和处理以及系统参数的设计。应用实践表明，采用以相关原理为基础的软件鉴相方法，精度高，对系统硬件要求低，还可以有效地抑制噪声干扰。而分析 A/D 分辨率、噪声干扰、算法误差几个因素对系统精度的影响也对声板波传感器的系统设计过程具有重要意义。

声板波超声波密度计最重要的应用是在现代生物医学工程领域，通过对人体体液（血液、淋巴液等）密度的精确测量，可以研究人体的生理和病理现象。在一些实际场合（如医学诊断或化学反应过程的监控）需要确定液体密度是否发生微小变化，以判断是否发生了某种反应，此时普通的液体密度传感器就显得无能为力。声板波超声波液体密度计具有电极不接触液体、工艺上容易实现、响应灵敏度高、精度高和用液量少等特点。相位差法测量水的精度可保持在 0.0002g/cm^3。

第二节　荧光寿命单光子计数法

荧光是分子吸收能量后，基态电子被激发到单线激发态后从第一单线激发态回到基态时所产生的，而荧光寿命是指分子在单线激发态平均停留的时间。分子中处于单线态的基态电子能级 S_0 上的电子，根据 Frank－Condon 规则吸收某一波长的光子后，被激发到单线态的激发态电子能级 S_1 中的某一个振动能级上，这个过程的时间约为 10^{-15}s；经过短暂的振动弛豫过程后（时间约 10^{-12}s～10^{-10}s），S_1 态的最低振动能级上会积累大量的电子。这一状态的电子有几种释放能量回到基态 S_0 能级的途径，包括振动弛豫在内的这些途径的去活化的过程。

使用 TCSPC 测量荧光寿命的过程中，需要调节样品的荧光强度，确保每次激发后最多只有一个荧光光子到达终止光电倍增管。TCSPC 方法的突出优点是灵敏度高、测量结果准确、系统误差小。采用该技术对样品进行荧光寿命成像时，必须逐点测量样品的荧光寿命，而每一点的测量时间又比较长，因此，通常认为该技术不太适合荧光寿命测量。不过，近年来，随着 TCSPC 技术和固体超快激光技术的发展，TCSPC 技术已具备快速测量荧光寿命的条件。通过与激光共聚焦显微镜的结合，可以对样品进行荧光寿命成像的测量。

2016 年，中国科学院广州地球化学研究所有机地球化学实验室应用先进的荧光寿命单

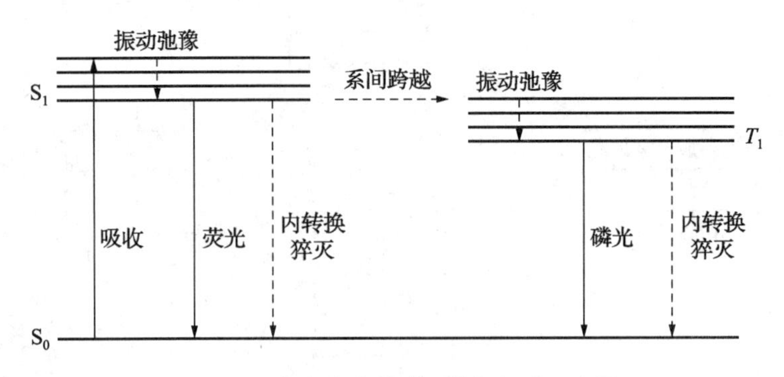

图7-5　荧光寿命单光子能级振动示意图

光子计数法（TCSPC），系统测定了塔里木盆地塔中地区不同原油密度的平均荧光寿命，得到了原油密度与原油平均荧光寿命的线性回归方程 $y = -0.0319x + 0.9411$，并据此计算了塔里木盆地奥陶系碳酸盐岩缝合线附近三类具有不同荧光特征的单个石油包裹体的原油密度。石油包裹体是地质历史中矿物捕获的微量油气流体，其组成特征、形成期次、荧光颜色和均一温度等参数可反映油气的生成、运移、聚集和次生改造等众多信息。其中，包裹体石油的密度是开展流体 PVT 模拟，判断油气充注时间与恢复储层温压历史的关键参数之一。目前，传统方法技术还难以准确估算包裹体中的原油密度。

研究人员发现，A 类棕黄色荧光的石油包裹体的平均荧光寿命为 1.77ns～2.765ns，对应原油的密度为 $0.853g/cm^3 \sim 0.885g/cm^3$，属于早期捕获的低成熟原油；B 类发浅黄白色荧光的石油包裹体的平均荧光寿命为 4.029ns～4.919ns，对应原油的密度为 $0.784g/cm^3 \sim 0.812g/cm^3$，为第二期捕获的成熟阶段的中质油包裹体；C 类发浅蓝绿色荧光的石油包裹体的平均荧光寿命为 4.956ns～6.168ns，对应原油的密度为 $0.743g/cm^3 \sim 0.779g/cm^3$，为第三期捕获的高成熟轻质油包裹体。该结果为塔中地区油气源对比和勘探评价提供了新的科学依据。

第八章　纯水密度测量

第一节　水密度计算公式

在密度测量技术中，常常用某些物质的密度作标准参考值进行测量。密度参考物质一般选择容易获得、纯度高且性能稳定的物质。超纯水因为其易于取得、性能稳定而成为密度测量领域里最重要和使用最广泛的参考物质，其密度量值对密度、容量、质量、黏度、流量、压力与声学以及海洋学等方面都起着重要的作用。

人们对超纯水密度的研究与测量已经有近200年的历史，它的发展可概括为三个阶段：20世纪30年代前，主要是建立在4℃时水的最大密度值作为力学量基本量之一，以及研究水的热膨胀特性的测量，但当时并未发现水的同位素；20世纪30年代后，在发现水的同位素对水密度的影响后，主要是研究水的同位素对水密度的影响，以及继续研究水的热膨胀；20世纪70年代，为满足计量学，特别是海洋学的急需，主要热衷于新的绝对测定和进一步研究各种影响因素对水密度的影响，以提高水密度的准确度。进入21世纪，一些先进的密度测量技术应用于水密度的测量中，如磁悬浮密度测量仪的应用，使水密度测量准确度得到进一步提高。

2000年Tanaka总结了以往的水密度计算公式，并在现代水密度计测量技术提出了如下的水密度计算公式：

$$\rho_t = a_5\left[1 - \frac{(t+a_1)^2(t+a_2)}{a_3(t+a_4)}\right] \tag{8-1}$$

($a_1 = -3.983035$；$a_2 = 301.797$；$a_3 = 522528.9$；$a_4 = 69.34881$；$a_5 = 999.974950$)

式中：ρ_t ——水密度，kg/m^3；

t ——液体温度，℃。

由Tanaka推导的水密度计算公式得到了BIPM的认可，使用范围为0℃～40℃，可用于温度、质量和体积等计量、测量计量目的。由式（8－1）经过计算得到的0℃～40℃纯水密度表见8－1，温度间隔为0.1℃。

第二节　水密度影响因素

水通常作为校准的介质，应选择或制备尽可能清洁和纯净的水。对最高精度的测量以及标准测量仪器的校准，应使用符合国家实验室用水标准二级以上或国际承认的标准的制备纯水，在以上情况下，都要求测量水密度。

一般在使用相对纯净的淡水或饮用水时，采用纯水密度公式通过测量的水温计算密度。由公式计算纯水密度后，应修正水中同位素丰度、进行空气含量修正、所含杂质带来的影响。

表 8-1　不含空气，0℃～40℃和 101325Pa 纯水密度表

单位：kg/m^3

t_{90}/℃	0	0.1	0.2	0.3	0.4	0.5	0.6	0.7	0.8	0.9
0	999.843	999.850	999.856	999.862	999.869	999.874	999.880	999.886	999.891	999.897
1	999.902	999.907	999.911	999.916	999.920	999.924	999.928	999.932	999.936	999.940
2	999.943	999.946	999.949	999.952	999.955	999.957	999.959	999.962	999.964	999.965
3	999.967	999.969	999.970	999.971	999.972	999.973	999.974	999.974	999.975	999.975
4	999.975	999.975	999.975	999.974	999.974	999.973	999.972	999.971	999.970	999.968
5	999.967	999.965	999.963	999.961	999.959	999.957	999.954	999.952	999.949	999.946
6	999.943	999.940	999.937	999.933	999.929	999.926	999.922	999.918	999.913	999.909
7	999.904	999.900	999.895	999.890	999.885	999.880	999.874	999.869	999.863	999.857
8	999.851	999.845	999.839	999.833	999.826	999.819	999.813	999.806	999.798	999.791
9	999.784	999.776	999.769	999.761	999.753	999.745	999.737	999.728	999.720	999.711
10	999.703	999.694	999.685	999.676	999.666	999.657	999.648	999.638	999.628	999.618
11	999.608	999.598	999.588	999.577	999.567	999.556	999.545	999.534	999.523	999.512
12	999.500	999.489	999.477	999.466	999.454	999.442	999.430	999.418	999.405	999.393
13	999.380	999.367	999.355	999.342	999.329	999.315	999.302	999.289	999.275	999.251
14	999.247	999.233	999.219	999.205	999.191	999.176	999.162	999.147	999.132	999.118
15	999.103	999.087	999.072	999.057	999.041	999.026	999.010	998.994	998.978	998.962
16	998.946	998.930	998.913	998.897	998.880	998.863	998.846	998.829	998.812	998.795
17	998.778	998.760	998.743	998.725	998.707	998.689	998.671	998.653	998.635	998.617
18	998.598	998.580	998.561	998.542	998.523	998.505	998.485	998.466	998.447	998.427
19	998.408	998.388	998.369	998.349	998.329	998.309	998.288	998.268	998.248	998.227
20	998.207	998.186	998.165	998.144	998.123	998.102	998.081	998.060	998.038	998.017

表 8－1（续）

t_{90}/℃	0	0. 1	0. 2	0. 3	0. 4	0. 5	0. 6	0. 7	0. 8	0. 9
21	997. 995	997. 973	997. 951	997. 929	997. 907	997. 885	997. 863	997. 841	997. 818	997. 796
22	997. 773	997. 750	997. 727	997. 704	997. 681	997. 658	997. 635	997. 612	997. 588	997. 564
23	997. 541	997. 517	997. 493	997. 469	997. 445	997. 421	997. 397	997. 372	997. 348	997. 323
24	997. 299	997. 274	997. 249	997. 224	997. 199	997. 174	997. 149	997. 124	997. 098	997. 073
25	997. 047	997. 021	996. 996	996. 970	996. 944	996. 918	996. 891	996. 865	996. 839	996. 812
26	996. 786	996. 759	996. 732	996. 706	996. 679	996. 652	996. 624	996. 597	996. 570	996. 543
27	996. 515	996. 488	996. 460	996. 432	996. 404	996. 376	996. 348	996. 320	996. 292	996. 264
28	996. 235	996. 207	996. 178	996. 150	996. 121	996. 092	996. 063	996. 034	996. 005	995. 976
29	995. 946	995. 917	995. 888	995. 858	995. 828	995. 799	995. 769	995. 739	995. 709	995. 679
30	995. 649	995. 619	995. 588	995. 558	995. 527	995. 497	995. 466	995. 435	995. 404	995. 373
31	995. 342	995. 311	995. 280	995. 249	995. 217	995. 186	995. 154	995. 123	995. 091	995. 059
32	995. 027	994. 996	994. 963	994. 931	994. 899	994. 867	994. 834	994. 802	994. 769	994. 737
33	994. 704	994. 671	994. 638	994. 605	994. 572	994. 539	994. 506	994. 473	994. 439	994. 406
34	994. 372	994. 339	994. 305	994. 271	994. 237	994. 204	994. 170	994. 135	994. 101	994. 067
35	994. 033	993. 998	993. 964	993. 929	993. 894	993. 860	993. 825	993. 790	993. 755	993. 720
36	993. 685	993. 650	993. 614	993. 579	993. 543	993. 508	993. 472	993. 437	993. 401	993. 365
37	993. 329	993. 293	993. 257	993. 221	993. 184	993. 148	993. 112	993. 075	993. 039	993. 002
38	992. 965	992. 929	992. 892	992. 855	992. 818	992. 781	992. 744	992. 706	992. 669	992. 632
39	992. 594	992. 557	992. 519	992. 481	992. 443	992. 406	992. 368	992. 330	992. 292	992. 253
40	992. 215									

一、同位素丰度

蒸馏水尽管纯度很高，但是其同位素丰度却不尽相同。IAPWS 认为由此产生的相对密度变化约为 1×10^{-5}。如不测定水的同位素丰度，由此带来的测量不确定度为 20×10^{-3}kg/m^3。进行更高精度的测量时必须测量水中 H、O 的同位素丰度进行测量并修正。水中同位素丰度的测定通常采用质谱法测定。

二、溶解的空气

密度公式假设水中不含有空气，且所有气体均从溶液中分离出。将溶液注入测量仪器或者从测量仪器中排出，或泵入流动循环或称量系统，不可避免地进入空气，但不可能变成完全饱和的水。

Watanabe 给出了一系列测量数据，公式覆盖了 0℃ ~40℃，并给出了修正公式：

$$\Delta\rho = \left[\sum_{i=1}^{5} c_i(t)^i \times 10^{-3} \right] \tag{8-2}$$

（$c_1 = 5.252$；$c_2 = 0.1472$；$c_3 = -3.0689\times10^{-3}$；$c_4 = 4.0688\times10^{-5}$；$c_5 = 2.3559\times10^{-7}$）

式中：$\Delta\rho$——为密度修正值，kg/m^3；

t——温度，℃。

Watanabe 公式给予最近实验数据，建议使用该公式修正水中空气对水密度造成的影响。

三、杂质

水中的杂质会影响水密度的量值准确性。现场测量仪器和验证，最好使用刚制作的新鲜的蒸馏水，如果没有也可以使用清洁饮用水。若对水纯度有疑义，则必须进行测量或溯源。

饮用水的密度、温度的关系与纯水密度的函数形式相同，密度计算允许使用纯水密度计算公式，使用基于相同密度或密度比测量值的修正值。盛放纯水的玻璃容器溶解在水中会减小水的密度。当空气溶解在饱和水中时，水的相对密度在 0℃时减少约 4.6×10^{-6}。

使用高质量商用仪器在实验室内测量水的密度或相对密度，其测量结果的不确定度最高为 0.010kg/m^3，对现场或工业测量最高为 0.10kg/m^3。

第三节　现代水密度测量技术

由 PTB（德国技术物理研究所）研制的磁悬浮密度测量仪实现了在宽温度范围内对超纯水密度的精确测量。该方法原则上是对液体静力称量法的一种改进。在液体静力天平称量法中，用吊线将浮子固定在与天平相连的吊架上，该吊线将浮子沉入被测液体中的固定位置。通过作用于天平的力测量出浮子的质量。

该磁悬浮技术取消了浮子与吊架之间的吊线，将浮子置于与悬浮体相连的一个吊架中。其特定的结构，使其可以上下移动。用磁场使浮子达到规定高度，构成一个磁悬浮系统。通过精细地调节交流电流的大小可方便地调节电磁线圈产生的磁场大小，该磁场对安装在吊架上的悬浮体产生吸附作用。

与液体静力称量法相比，磁悬浮法的主要优点是：测量系统不需要吊线。因此，液体容器可密封设置，以防止液体蒸发，液体中的空气饱和度可以长时间保持恒定，且液体中的热稳定性比开放的系统要好。因为去除了吊线，所以测量结果不会受到吊线穿过液体表面所引起的弯月面力的影响，而且如果在非室温下测量时不会受到吊线温差的影响。对水来说，弯月面力很大，这是因为水的高表面张力所致，因为其对表面污染和吊线的不均匀性很敏感，所以弯月面力重复性不好。

鉴于上述优点，与液体静力称量法相比，用磁悬浮密度测量仪测量液体密度可将测量误差减少一个数量级。图 8 –1 为该测量装置照片，图 8 –2 为测量装置结构示意图。

图 8 –1　PTB 磁悬浮装置照片

该装置包括装有待测液体的容器、带浮子的吊架、校准砝码和容器内的操纵器以及容器外的电磁线圈和光学系统。

该装置的一个非常重要的要求是测量的水不能与物质接触受到污染。因此装置的所有与待测液体接触的金属部件（包括螺丝等）都必须由非磁性钢（1.4404，316L 型）制成。在试验中，将此类钢制品样品浸入超纯水中 3 个月，并通过化学分析查看水的污染迹象，即使在十亿分之一等级的分析中也未发现此类水和新鲜超纯水之间的差别。

容器由石英玻璃制成，一些小零件由聚四氟乙烯制成。由于操纵器使用垫圈引入且容器顶部板上有温度计，所以采用氟橡胶 O 形圈。此构造是为了尽可能使 O 形圈的很小一部分自由面暴露在水中，以便将 O 形圈的污染降到最小。符合商业标准的抗白金温度计可直接浸入到水中，并拥有铬镍铁合金鞘。

加注过程中，水流过一个齿轮型水泵和两个测量仪器，一个测传导性，另一个测含氧量。泵以及同水接触的电导计的材料主要是铁、聚四氟乙烯以及一些拥有小表面的绝缘体。由于测氧计由塑料制成且另一端为带有电解质的薄膜，所以可能出现问题。通过将其同水接

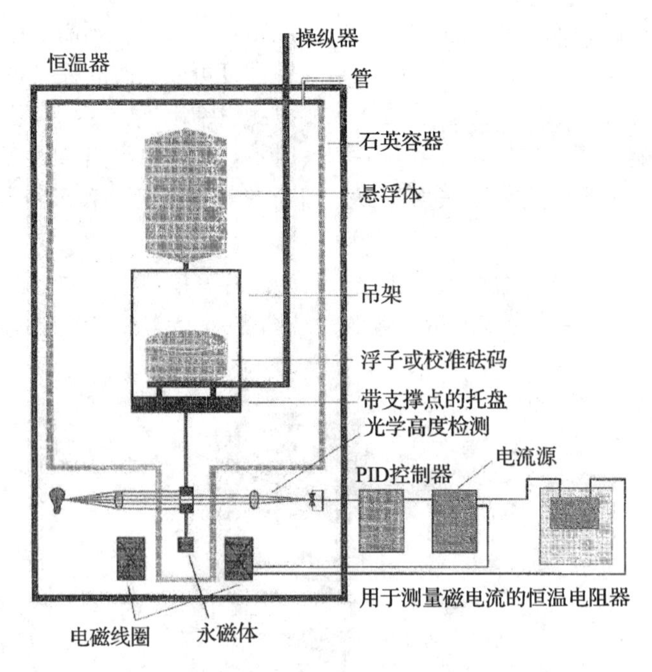

图 8-2　磁悬浮装置示意图

触的时间降到最低，以此来减小水污染的可能性。如果电解液在错误方向进行扩散，电导计将即刻检测出。

下面将详细介绍仪器的最重要的部件，并讨论这些部件对测量误差的影响。如果对测量不确定度不加以说明，则这些数值是扩展不确定度其包含因子 $k=2$。

（1）恒温器

测量仪器放置在温度范围为0℃～95℃的恒温器内。为达到高效的绝热效果，恒温器由塑料制成，温度控制由温度稍低于测量温度的前恒温器以及与温度控制器连接的加热器完成，恒温器内的温度变化小于1mK峰间值。

（2）容器

盛测量水的容器是容积为30L的敞口石英容器，容器底部的指针可深入到固定永磁体的电磁线圈内。该容器盖为不锈钢板并用O形圈进行密封，在不锈钢板盖上安装有（若不在浮选状态）固定吊架的安装件、移动浮子和校准砝码的操纵器、温度计的穿通管以及进出水软管。

该容器通过一个长3m、内径4mm的铁管同大气相连，铁管末端为带溢流孔的挠性软管。此铁管将容器内部同环境大气接通，避免了由温度变化产生的额外压力。因此，通过测量周围环境气压并加上水柱静液压就可轻松得出容器内的压力。上下移动铁管末端可改变水柱的高度，从而改变整体压力。测量循环期间为保证整体压力的恒定，利用此特性可弥补气压的变化。

再利用一支铁管，此铁管可用来填充和放空该容器。为达到控制目的（比如通过测氧计控制液态空气的含量），容器内液体可进行循环。由于水中气体扩散性不高，铁管的长度可在长达数周的时间内阻止水中空气含量的增加。

（3）吊架

吊架用来支撑浮子和校准砝码。该吊架包括一个“固定架”，是搭载浮子或校准砝码、顶部浮力体以及底部永磁体的平台。浮力体是一个两端尖的中空铁罐，可在不产生巨大震动的情况下做竖直运动。此外，还可通过添加铁盘调节整体浮力。永磁体是固定在铁箱内的 SmCo 磁铁。固定件和永磁体连接处有一狭小缝隙，可为光学高度探测系统指示高度。

固定架本身拥有数个支撑点，可支撑体积较大的浮子和较小的校准砝码。该支撑点充当了自定心器，可确保高度复位性。为将浮子放置在支撑点上，吊架被放置在固定停放位置。然后，通过水平旋转操纵器，浮子放置在吊架中心、支撑点以上的位置。吊架通过垂直运动取代浮子。之后，操纵器从吊架水平旋转出来到达固定位置。同样的步骤还可用于装载校准砝码。卸载步骤同装载步骤相似。这确保了在测量和校准期间，操纵器的所有零件位于同样的位置且使测量不受残余磁场的影响。

浮动过程中，磁场使吊架居于中心位置，但却不能阻止其转动。为弥补这一不足，在吊架顶部安装了覆盖有聚四氟乙烯（搅棒磁铁）的三个小型磁铁，在铁板的固定位置上安装了三个相应的磁铁。这种结构有效地防止了吊架转动。而且在测量和校准期间，由于磁铁间的多余磁力保持不变，所以不会对结果造成影响。

（4）浮子

水的密度 ρ_w 测量同液体静力称量方法一样。比如，通过测量已知质量和体积的浮子的表观质量来测量水的密度 ρ_w：

$$\rho_w = \frac{m_S}{V_S}\left(1 - \frac{m_S^a}{m_S}\right) = \rho_S\left(1 - \frac{m_S^a}{m_S}\right) \tag{8-3}$$

浮子为两个中空石英体。两个石英体的质量 m_S 分别为约 229g 和 368g，体积 V_S 分别约为 $226cm^3$ 和 $365cm^3$。浓度 ρ_S 比水浓度稍高（约为 $1012kg/m^3$ 和 $1006kg/m^3$）。于是两个浮子在水中的表观质量 m_S^a 同 20℃时的 3g 为同一数量级。这就确保了表观质量同数量级的质量比为 1/100。

不在较高温度下使用较大的浮子，因为在 90℃时，浮子表观质量约为 12g。此质量是吊架满载和空载时的质量差，在测量空载吊架时，需要通过磁电流补偿。因此在测量空载吊架时，需要很强的磁电流。为避免高强度磁电流，高温度下使用小型浮子，90℃时表观质量为 7g。使用两个浮子的另一好处是，由于较大浮子的表面比较小浮子的表面大约 50%，可以探测可能发生的表面效应。

（5）校准砝码

测量信号是磁电流。为了从磁电流中获得表观质量，必须对系统进行校准。

此过程通过为吊架装载小硅体并测量相应磁电流来实现。硅体采用接近硅密度标准材质的高纯度无掺杂物单晶硅。所以这些硅的密度接近标准密度，为了保证高精度的测量，用浮压法测量密度。

使用重量不同的两个硅体作为校准砝码，以对系统的线性进行控制。硅体的表观质量被设计为与浮子表观质量接近的质量。

硅体质量 m_C 具有小于 9×10^{-7} 的相对不确定度。密度 ρ_C 利用浮压法（20℃）测量具有 9.5×10^{-7} 的相对不确定度。

（6）因校准程序所导致的不确定度影响

每次水密度测量都是在测量环范围内进行校准和测量。首先，使用较小的硅球进行校准；其次再使用较大的硅球进行校准；第三是使用浮子进行校准；第四则是使用空心悬浮体进行校准。这相当于用在液体静力称量法中的替代程序。该校准考虑了温度和压力所产生的所有可能影响，以及由于温度变化所导致的永久磁铁磁力变化或者是磁铁线圈外形尺寸变化而产生的所有可能影响等等。唯一的前提条件是所有的参数都保持不变。

硅体砝码 m_C^a 的表观质量由下式给出：

$$m_C^a = m_C\left(1 - \frac{\rho_w}{\rho_C}\right) \tag{8-4}$$

而浮子 m_S^a 的表观质量则由下式给出：

$$m_S^a = m_C^a \frac{I_0 - I_S}{I_0 - I_C} \tag{8-5}$$

式中：I_S——带有浮子的悬浮体的磁铁电流；

I_C——带有校准砝码的悬浮体的磁铁电流；

I_0——带有空栽悬浮体的磁铁电流。

式（8-5）为校准的线性逼近。当测量两个校准砝码时，测得了较小的非线性影响，这是由于磁铁电流造成的线圈温度的小幅上升所引起的。因此，实际计算运用了校准质量和校准电流之间的抛物线关系。

（7）温度测量

通过直接往液体中沉入两个标准的铂电阻温度计测量水的温度。使用一个交流电桥（ASLF18）可以测得它们的电阻。温度计被放置在不同的高度上，温度计最敏感的部分被放置在浮子的高度。这两个温度计被放置在距离浮子 10cm 远的地方，并且要分别放置在它的不同侧面。在温度测量时，取这两个温度计的平均值。

（8）电磁线圈

电磁线圈是一种专门设计的线圈，缠绕有 825 匝直径为 0.5mm 的铜线。该线圈和光学系统的图片显示在图 8-3 中。

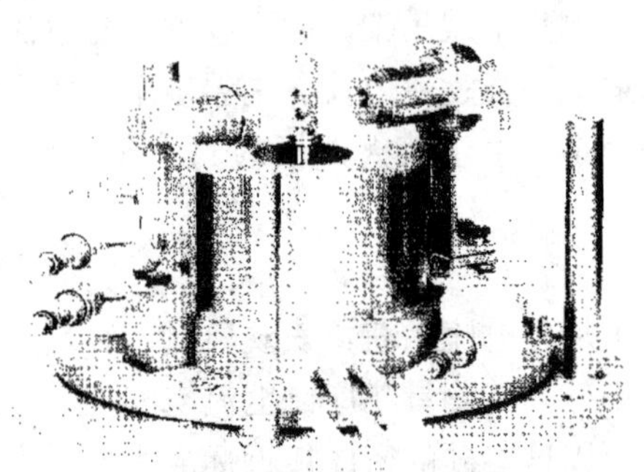

图 8-3　磁铁和光学系统的图片光束显示为一条直线

磁场具有旋转对称性。靠近线圈的两端，该磁场呈梯度分布，这使得永久磁铁作用在线圈上并集中在磁场的对称轴上。通过这种方式，当改变磁铁电流时，悬浮体仅仅集中移动在垂直线上。

磁铁线圈位于恒温器内槽下方，并被保持在测量温度上。以通过冷却回路来防止发热的方式对其进行封装设计。它能够通过高达1.5A的电流而不会过于发热。在此电流下的磁场可携带约15g的载荷。为进一步使发热最小化，我们仅使用0.8A的电流驱动磁场。事实上，不能检测到磁铁电流对水温有任何影响。但是，校准曲线的非线性却表明由于发热所导致线圈几何曲线的微小变化。

（9）光学系统

光学系统包括使用具有680nm波长的激光发光二极管（LED）作为光源，并包括使用差分光电二极管作为传感器。如果该（光学）系统处于其浮动位置时，那么激光发光二极管（LED）所发的光线就会通过永久磁铁上面的缝隙，并以相同的方式照亮差分光电二极管的两部分。因此，在这种情况下，二极管生成信号为零。

该光学系统被安装在恒温器中，并具有测量温度。在温度高于50℃时，该（光学）系统的敏感性就会迅速下降。因此，当温度高于50℃时，应更换其安放位置，此时光（信号）发射器和光电二极管应放在恒温器的外面（温度为室温）。

（10）压力测量

根据周围空气压力和浮子水柱上方的液体静压（力）计算浮子位置的压力。通过总压力保持不变的方式每分钟调整一次水柱。利用一台步进电机，以12.5μm的步进调整改换。利用一台压力传感器来测量空气压力。

（11）水处理设备

所使用的水为超纯水，其电阻系数为18.2MΩ，以及纯化后的有机碳总量（TOC）小于10^{-9}。它是从自来水中通过逆渗透的方法提取出来的。

在充填过程中为了获得无空气的水，需要将水流通过一台煮沸的石英蒸馏器。充填之后，水在蒸馏器中循环流动并被煮沸一天。以此种方式，可以获得氧气含量小于0.05mg的蒸馏水。

在循环流动期间，水的电阻是可控的。脱气过程之后，其电阻值大于9MΩ。

该测量方法可用于测量水中的氧气含量和电阻系数。

（12）密度测量不确定度分析

表8-2列出了对水密度不确定度的影响。对不确定度的所有影响可以用$k=2$的包含因子表述。所有的不确定度均默认为以10^{-6}来表示。压力测量所导致的非常小的影响可以四舍五入至0.01×10^{-6}。对水密度不确定度影响累计为0.8×10^{-6}。

表8-2　密度测量不确定度汇总表

被测变量		不确定度（$\times10^{-6}$）	ρ_w不确定度（$\times10^{-6}$）
磁浮式浮子		0.3	0.3
浮子	质量	0.2	0.2
	体积	0.7	0.7
校准砝码	质量	0.9	0.1
	密度	0.95	0.1
	水密度	10	0.1

表8－2（续）

被　测　变　量	不确定度（$\times10^{-6}$）	ρ_w 不确定度（$\times10^{-6}$）
温度	<0.5mK	0.1（20℃）
		0.3（90℃）
流体静压力	0.2mbar	0.01
空气压力	0.05mbar	0.01
同位素成分	<0.1% inδ^{18}O	0.05
	<0.1% in$_{\delta(D)}$	
含气量	1%	0.05
杂质		<0.1

第九章　纯汞密度测量

纯汞是仅次于纯水的另一种密度参考物质。由于它在常温下具有性能稳定、密度大、纯度高以及不易挥发等特点，故在某些场合可以弥补纯水参考物质的不足，应用也十分广泛。人们对汞密度的研究已有150多年的历史，汞密度不仅在温标复现以及气象科学方面起着重要的作用，而且可以为密度、真空、微小容积和声谐振腔容积等准确计量与测试提供准确数据。汞密度的测量有绝对法和相对法两种测量方法。相对法由于受纯水密度的影响，一般仅能达到$5\times10^{-6}\sim10\times10^{-6}$的水平。采用绝对法测量准确度可达到$1\times10^{-6}$。国际上曾做过多次绝对测量，测量结果见表9－1。

表9－1　国内外测量汞密度一览表（20℃、101325Pa）　　单位：$kg\cdot m^{-3}$

年份	测　定　者	汞密度值	相对不确定度（$\times10^{-6}$）	测量方法	样品数
1883	Marck	13545.870	>10	相对法	五种
1893	Thiesen；Scheel	13545.850	—	相对法	一种
1923	Guye；Batuecas	13545.925	~10	相对法	—
1936	Scheel；Blankcnstein	（a）13545.896 （b）13545.766	>10	相对法	三种
1945	Batuccas；Casado	13545.965	<5	相对法	两种
1948	Batuecas；Fernandey；Alonso	13545.965	<5	相对法	—
1954	Иппиц（ВНИМ）	13545.819	<5	相对法（密度瓶法）	六种
1957	Cook；Stone（NPL）	13545.874	1	绝对法	四种
1961	Cook（NPL）	13545.866	1	绝对法	五种
1968	Кузьменов	（a）13545.86 （b）13545.94 （c）13545.871	1	绝对法	三种
1973	Fureig（ASMW）	13.545.824	1	绝对法	—
1974	NIM	13545.829	<5	相对法（密度瓶法）	五种
1985	LiXing－Hua； CaoFen_ Mei（NIM）	（a）13545.863 （b）13545.856 （c）13545.858	1.4	相对法（微差密度瓶法）	两种
1985	Pattorson；Prowse（NML）	（AV）13545.881 （VDW）13545.865	1.4	相对法（微差液体静力天平法）	两种

表 9-1（续）

年份	测 定 者	汞密度值	相对不确定度（$\times10^{-6}$）	测量方法	样品数
1990	Adametz	13545.840	0.5	绝对法	—
1990	Adametz	13545.839	0.5	绝对法	—
2001	Bettin	13545.878	3	绝对法	—
2003	Bettin	13545.881	3	绝对法	—

注：AV——绝对电压用汞；VDW——荷兰阿姆斯特丹 Waals 实验室用汞。

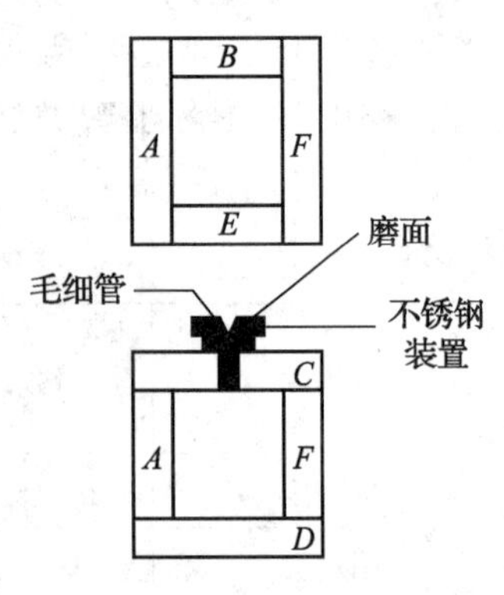

图 9-1 中空立方体

绝对法是用标准立方体。实心立方体是用含钴 15% 的碳化钨（密度稍大于汞）研制的，从称量立方体排出汞前后的质量变化确定密度。ASMW 绝对测量汞密度装置是用由六块石英玻璃光学平面粘合在一起组成的中空立方体。从称量立方体容纳汞前后的质量变化确定密度。在立方体顶面 C 带有一个毛细管，直径约为 1mm，用于真空罐汞和读汞柱高度。在 C 面上的不锈钢装置用于与灌注汞的真空系统相连接。以便向立方体内灌注被测汞。中空立方体见图 9-1。图 9-2 是 ASMW 绝对测量汞密度装置示意图。

后来又发展了微差技术原理的微差相对测量法。该法是与绝对法测定确定的标准汞样品密度值进行比较。澳大利亚计量所（NML）密度实验室用微差法液体静力天平法测定了两种（AV，VDW）汞样品，方法是将抛光的碳化钨圆柱体先后浸在被测汞及标准汞中，由测得的质量差求密度值。所用标准汞密度值为 13545.871kg/m^3（20℃）。中国计量科学研究院（NIM）密度实验室用微差密度瓶法测定了三种（a，b，c）

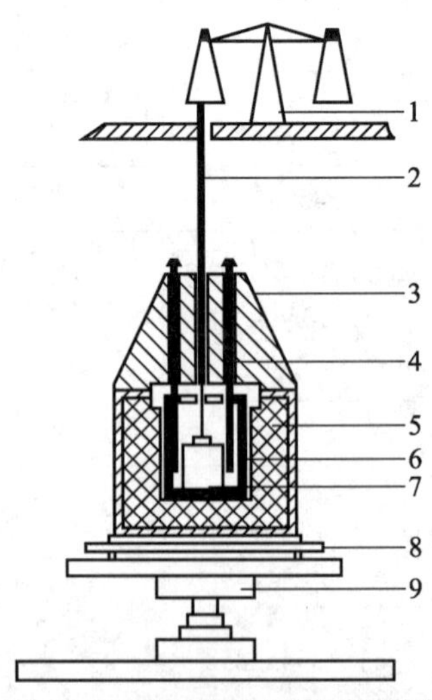

图 9-2 ASMW 绝对测量汞密度装置示意图

1—精密天平；2—吊挂装置；3—绝缘罩；4—铂电阻温度计；5—绝缘容器；6—测量容器；7—立方体；8—运输车；9—液压升降装置

汞密度，方法是分别向密度瓶内灌满被测汞和标准汞，由测得的质量差求得密度值。所用的标准汞密度值为13545.862kg/m^3（20℃），德国PTB在20世纪90年代开始用一个由钽（密度为4700kg/m^3）制成的小球测量汞密度，钽球密度由液体静力称量法直接溯源于硅密度，由于其体积小，其相对的不确定度主要来源于小球体积的测量。钽相对于碳化钨有很多优势：它具有高密度以及稳定的化学性能。钽可以熔融而碳化钨需要烧结，又因为钽比碳化钨软，因此其表面可以抛光，而碳化钨表面则由于烧结而产生许多小孔，但钽也有不足之处就是纯的钽很软易变形，不能保持具有锋利棱角的正方体形状。

由PTB公布的纯汞在ITS－90温标下，汞密度测量公式为：

$$\rho(t)=\rho(t_0)/(1+\alpha_V t) \tag{9-1}$$

式中：$\rho(t)$——温度t（℃）时的汞密度；

$\rho(t_0)$——温度0℃时的汞密度，13595.0828kg/m^3；

α_V——汞的体胀系数，

$\alpha_V=1.815868\times10^{-4}+5.4583\times10^{-9}t+3.4980\times10^{-11}t^2+1.5558\times10^{-14}t^3$。

在一个标准大气压附近，在通常温度范围内的密度与压力的计算式为：

$$\rho(t,p)=\rho(t,p_0)/[1-k(p-p_0)] \tag{9-2}$$

式中：$\rho(t,p)$——温度t和压力p时的纯汞密度；

$\rho(t,p_0)$——温度t和压力p_0(101325Pa)时的纯汞密度；

k——纯汞压缩系数，通常采用$4.02\times10^{-11}\text{Pa}^{-1}$。

ITS－90温标下，在温度为293K～323K范围内和压力在0～300MPa内，密度、温度和压力的关系为：

$$\rho(T,p)=\sum_{i=0}^{2}\sum_{j=0}^{3}C_{ij}T^i(p-p_0)^j \tag{9-3}$$

式中：$p_0=0.101325\text{MPa}$；C_{ij}为系数，其值见表9－2。

表9－2　密度系数C_{ij}数据表　　单位：kg·m^{-3}·K^{-i}MPa^{-j}

i	j	1	2	3
0	14288.8433	0.3859641	-3.38435×10^{-5}	9.237×10^{-9}
1	−2.6164300	5.294163×10^{-4}	-1.61081×10^{-7}	
2	2.793555×10^{-4}			

汞在101325Pa下－20℃～300℃（ITS－90）密度表见表9－3。

表9－3　－20℃～300℃纯汞密度表（101325Pa）　　单位：kg·m^{-3}

t/℃	−20	−19	−18	−17	−16	−15	−14	−13	−12	−11
	13644.61	13642.13	13639.64	13637.16	13634.68	13632.20	13629.72	13627.24	13624.76	13622.28
t/℃	−10	−9	−8	−7	−6	−5	−4	−3	−2	−1
	13619.81	13617.33	13614.86	13612.38	13609.91	13607.44	13604.96	13602.49	13600.02	13697.55

表9－3（续）

t/℃	0	1	2	3	4	5	6	7	8	9
	13595.08	13592.61	13590.15	13587.68	13585.21	13582.75	13580.28	13577.82	13575.36	13572.89
10	13570.43	13567.97	13565.51	13563.05	13560.59	13558.13	13555.68	13553.22	13550.76	13548.31
20	13545.85	13543.40	13540.95	13538.49	13536.04	13533.59	13531.14	13528.69	13526.24	13523.79
30	13521.34	13518.90	13516.45	13514.00	13511.56	13509.11	13506.67	13504.23	13501.78	13499.34
40	13496.90	13494.46	13492.92	13489.58	13487.14	13484.70	13482.26	13479.83	13477.39	13474.95
50	13472.52	13470.08	13467.65	13465.21	13462.78	13460.35	13457.92	13455.48	13453.05	13450.62
60	13448.19	13445.76	13443.34	13440.91	13438.48	13436.05	13433.63	13431.20	13428.77	13426.35
70	13423.93	13421.50	13419.08	13416.66	13414.23	13411.81	13409.39	13406.97	13404.55	13402.13
80	13399.71	13397.29	13394.87	13392.45	13390.04	13387.62	13385.20	13382.79	13380.37	13377.96
90	13375.54	13373.13	13370.72	13368.30	13365.89	13363.48	13361.07	13358.65	13356.24	13353.83
t/℃	100 13351.42	110 13327.3	120 13303.3	130 13279.3	140 13255.3	150 13231.4	160 13207.5	170 13183.5	180 13159.7	190 13135.9
t/℃	200 13112.0	210 13088.2	220 13064.4	230 13040.6	240 13016.8	250 12992.9	260 12969.1	270 12945.3	280 12921.4	290 12897.5
t/℃	300 12873.5									

汞密度与所用汞的纯度和同位素组成有关，纯汞是经过过滤、碱洗、氧化性气体激拌震荡、酸洗和水洗，在真空下干燥，再经过三级真空蒸馏器蒸馏纯化处理得到的，通常保存在不锈钢容器、玻璃或塑料容器中。若要求密度的不确定度小于 1×10^{-6}，则应要求杂质的总含量小于 1×10^{-6}，其中 Na、Ca、Al 等轻元素杂质含量应小于 1×10^{-7}。使用汞时，因杂质与氧化层常聚集在表面，所以应从下面取汞，而且汞面应经常保持光洁如镜，必要时可在盛汞容器中充入氮气。不同来源的汞，其密度间的差别也因为汞的同位素组成不同而不同。现已知天然汞有 7 种同位素，即^{196}Hg、^{198}Hg、^{199}Hg、^{200}Hg、^{201}Hg、^{202}Hg、^{204}Hg（它的同位素丰度最大）。一般来说，汞（指 Hg^{196}，或 Hg^{204}）同位素分率若变化 0.0005% 会使密度变化 1.4×10^{-7}。因此测量精度要求高，应对汞样品用质谱仪进行同位素分析。

第十章　空气密度测量

进行气体密度测量时，经常遇到测量空气密度，空气密度不仅常被用作气体密度的参考标准物质，而且影响质量、密度、容量、压力和流量等单位量值的准确度。目前测量空气密度主要用气态方程计算法，磁悬浮密度测量法主要应用于高端实验室，折射率法只应用于高精尖科学研究领域。

第一节　国际湿空气密度的通用公式

计算湿空气密度的国际通用公式于1981年由国际计量局（BIPM）召开的质量与相关量咨询委员会（CCM）第一次会议上通过，并建议在各国推广使用，该方程目前依然是各国最常用的测量空气密度的方法。湿空气密度计算公式为：

$$\rho = \frac{pM_a}{RTZ}\left[1 - x_v\left(1 - \frac{M_v}{M_a}\right)\right] \tag{10-1}$$

式中：ρ——湿空气密度，$kg \cdot m^{-3}$；

p——大气压力，Pa；

M_a——干空气摩尔质量，$kg \cdot mol^{-1}$；

M_v——水蒸气的摩尔质量，$kg \cdot mol^{-1}$；

R——摩尔气体常数，$J \cdot mol^{-1} \cdot K^{-1}$；

T——空气的绝对温度，K；

Z——湿空气压缩因子；

x_v——水蒸气的摩尔系数。

M_a 是从干空气的各种成分的摩尔质量和摩尔分数算得的平均值，其中微量状态的摩尔分数可忽略。虽然实际的干空气的组分并非严格不变，但是在一阶近似下可认为与干空气的成分相同，其干空气的数据列于表10－1。

表10－1　参考干空气成分

成　分	摩尔质量 M_i/($\times 10^{-3}kg \cdot mol^{-1}$)	摩尔分率 x_i	含量/($\times 10^{-3}kg \cdot mol^{-1}$)
N_2	28.0134	0.78101	21.878746
O_2	31.9988	0.20939	6.700229
Ar	39.948	0.00917	0.366323
CO_2	44.01	0.00040	0.017604
Ne	20.18	18.2×10^{-6}	0.000367

表 10-1（续）

成　分	摩尔质量 M_i/($\times10^{-3}$kg·mol^{-1})	摩尔分率 x_i	含量/($\times10^{-3}$kg·mol^{-1})
He	4h	5.2×10^{-6}	0.000021
CH_4	16h	1.5×10^{-6}	0.000024
Kr	83.8	1.1×10^{-6}	0.000092
H_2	2	0.5×10^{-6}	0.000001
N_2O	44	0.3×10^{-6}	0.000013
CO	28	0.2×10^{-6}	0.000006
Xe	131	0.1×10^{-6}	0.000013

$$M_a=\frac{\sum x_iM_i}{\sum x_i}=28.9635\times10^{-3}(\text{kg/mol})\tag{10-2}$$

表中二氧化碳（CO_2）的摩尔分率是多数实验室的测量的平均值。由于燃烧、呼吸、光合作用的影响，二氧化碳的摩尔分率会发生一定的变化，所以对于精确测量，应以二氧化碳的实测值为准，测量方法是使用红外线气体分析仪。此时

$$M_a=[28.9635+12.011(x_{CO_2}-0.0004)]\times10^{-3}(\text{kg/mol})\tag{10-3}$$

公式（10-1）中的变量 Z、x_V 可从下式中计算得出：

$$Z=1-\frac{p}{T}\{a_0+a_1(T-273.15)+a_2(T-273.15)^2+[b_0+b_1(T-273.15)]x_V+[c_0+c_1(T-273.15)]x_V^2\}+\frac{p^2}{T^2}(d+ex_V^2)\tag{10-4}$$

$$x_V=hf(p,t)\frac{p_{SV}(t)}{p}=f(p,t_r)\frac{p_{SV}(t_r)}{p}\tag{10-5}$$

式中，

$$f(p,t_r)=\alpha+\beta P+\gamma(T-273.15)^2\tag{10-6}$$

$$p_{SV}(t_r)=\exp\left(AT^2+BT+C+\frac{D}{T}\right)\tag{10-7}$$

式中：f——增强因数；

p_{SV}——饱和蒸气压力。

公式中的常数是通过实验计算得到的。在计算中可以直接将它们代入到公式中。1981 年国际通用计算公式给出的常数值随着测量技术的提高和 ITS-90 国际温标的实施而略有变化，ITS-90 国际温标的常数值表见表 10-2。

表 10-2　湿空气密度通用公式常数表

常数名称	常　数　量　值	常数名称	常　数　量　值
M_a	0.0289635kg·mol^{-1}	M_v	0.018015kg·mol^{-1}
	对于精确测量（kg·mol^{-1}）：$[28.9635+12.011(x_{CO_2}-0.0004)]\times10^{-3}$	R	8.314510J·mol^{-1}·K^{-1}
		a_0	1.58123×10^{-6}K·Pa^{-1}

表 10－2（续）

常数名称	常　数　量　值	常数名称	常　数　量　值
a_1	$-2.9331\times10^{-8}\text{Pa}^{-1}$	α	1.00062
a_2	$1.1043\times10^{-10}\text{K}^{-1}\cdot\text{Pa}^{-1}$	β	$3.14\times10^{-8}\text{Pa}^{-1}$
b_0	$5.707\times10^{-6}\text{K}\cdot\text{Pa}^{-1}$	γ	$5.6\times10^{-7}\text{K}^{-2}$
b_1	$-2.051\times10^{-8}\text{Pa}^{-1}$	A	$1.2378847\times10^{-5}\text{K}^{-2}$
c_0	$1.9898\times10^{-4}\text{K}\cdot\text{Pa}^{-1}$	B	$-1.9121316\times10^{-2}\text{K}^{-1}$
c_1	$-2.376\times10^{-6}\text{Pa}^{-1}$	C	33.93711047
d	$1.83\times10^{-11}\text{K}^2\cdot\text{Pa}^{-2}$	D	$-6.3431645\times10^3\text{K}$
e	$-0.765\times10^{-8}\text{K}^2\cdot\text{Pa}^{-2}$		

将以上常数代入国际空气密度计算公式中，得到空气密度的计算公式为：

$$\rho=3.48349\times(1-0.3780x_V)\times10^{-3}p/ZT \tag{10-8}$$

已知二氧化碳摩尔分率，可采用下面的公式计算：

$$\rho=(3.48291+1.44x_{CO_2})\times(1-0.3780x_V)\times10^{-3}p/ZT \tag{10-9}$$

将压力 p、温度 $T(T=273.15+t)$、以及压缩因子 Z 或者二氧化碳摩尔分率 x_{CO_2} 代入式（10－8）或式（10－9）中，即可求出空气密度。

空气密度的计算公式在许多的数学软件中有标准的计算程序，只要将以上数据输入，即可立即显示空气的密度，这非常适合于空气密度的在线测量，即时监测空气密度。

采用空气密度计算公式测量空气密度的不确定度主要来源于公式本身。目前采用气体密度方程法测量空气密度的相对不确定性为 $8\times10^{-5}\text{kg/m}^3$。

在实际的应用中，除了用空气作为参考物质之外，也常采用氮气和氩气等惰性气体作为气体密度参考标准物质。在一个大气压下其密度值见表 10－3。

表 10－3　气体密度参考物质常用密度数据表　　单位：$\text{kg}\cdot\text{m}^{-3}$

密度参考物质	0℃	15℃	20℃	25℃
干空气	1.2930	1.2255	1.2045	1.1842
氮气	1.250	1.185	1.165	1.145
氩气	1.782	1.690	1.661	1.633

相对湿度 50%，CO_2 含量 0.04%，温度 t 和压力 p 的空气密度表见表 10－4。

表 10－4　相对湿度 50%，CO_2 含量 0.4% 在温度 t 和压力 p 的空气密度表　　单位：$\text{kg}\cdot\text{m}^{-3}$

t/℃	p/kPa														t_{90} ℃
	95	96	97	98	99	100	101	101.325	102	103	104	105	106	107	
0	1.211	1.223	1.236	1.249	1.262	1.275	1.287	1.291	1.291	1.300	1.313	1.326	1.338	1.351	0
5	1.188	1.201	1.213	1.226	1.238	1.251	1.263	1.268	1.268	1.276	1.289	1.301	1.314	1.326	5

表 10－4（续）

t/℃	p/kPa														t_{90} ℃
	95	96	97	98	99	100	101	101.325	102	103	104	105	106	107	
10	1.166	1.179	1.191	1.203	1.216	1.228	1.240	1.244	1.244	1.253	1.265	1.277	1.290	1.302	10
15	1.145	1.157	1.169	1.181	1.193	1.206	1.218	1.222	1.222	1.230	1.242	1.254	1.266	1.278	15
20	1.124	1.136	1.148	1.160	1.172	1.183	1.195	1.199	1.199	1.207	1.219	1.231	1.243	1.255	20
25	1.103	1.115	1.127	1.138	1.150	1.162	1.173	1.177	1.177	1.185	1.197	1.209	1.220	1.232	25
30	1.083	1.094	1106	1.117	1.129	1.140	1.152	1.155	1.155	1.163	1.175	1.186	1.198	1.209	30
35	1.062	1.073	1.085	1.096	1.107	1.119	1.130	1.134	1.134	1.141	1.153	1.164	1.175	1.187	35
40	1.041	1.053	1.064	1.075	1.086	1.097	1.108	1.112	1.112	1.119	1.131	1.142	1.153	1.164	40
45	1.021	1.031	1.042	1.053	1.064	1.075	1.086	1.090	1.090	1.097	1.108	1.119	1.130	1.141	45
50	0.999	1.010	1.021	1.031	1.042	1.053	1.064	1.067	1.067	1.075	1.085	1.096	1.107	1.118	50
55	0.977	0.988	0.998	1.009	1.019	1.030	1.041	1.044	1.044	1.051	1.062	1.073	1.083	1.094	55
60	0.954	0.965	0.975	0.985	0.996	1.006	1.017	1.020	1.020	1.027	1.038	1.048	1.059	1.069	60
65	0.930	0.940	0.951	0.961	0.971	0.982	0.992	0.995	0.995	1.002	1.012	1.023	1.033	1.043	65
70	0.905	0.915	0.925	0.935	0.945	0.955	0.965	0.969	0.969	0.976	0.986	0.996	1.006	1.016	70
75	0.878	0.888	0.898	0.908	0.918	0.928	0.938	0.941	0.941	0.948	0.958	0.968	0.978	0.988	75
80	0.848	0.858	0.868	0.878	0.888	0.898	0.908	0.911	0.911	0.917	0.927	0.937	0.947	0.957	80
85	0.817	0.827	0.837	0.846	0.856	0.866	0.875	0.879	0.879	0.885	0.895	0.905	0.914	0.924	85
90	0.783	0.793	0.802	0.812	0.821	0.831	0.840	0.844	0.844	0.850	0.860	0.869	0.879	0.888	90
95	0.746	0.755	0.765	0.774	0.783	0.793	0.802	0.805	0.805	0.812	0.821	0.831	0.840	0.850	95
100	0.705	0.714	0.723	0.733	0.742	0.751	0.761	0.764	0.764	0.770	0.779	0.789	0.798	0.807	100

第二节　磁悬浮密度测量法

磁悬浮密度测量法也可以用来测量空气的密度，其测量方法与液体静力称量法类似，也是依据阿基米德原理，所不同的是其称量系统使用磁力悬浮耦合器将浮子吊挂于天平上。从而实现了无接触测量。

无接触测量方法是由 Clark 在 1947 年发明的，第一种磁力悬浮耦合器是由 Gast 在 20 世纪 60 年代发明的。但是直到 20 世纪 80 年代为止，这种天平的最大负载和称量范围都非常小，处理起来很困难，而且这个装置只能在中等压力下使用。

图 10－1 是德国技术物理研究所（PTB）研制的双浮子磁悬浮密度测量仪示意图。该装置使用两个特别匹配的浮子，其中一个浮子是表面镀有黄金的石英玻璃球（$V_s \approx 24.5\text{cm}^3$，$m_s \approx 54\text{g}$，$\rho_D \approx 2200\text{kg/m}^3$），另外一个浮子是纯金盘（$V_D \approx 2.8\text{cm}^3$，$m_D \approx 54\text{g}$，$\rho_D \approx 19300\text{kg/m}^3$）。

两个浮子质量相同、表面积相同、表面材料相同，但是体积相差很大（$V_S - V_D \approx 21.7\text{cm}^3$）。在测量密度时可以将浮子放置于一个浮子架上，或用一个浮子交换装置将浮子从浮子架上吊起来。用一根细线将浮子支架通过磁力悬浮耦合器吊挂在分析天平上（最大称量160g，最小称量10μg），这样可以精确测量浸没在样品液体里的浮子的“表观质量差”$\Delta m' = m'_D - m'_S$。因此，测量槽中样品液体的密度ρ可以由简单的公式得出：

$$\rho = \frac{\Delta m' - \Delta m_V}{V_S - V_D} \tag{10-10}$$

式中，$\Delta m_V = m_D - m_S$相当于两个浮子的非常微小的质量差。

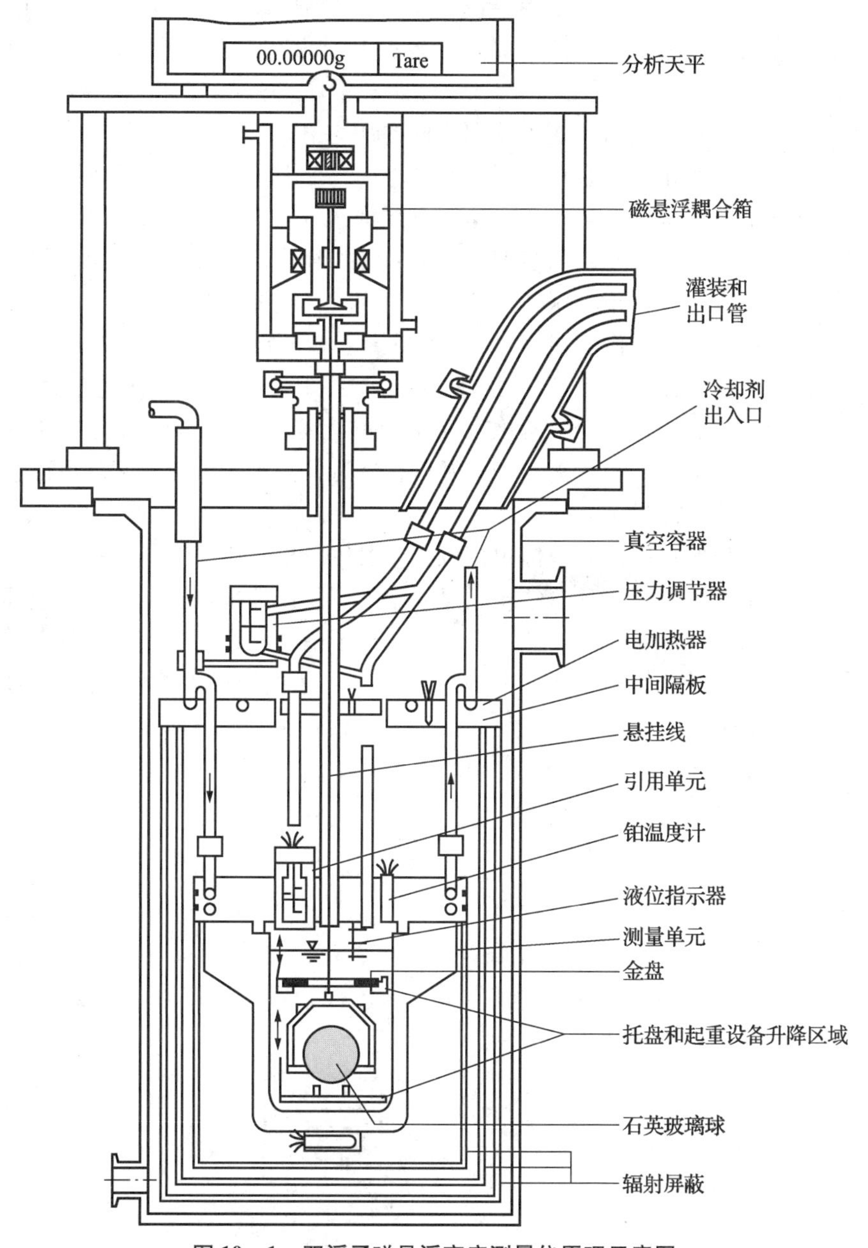

图10－1　双浮子磁悬浮密度测量仪原理示意图

这是通过称量真空测量槽的重量精确测得的。两个浮子的体积是用水在参考条件下（$T=293.15\mathrm{K}$，$p=0.1\mathrm{MPa}$）测得的，其膨胀不确定度为0.003%（包含因子$k=2$）；根据温度和压力变化而变化的石英玻璃和金的体积可以非常精确的计算出来。比如，在60K~340K的温度范围内，以及12MPa的压力条件下，体积差V_S-V_D的膨胀不确定度小于0.008%。

由于是采用的两个浮子的质量差，所有通常会降低密度测量（如浮子悬浮的浮力、样品液体和悬浮线之间的表面张力，和很大一部分称重装置的不确定度）准确度的负面因素都自动得到补偿。甚至是浮子表面对气体的吸附也得到了弥补，因为两个浮子的表面相同，表面材质也相同。另外，在测量两个浮子的质量差时，细微的“力传输误差”也获得了弥补，这个误差总会在使用磁力悬浮耦合器时出现；由于测出的质量差Δm^*直接与样品的密度ρ成比例，所有甚至是非常低的气体密度也能非常精确的测量出来。为了提高测量值Δm^*的精确度，浮子要重复测量几次，使用它们的平均值。

称量系统的一个核心元件是磁悬浮耦合器。有了这个耦合器，浮力不需要接触就可从增压测量槽传输到天平上。这个耦合器是这样一个结构，分析天平底板下安装一个称量吊钩，称量吊钩上附有一个电磁体，并用细线把一个永磁体拴到浮子支架上面。永磁体被放置在一个防压力的耦合器箱内，这个箱将压力区域与大气分离，也将两个磁体分开。这个耦合器箱是由一种几乎无磁性的金属制作而成（铍铜）。当耦合器开启时，永磁体通过位置传感器和控制系统轻轻地吸住电磁体。两个磁体之间的距离要控制在当电流穿过电磁体（内有软铁芯）时平均值为零，那么悬浮力就完全传输到永磁体上了。这样可以避免电磁体及其周围部分自身发热，因为发热会产生对流。当打开耦合器时，只需几秒的时间就可以达到稳定的磁悬浮状态。该密度计的测量不确定度可达到10^{-5}或更小。

磁悬浮密度测量仪既可以测量气体也可以测量液体。根据用途有不同的设计类型。如美国用于测量密度标准物质－甲苯的双浮子磁悬浮密度测量仪即采用了两个硅密度标准，使浮子的质量直接与硅密度标准相比较。图10－2是双浮子磁悬浮密度测量仪的剖面图。

该仪器的两个浮子分别由钛和钽材料制成，每个浮子的质量是60g，它们都是镀金的。两个浮子的质量、表面积和浮子的表面材料几乎完全相同，但体积相差很大，将其沉浸在一个未知密度的液体中，未知液体的密度理论上由下式给出：

$$\rho=\frac{(m_1-m_2)-(W_1-W_2)}{(V_1-V_2)} \tag{10-11}$$

式中：m、V——浮子质量和体积；

W——浮子浸没在液体中的平衡读数。

为了消除磁力影响，需加入磁力修正影响，引入磁力修正系数α、β，实际的流体密度由下式给出：

$$\rho_{fluid}=\frac{\left[(m_1-m_2)-\dfrac{(W_1-W_2)m_1}{W_1-\alpha\beta}\right]}{\left[(V_1-V_2)-\dfrac{(W_1-W_2)V_1}{W_1-\alpha\beta}\right]}-\rho_0 \tag{10-12}$$

式中：ρ_0——空气或清除气体密度。

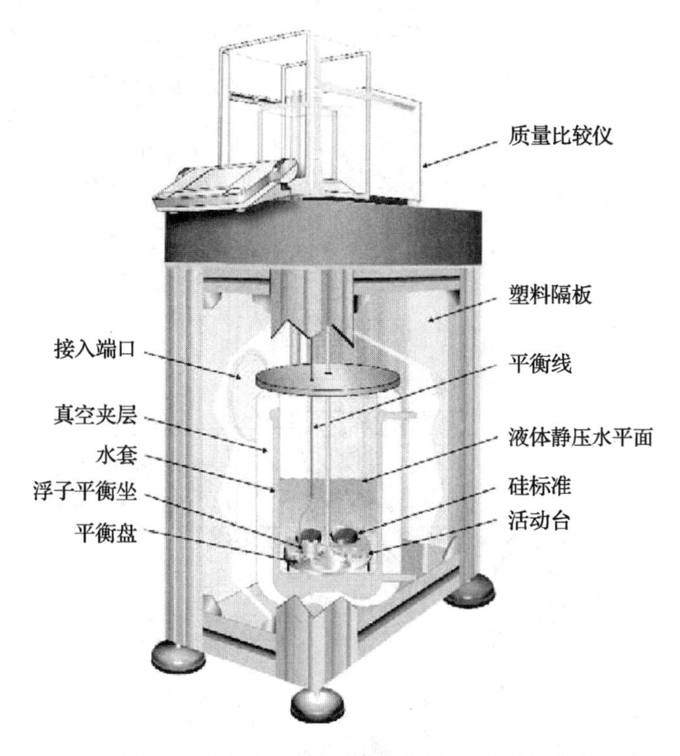

图 10－2　双浮子磁悬浮密度测量仪装置剖面图

除了浮子、悬挂磁性耦合器以及质量比较仪构成密度测量系统外，该仪器还包括一个恒温器、压力仪以及样品处理系统，密度测量系统和温度调节器，见图 10－3。

双浮子磁悬浮密度测量仪是一个精密的密度测量仪表，但必备的元件就是换锤装置，它使设计变得相当复杂。但是在大多数情况下，如针对很宽的密度范围，包括低气体密度双浮子磁悬浮测量有其测量精度的优越性，为了简化密度测量装置而设计了单浮子磁悬浮密度测量仪，在测量密度方面具有简单、方便的特性。

单浮子密度测量仪是在双浮子密度测量仪的基础上，通过磁力悬浮耦合器和天平上的补偿重量的这种特殊方式测量液体或者气体密度的，它的原理见图 10－4。浮子是一种圆筒图形的石英玻璃（$V_s \approx 26.5\text{cm}^3$，$m_s \approx 60\text{g}$，$\rho_s \approx 2200\text{kg/m}^3$），被放置在一个防压力的测量槽内。为了测量密度，可以将磁力悬浮耦合器与浮子耦合器和解耦装置结合，然后将浮子通过磁力悬浮耦合器与分析天平（最大秤量 205g，最小秤量 10μg）连接。这样，测量槽中样品的密度可以由下式简单的关系得出：

$$\rho = \frac{m_s - m_s^*}{V_s} \tag{10-13}$$

式中：m_s——浮子“真实”质量；

m_s^*——浮子浸没在液体中的“表观”质量；

V_s——浮子的体积。

浮子的质量 m_s 是在真空测量槽中称量得来的精确值。浮子的体积是在参考条件（$T=293.15\text{K}$，$p=0.1\text{MPa}$）下由水测得，其不确定度（$k=2$）为 0.004%；玻璃浮子体积对温

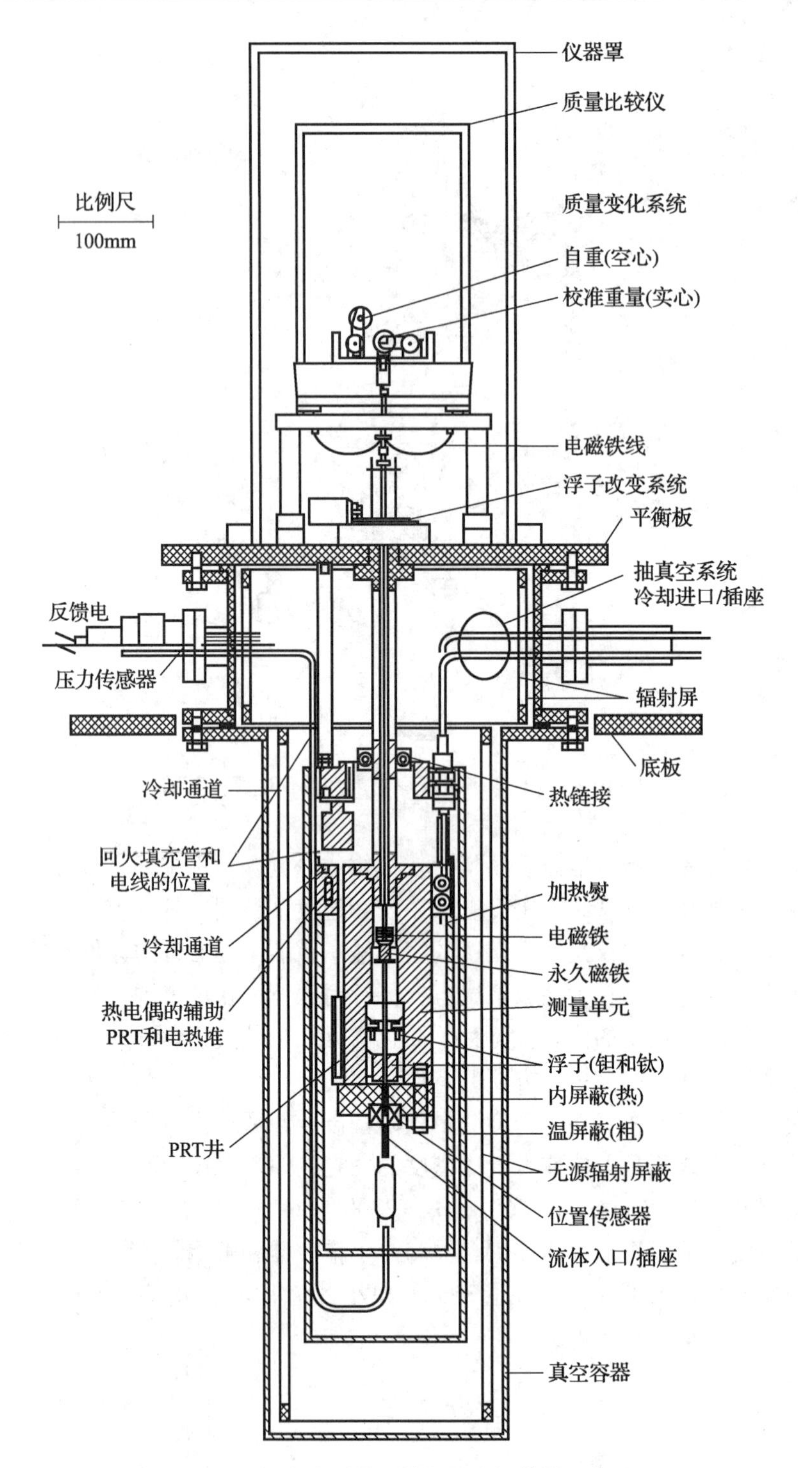

图 10－3　密度测量系统和温度调节器示意图

度和压力的依赖性可以非常精确的计算。(比如，在温度为 233K ~ 533K，压力为 30MPa 时，浮子体积膨胀的不确定度小于 0.010% 。)

单浮子密度测量仪的主要元件是一个新型的磁力悬浮耦合器。有了这个耦合器，在大气

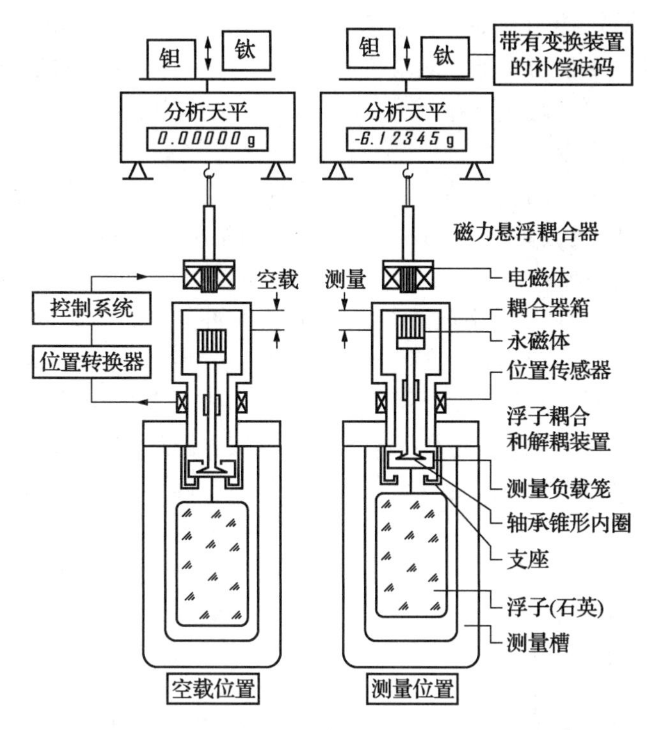

图 10－4　单浮子磁悬浮密度测量仪测量原理示意

环境下可以在不接触浮子的情况下将浮力从加压测量槽中传输到天平上。在安装于天平底板下的称重吊钩上安装一个电磁体，并用浮子耦合器和解耦装置将永磁体与浮子连接。防压力耦合器箱能把两个磁体分开，并将压力区与大气环境分离。为了使永磁体达到自由悬浮状态，它的位置需要由一个直接模拟控制电路（PID 控制器和位置传感器）来控制。通过一个叠合的微控制器驱动的数字置位点控制器，永磁体可以垂直的上下浮动。这样永磁体可以顺利的上下运动，并通过浮子耦合器和解耦装置，浮子可以与永磁体耦合或解除耦合。在空载位置永磁体的悬浮位置与耦合器箱顶部（见图 10－4 左手边的图）之间有相当大一段距离（约 6mm），此时将浮子从永磁体上分离，天平的空载为零。在测量位置将永磁体轻轻地向上移动一点（达到约 5mm），然后用耦合装置提升浮子。（天平的称重盘和称重吊钩通过自重在整个称重范围内保持恒定的垂直位置。）为了提高测量值 m_s 或 m_s^* 的精确度，需要重复测量几次，使用几次测量的平均值。另外，由于是空载位置和测量位置之间的差值称重，所以天平的零点漂移得到了补偿。在打开耦合器后，会用几秒钟达到稳定的空载位置和测量位置。两个位置的稳定程度要达到分析天平（最小秤量 10μg）的性能不受磁力悬浮耦合器的负面影响。另外，两个磁体间的距离要控制在电流通过电磁体（内含软铁芯）时平均值为零，使悬浮力完全传输到永磁体上。这样就避免电磁体及其周围区域自身发热产生的对流。

为了使用单锤密度计在较低的密度下达到高度精确的测量，分析天平在接近空载的位置操作，并借助于一个基础载荷补偿仪器。在空载位置情况下，将一个钽砝码（$m_{Ta}\approx 22g$，$V_{Ti}\approx 4.9cm^3$，$\rho_{Ti}\approx 4500kg/m^3$）放到天平上。由于在这个位置，浮子（$m_s\approx 60g$）与天平耦合，天平的总载荷又达到约 82g。这样天平误差最小。由于两个砝码的体积相同，环境空气对砝码浮力的影响得到了补偿。

使用单浮子法弥补了使用阿基米德原理古典试验形式中降低精确度的几个负面影响。其中一个不能得到补偿的负面影响是当测量气体密度时浮子表面对气体的吸附。但是，对于高精度密度测量来说，需要考虑到一个特殊的影响，就是磁力悬浮耦合器的“力传输误差”很小。

由于单浮子磁悬浮密度测量仪结构简单，因此目前已投入商业使用之中，可与测量设备相连接，在线测量液体或吸附气体的密度。如德国的 Rubotherm 公司、荷兰安米德 Ankersmid 公司，部分仪器还配有打印机，可直接打印密度测量结果。磁悬浮密度测量仪不接触测量特点，使得在各种环境条件下的测量成为可能，如在人为控制的环境（压力、温度、危险性气体等），化学反应（侵蚀、分解、高温分解等），生产技术（聚合、喷涂、烘干等）过程中等，除此以外对在线测量包括吸附、扩散、表面张力等也有重要的应用价值。

图 10 - 5 是磁悬浮密度测量仪应用于制药行业，用以测量管道中的气体密度的测量装置示意图。系统中磁悬浮密度测量仪与气象色谱仪相结合精确测量吸附气体的密度，从而对生产过程加以控制。

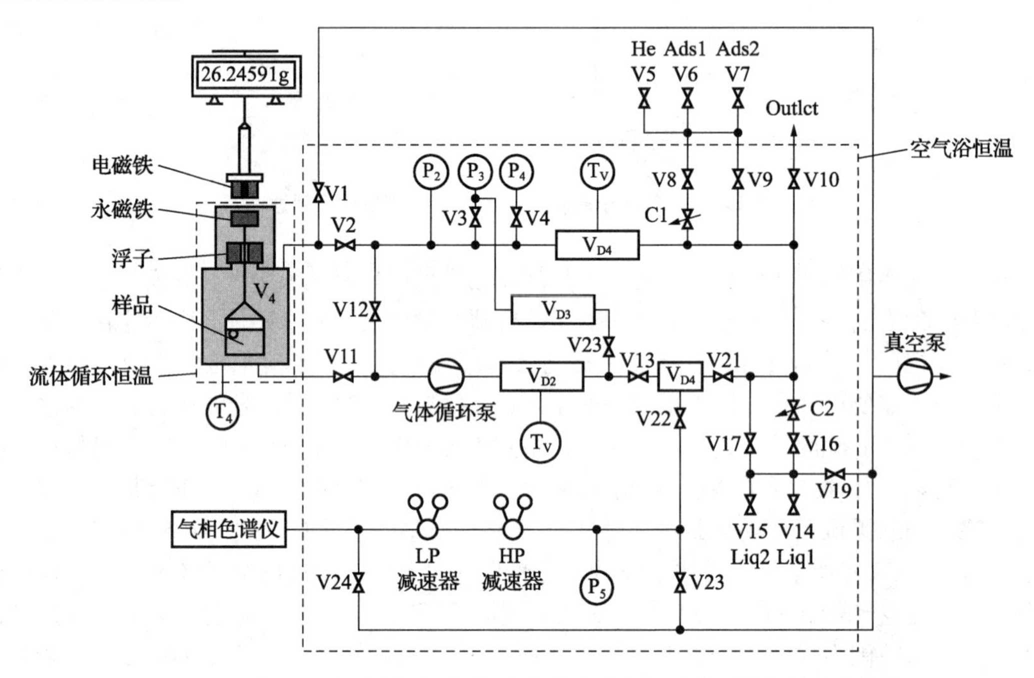

图 10 - 5　单浮子磁悬浮密度测量仪与气象色谱仪相结合测量气体密度装置

采用双浮子磁悬浮密度测量仪测量空气密度的相对的不确定性可达到 7×10^{-6}，比气态方程密度计算法提高了近十倍。

第三节　折 射 率 法

通过测量空气折射率的方法测量空气密度也是测量空气密度的一种方法。由国际计量局（BIPM）研制利用空气折射方法测量空气密度的测量仪器主要组成是双平面法布里 - 珀罗干涉仪，两个腔是独立的 DBR 激光器，可调谐频率。较短的腔对激光频率伺服传动高峰锁定。

激光频率是通过一个激光频率锁定一个过渡的铷第二精细组件激光外差比较。折射后，在真空初步校准，另一个激光频率需要根据空气的折射指数在操作时实时确定光的频率实时拍频测量。在法布里－珀罗干涉仪腔还配备了精密的仪器：露点仪、压力表、二氧化碳气体分析仪和空气温度计。

折射率：

$$n = v_{真空}/v_{空气} \tag{10-14}$$

式中：$v_{真空}$——激光频率锁定在真空下一个传输的干涉峰；

$v_{空气}$——被锁定在空气中放置干涉仪的频率相同的峰值。

空气密度：

$$\rho = \frac{2}{3R'}(n-1) \tag{10-15}$$

式中：R'——折射常数（空气成分不同 R' 略有不同）。

该装置可检测折射率指数小于 1×10^{-9} 的变化率；在标准大气压和常温下，这相当于空气密度相对变化为 4×10^{-6}。

折射率法由于需要的仪器设备复杂，必须在激光实验室里完成测量，只有在砝码基准量值比对或阿伏加德罗常数研究时作为湿空气密度公式计算法和磁悬浮密度测量法的比照方法，目前并没有应用到普通实验室的测量中。

第十一章　海水密度测量

第一节　标准平均海水密度（SMOW）

海水混合、大洋环流及水声传播都与海水密度的分布和变化密切相关，标准海水密度是海洋学研究的重要参数。然而受大陆流入水或冰川融化水的影响，海水密度并不稳定，海水只有在开阔洋面下深度为500m～2000m内才有稳定的同位素组成。标准平均海水是指取自太平、大西、印度三大洋开放区500m～2000m深处海水样品测定值的平均值。

由于同位素的存在，水中有四种水分子：$H_2^{16}O$、$H_2^{17}O$、$H_2^{18}O$和$HD^{16}O$（D为H的同位素^2H）。同位素的物质含量比率表述为如下公式：$R_D=n(D)/n(H)$，$R_{18}=n(^{18}O)/n(^{16}O)$和$R_{17}=n(^{17}O)/n(^{16}O)$，其中，$n(X)$代表一种核素物质的量$X$。这种比值可以通过质谱测量法获得。

标准平均海水是报告自然海水样品同位素成分的标准。它们通常被解释为与标准平均海水的相对差别：

$$\delta D=\left[\frac{R_D(\text{样本})}{R_D(\text{SMOW})}-1\right]\times 10^3 \tag{11-1}$$

$$\delta^{18}O=\left[\frac{R_{18}(\text{样本})}{R_{18}(\text{SMOW})}-1\right]\times 10^3 \tag{11-2}$$

和

$$\delta^{17}O=\left[\frac{R_{17}(\text{样本})}{R_{17}(\text{SMOW})}-1\right]\times 10^3 \tag{11-3}$$

式中标准平均海水的值为：

$$R_D(\text{SMOW})=(155.76\pm 0.05)\times 10^{-6} \tag{11-4}$$

$$R_{18}(\text{SMOW})=(1993.4\pm 2.5)\times 10^{-6} \tag{11-5}$$

和

$$R_{17}(\text{SMOW})=371.0\times 10^{-6} \tag{11-6}$$

^{17}O的含量也可以不用测量，而用如下关系式推导出来：

$$\delta^{17}O=0.4989\times\delta^{18}O\cong\frac{\delta^{18}O}{2} \tag{11-7}$$

因此，如果给出了δD和$\delta^{18}O$的值，那么水的同位素成分就可以确定。使用δD和$\delta^{18}O$，可以计算纯水密度$\rho_{水}$，纯水密度与标准平均海水的差值为：

$$\rho_{水}-\rho_{SMOW}=0.233\times 10^{-3}\delta^{18}O+0.0166\times 10^{-3}\delta D \tag{11-8}$$

式中：$\rho_{水}$——水密度，kg/m^3，同位素成分由式（11－1）和式（11－2）解释；

ρ_{SMOW}——标准平均海水（SMOW）的密度。

使用质谱测量法可以从式（11－8）获得海水的同位素成分。标准平均海水密度拟合公式为（11－9）。

$$\rho_{SMOW}=a_0+a_1t+a_2t^2+a_3t^3+a_4t^4+a_5t^5 \tag{11-9}$$

2000年由国际计量委员会（CIPM）给出的4℃和101.325kPa条件下的标准平均海水密度为：$\rho_{SMOW}=999.9749(4)\,kg/m^3$。CIPM同时给出了0℃～40℃的SMOW密度表见表11－1。该表是通过标准平均海水在4℃，101.325kPa下的密度值通过式（11－9）推导得出的。

表11－1　不含空气（101325Pa）的标准平均海水密度（ρ_{SMOW}）及相应的扩展不确定度（$k=2$）

温度/℃	密度/(kg·m⁻³)	扩展不确定度/(kg·m⁻³)	相对密度	扩展不确定度/(×10⁻⁹)
0	999.8428	0.84	0.999867872	92
1	999.9017	0.84	0.999926700	56
2	999.9429	0.84	0.999967956	30
3	999.9672	0.84	0.999992209	12
4	999.9749	0.84	0.999999998	0
5	999.9668	0.84	0.999991833	9
6	999.9431	0.84	0.999968197	17
7	999.9045	0.84	0.999929547	24
8	999.8513	0.83	0.999876317	31
9	999.7839	0.83	0.999808920	37
10	999.7027	0.83	0.999727745	44
11	999.6081	0.83	0.999633164	51
12	999.5005	0.83	0.999525532	57
13	999.3801	0.83	0.999405183	62
14	999.2474	0.83	0.999272437	66
15	999.1026	0.83	0.999127600	70
16	998.9459	0.83	0.998970962	72
17	998.7778	0.83	0.998802799	74
18	998.5984	0.83	0.998623377	75
19	998.4079	0.83	0.998432947	75
20	998.2067	0.83	0.998231751	75
21	997.9950	0.83	0.998020019	76
22	997.7730	0.83	0.997797972	76

表 11－1（续）

温度/℃	密度/($kg \cdot m^{-3}$)	扩展不确定度/($kg \cdot m^{-3}$)	相对密度	扩展不确定度/($\times 10^{-9}$)
23	997.5408	0.83	0.997565819	77
24	997.2988	0.83	0.997323764	78
25	997.0470	0.83	0.997071998	80
26	996.7857	0.83	0.996810708	82
27	996.5151	0.83	0.996540070	83
28	996.2353	0.83	0.996260255	85
29	995.9465	0.83	0.995971426	86
30	995.6488	0.83	0.995673739	88
31	995.3424	0.83	0.995367345	89
32	995.0275	0.83	0.995052388	90
33	994.7041	0.84	0.994729007	93
34	994.3724	0.84	0.994397336	99
35	994.0326	0.84	0.994057503	108
36	993.6847	0.84	0.993709630	124
37	993.3290	0.85	0.993353838	147
38	992.9654	0.86	0.992990241	177
39	992.5941	0.87	0.992618947	214
40	992.2152	0.88	0.992240065	260

第二节　国际海水状态方程（IESS－80）

一、一个标准大气压下的国际海水状态方程

由国际海洋学常用表和标准专家联合小组（JPOTS）在 1980 年通过了用数学方法表示的 IESS－80 国际海水状态方程，计算海水密度。一个标准大气压下的国际海水状态方程为：

$$\rho(s,t,0)=\rho_{SMOW}+Bs+Cs^{3/2}+d_0s^2 \qquad (11-10)$$

式中：$\rho(s,t,0)$——海水在实用盐度为 s，温度为 t 和 1 个标准大气压下的密度；

t——ITS－90 温标下的海水温度；

ρ_{SMOW}——标准平均海水在温度 t 时的密度；

B、C、d_0——在温度 t 时的系数；

s——海水的实用盐度，s 的范围为 $2 \leqslant s \leqslant 42$。

ITS－90 温标下海水的实用盐度 s 由下列方程式表达：

$$s = \sum_{i=0}^{5} a_i k_{14.9963}^{i/2} \qquad (11-11)$$

（$a = 0.0080$；$a_1 = -0.1692$；$a_2 = 25.3851$；$a_3 = 14.0941$；$a_4 = -7.0261$；$a_5 = 2.7081$）

式中：a_i——系数，$\sum a_i = 35.0000$。

系数 B、C 由下式计算：

$$B = b_0 + b_1 t + b_2 t^2 + b_3 t^3 + b_4 t^4 \qquad (11-12)$$

$$C = c_0 + c_1 t + c_2 t^2 \qquad (11-13)$$

二、高压国际海水状态方程

国际推荐的高压下的国际海水状态方程为：

$$\rho(s,t,p) = \frac{\rho(s,t,0)}{1 - p/K(s,t,p)} \qquad (11-14)$$

式中：$\rho(s,t,p)$——海水在实用盐度为 s，温度为 t 和压力 p 下的密度（kg/m^3）；

$K(s,t,p)$——海水在实用盐度 s、温度 t 和压力 p 下的割线体积模量（正割压缩系数的倒数），计算式为（11－15）；

$K(s,t,0)$——海水在实用盐度为 s，温度为 t 和 1 个标准大气压下的正割体积模量，计算式为（11－16）；

D、E——在温度 t 时的系数。

$$K(s,t,p) = K(s,t,0) + Dp + Ep^2 \qquad (11-15)$$

$$K(s,t,0) = K_w + Fs + Gs^{3/2} \qquad (11-16)$$

$$K_w = e_0 + e_1 t + e_2 t^2 + e_3 t^3 + e_4 t^4 \qquad (11-17)$$

$$F = f_0 + f_1 t + f_2 t^2 + f_3 t^3 \qquad (11-18)$$

$$G = g_0 + g_1 t + g_2 t^2 \qquad (11-19)$$

$$D = D_w + Is + J_0 s^{3/2} \qquad (11-20)$$

$$D_w = h_0 + h_1 t + h_2 t^2 + h_3 t^3 \qquad (11-21)$$

$$I = i_0 + i_1 t + i_2 t^2 \qquad (11-22)$$

$$E = E_w + Ms \qquad (11-23)$$

$$E_w = k_0 + k_1 t + k_2 t^2 \qquad (11-24)$$

$$M = m_0 + m_1 t + m_2 t^2 \qquad (11-25)$$

式中：

K_w——在海平面处海水的正割体积模量；

D_w、E_w——纯水正割体积模量的压力修正一次项、二次项系数；

a_i、b_i、c_i、d_0、e_i、f_i、g_i、h_i、i_i、j_0、k_i、m_i——分别是状态方程的 A、B、C、D、E、F、G、H、I、J、K、M 系列参数，它们又分别为温度不同次幂的多项式，ITS－90 温标下的各参数数值见表 11－2。

在执行海洋调查时，可以直接将 ITS－90 下测得的温度值代入 IESS－80 计算密度即可。在 ITS－90 下 IESS－80 各式进行海水密度计算时，其最大绝对误差为 $4.9 \times 10^{-7} kg/m^3$。

表 11－2　在 ITS－90 下海水状态方程式参数表

名称	$i=0$	$i=1$	$i=2$	$i=3$	$i=4$	$i=5$
A	9.99842594×10^{2}	6.7923444×10^{-2}	-9.0910239×10^{-3}	1.0010784×10^{-4}	-1.1191777×10^{-6}	6.5293890×10^{-9}
B	8.244930×10^{-1}	-4.08993×10^{-3}	7.64040×10^{-5}	8.24154×10^{-7}	5.38292×10^{-9}	
C	-5.724657×10^{-3}	1.02244×10^{-4}	-1.65377×10^{-6}			
D	4.83140×10^{-4}					
E	1.9652210×10^{3}	1.4838552×10	-2.3260974×10^{-1}	1.3598211×10^{-3}	-5.1527981×10^{-6}	
F	5.467460	-6.033145×10^{-2}	1.099362×10^{-3}	-6.1630×10^{-6}		
G	7.9440×10^{-3}	1.64787×10^{-3}	-5.29818×10^{-5}			
H	3.2399080	1.436811×10^{-3}	1.160332×10^{-4}	-5.775074×10^{-7}		
I	2.28380×10^{-3}	-1.09794×10^{-5}	-1.60695×10^{-6}			
J	1.91075×10^{-4}					
K	8.509360×10^{-4}	-6.121427×10^{-5}	5.27618×10^{-7}			
L	-9.93480×10^{-6}	2.08116×10^{-7}	9.16480×10^{-9}			

第十二章　酒精水溶液密度、浓度与温度的关系

酒精的学名为乙醇（C_2H_5OH），经粮食酿造的酒精称为“食用酒精”，是酒类产品中的重要成分，主要应用于食品酿造行业和医药行业。经石油产品提纯的酒精称为“工业酒精”，是一种重要的化学试剂，主要应用于工业生产。酒精与水可以以任何比例混合成为酒精水溶液，其密度是重要的物性数据，建立它与浓度、温度的关系数据是国际上长期研究的重要课题。

我国目前采用的是德国物理技术研究院（PTB）提出的计算酒精密度的国际通用公式，该公式是在磁悬浮液体静力称量法测量的基础上得出的：

$$\rho = A_1 + \sum_{k=2}^{12} A_k\left(w - \frac{1}{2}\right)^{k-1} + \sum_{k=1}^{6} B_k(t-20)^k + \sum_{i=1}^{n}\sum_{k=1}^{m_i} C_{i,k}\left(p - \frac{1}{2}\right)^k (t-20)^i \quad (12-1)$$

（$n=5$；$m_1=11$；$m_2=10$；$m_3=9$；$m_4=4$；$m_5=2$）

式中：ρ——在温度 t℃时的密度，kg/m^3；

p——质量浓度，以小数表示，如 $p=12\%$，则 $p=0.12$；

t——温度（ITS－90），℃；

A、B、C——系数，见表 12－1。

依据式（12－1）而编制的 ITS－90 酒精表见表 12－2～表 12－9。它们是：

表 12－2：酒精溶液密度为温度和质量浓度关系表，即 $\rho=\rho(p,t)$，温度 t 为－20℃～40℃，步长为 1℃；质量浓度(p)为 0～100%，步长为 1%。

表 12－3：酒精溶液密度为温度和体积浓度关系表，即 $\rho=\rho(q,t)$，温度 t 为－20℃～40℃，步长为 1℃；体积浓度(q)为 0～100%，步长为 1%。

表 12－4：酒精溶液 20℃时密度为质量浓度关系表，即 $\rho_{20}=\rho_{20}(p)$，质量浓度(p)为 0～100%，步长为 0.1%。

表 12－5：酒精溶液体积浓度为质量浓度关系表，即 $q=q(p)$，质量浓度(p)为 0～100%，步长为 0.1%。

表 12－6：酒精溶液 20℃时密度为体积浓度关系表，即 $\rho_{20}=\rho_{20}(q)$，体积浓度(q)为 0～100%，步长为 0.1%。

表 12－7：酒精溶液质量浓度为体积浓度关系表，即 $p=p(q)$，体积浓度(q)为 0～100%，步长为 0.1%。

表 12－8：酒精溶液质量浓度为 20℃密度关系表，即 $p=p(\rho_{20})$，密度 ρ_{20} 为 789.24kg/m^3～998.20kg/m^3，步长为 0.1kg/m^3。

表 12－9：酒精溶液体积浓度为 20℃密度关系表，即 $q=q(\rho_{20})$，密度 ρ_{20} 为 789.24kg/m^3～998.20kg/m^3，步长为 0.1kg/m^3。

表 12-1　A、B、C 系数表（ITS-90）

k	A_k/(kg·m^{-3})	B_k	$C_{1,k}$/(kg·m^{-3}·℃$^{-1}$)	$C_{2,k}$/(kg·m^{-3}·℃$^{-2}$)	$C_{3,k}$/(kg·m^{-3}·℃$^{-3}$)	$C_{4,k}$/(kg·m^{-3}·℃$^{-4}$)	$C_{5,k}$/(kg·m^{-3}·℃$^{-5}$)
1	9.1376673×10^{2}	-7.9437550×10^{-1} kg·m^{-3}·℃$^{-1}$	-3.9158709×10^{-1}	-1.2083196×10^{-4}	-3.8683211×10^{-3}	-5.6024906×10^{-7}	-1.4441741×10^{-8}
2	-2.2175948×10^{2}	-1.2168407×10^{-3} kg·m^{-3}·℃$^{-2}$	1.1518337	-5.7466248×10^{-3}	-2.0911429×10^{-4}	-1.2649169×10^{-6}	1.3470542×10^{-8}
3	-5.9617860×10^{1}	3.5017833×10^{-6} kg·m^{-3}·℃$^{-3}$	−5.0416999	1.2030894×10^{-1}	2.6713888×10^{-3}	3.4863950×10^{-6}	
4	1.4682019×10^{3}	1.7709440×10^{-7} kg·m^{-3}·℃$^{-4}$	1.3381608×10^{1}	-2.3519694×10^{-1}	4.1042045×10^{-3}	-1.5168726×10^{-6}	
5	-5.6651750×10^{2}	-3.4138828×10^{-9} kg·m^{-3}·℃$^{-5}$	4.5899913	−1.0362738	-4.9364385×10^{-2}		
6	6.2118006×10^{2}	-9.9880242×10^{-11} kg·m^{-3}·℃$^{-6}$	-1.1821000×10^{2}	2.1804505	-1.7952946×10^{-2}		
7	3.7824439×10^{3}		1.9054020×10^{2}	4.2763108	2.9012506×10^{-1}		
8	-9.7453133×10^{3}		3.3981954×10^{2}	−6.8624848	2.3001712×10^{-2}		
9	-9.5734653×10^{3}		-9.0032344×10^{2}	−6.9384031	-5.4150139×10^{-1}		
10	3.2677808×10^{4}		-3.4932012×10^{2}	7.4460428			
11	8.7637383×10^{3}		1.2859318×10^{3}				
12	-3.9026437×10^{4}						

表 12－2　酒精溶液密度与温度和质量浓度关系表 $\rho=\rho(p,t)$

温度步长 5℃，质量浓度步长 1%，温度范围 －20℃～40℃　　单位：kg · m^{-3}

p/t	－20	－15	－10	－5	0	5	10	15	20	25	30	35	40
0					999.84	999.96	999.70	999.10	998.20	997.04	995.64	994.03	992.21
1					997.94	998.06	997.79	997.20	996.31	995.15	993.74	992.11	990.26
2					996.14	996.25	995.98	995.38	994.48	993.32	991.90	990.25	988.38
3					994.43	994.52	994.24	993.63	992.73	991.55	990.11	988.45	986.55
4					992.81	992.88	992.58	991.95	991.02	989.83	988.37	986.69	984.78
5					991.27	991.31	990.98	990.33	989.38	988.15	986.68	984.97	983.05
6					989.82	989.82	989.46	988.77	987.78	986.53	985.02	983.29	981.35
7					988.44	988.40	987.99	987.26	986.23	984.94	983.40	981.64	979.68
8					987.14	987.04	986.58	985.80	984.73	983.39	981.82	980.02	978.03
9					985.91	985.75	985.23	984.39	983.27	981.88	980.26	978.42	976.39
10					984.75	984.51	983.93	983.03	981.85	980.40	978.73	976.84	974.77
11					983.66	983.34	982.68	981.71	980.46	978.95	977.22	975.28	973.16
12				982.66	982.62	982.21	981.46	980.42	979.09	977.52	975.73	973.73	971.55
13				981.79	981.64	981.13	980.29	979.16	977.76	976.11	974.25	972.19	969.95
14				980.98	980.71	980.08	979.14	977.92	976.44	974.72	972.78	970.65	968.34
15				980.22	979.81	979.06	978.02	976.70	975.13	973.33	971.31	969.11	966.73
16				979.49	978.94	978.07	976.91	975.49	973.83	971.94	969.85	967.56	965.11
17				978.79	978.09	977.09	975.82	974.29	972.54	970.56	968.38	966.01	963.48
18				978.10	977.25	976.11	974.72	973.09	971.24	969.17	966.90	964.45	961.84
19			978.14	977.42	976.41	975.14	973.63	971.88	969.93	967.77	965.41	962.88	960.18

表 12－2（续）

p/t	−20	−15	−10	−5	0	5	10	15	20	25	30	35	40
20			977.64	976.74	975.57	974.16	972.52	970.66	968.60	966.35	963.90	961.29	958.51
21			977.12	976.04	974.71	973.16	971.39	969.43	967.26	964.91	962.38	959.68	956.82
22			976.57	975.32	973.83	972.14	970.25	968.17	965.90	963.45	960.83	958.04	955.10
23			975.99	974.56	972.92	971.09	969.07	966.88	964.51	961.96	959.25	956.38	953.37
24			975.37	973.77	971.97	970.00	967.87	965.56	963.09	960.45	957.65	954.70	951.60
25		976.26	974.69	972.92	970.98	968.88	966.62	964.21	961.63	958.90	956.02	952.99	949.82
26		975.71	973.96	972.03	969.95	967.71	965.34	962.81	960.14	957.32	954.36	951.25	948.01
27		975.08	973.16	971.08	968.85	966.50	964.01	961.38	958.61	955.70	952.66	949.48	946.17
28		974.37	972.29	970.06	967.71	965.23	962.63	959.90	957.04	954.05	950.93	947.68	944.30
29		973.57	971.34	968.98	966.50	963.91	961.21	958.38	955.43	952.36	949.16	945.84	942.41
30	974.91	972.69	970.33	967.84	965.24	962.54	959.73	956.81	953.78	950.63	947.36	943.98	940.49
31	974.09	971.73	969.23	966.62	963.91	961.11	958.21	955.20	952.09	948.86	945.53	942.09	938.54
32	973.17	970.68	968.06	965.34	962.52	959.63	956.64	953.55	950.36	947.06	943.66	940.16	936.57
33	972.15	969.54	966.81	963.98	961.07	958.09	955.01	951.84	948.58	945.22	941.76	938.21	934.57
34	971.03	968.31	965.48	962.56	959.56	956.49	953.34	950.10	946.77	943.34	939.83	936.23	932.54
35	969.82	967.00	964.08	961.07	958.00	954.85	951.62	948.31	944.92	941.43	937.86	934.21	930.49
36	968.52	965.61	962.60	959.52	956.37	953.15	949.85	946.48	943.03	939.49	935.87	932.18	928.41
37	967.14	964.15	961.06	957.91	954.69	951.40	948.05	944.61	941.10	937.51	933.85	930.11	926.31
38	965.67	962.61	959.46	956.24	952.95	949.61	946.19	942.71	939.15	935.51	931.80	928.03	924.19
39	964.13	961.00	957.79	954.51	951.17	947.77	944.30	940.77	937.16	933.48	929.73	925.92	922.06

表 12-2（续）

p/t	-20	-15	-10	-5	0	5	10	15	20	25	30	35	40
40	962.52	959.34	956.07	952.73	949.34	945.89	942.38	938.79	935.14	931.42	927.63	923.79	919.88
41	960.85	967.61	954.29	950.91	947.47	943.97	940.41	936.79	933.10	929.34	925.51	921.63	917.70
42	959.12	955.83	952.46	949.04	945.55	942.02	938.42	934.76	931.03	927.23	923.38	919.46	915.50
43	957.34	954.00	950.59	947.13	943.61	940.03	936.40	932.70	928.93	925.11	921.22	917.28	913.29
44	955.50	952.13	948.68	945.18	941.62	938.01	934.34	930.61	926.82	922.96	919.04	915.08	911.06
45	953.63	950.22	946.73	943.20	939.61	935.97	932.27	928.51	924.68	920.80	916.85	912.86	908.82
46	951.72	948.27	944.75	941.18	937.57	933.90	930.17	926.38	922.53	918.62	914.65	910.63	906.56
47	949.77	946.29	942.74	939.14	935.50	931.80	928.05	924.24	920.36	916.42	912.43	908.39	904.29
48	947.79	944.28	940.70	937.08	933.41	929.69	925.91	922.08	918.18	914.22	910.20	906.13	902.02
49	945.79	942.25	938.64	934.99	931.30	927.56	923.76	919.90	915.98	912.00	907.96	903.87	899.73
50	943.76	940.19	936.56	932.89	929.17	925.41	921.59	917.71	913.77	909.76	905.71	901.59	897.43
51	941.72	938.11	934.46	930.77	927.03	923.24	919.40	915.50	911.54	907.52	903.44	899.31	895.13
52	939.65	936.02	932.34	928.63	924.87	921.06	917.20	913.29	909.31	905.27	901.17	897.02	892.81
53	937.56	933.91	930.21	926.47	922.69	918.87	914.99	911.06	907.06	903.01	898.89	894.72	890.50
54	935.46	931.78	928.06	924.30	920.51	916.66	912.77	908.82	904.81	900.74	896.60	892.42	888.17
55	933.35	929.64	925.90	922.12	918.31	914.45	910.54	906.57	902.54	898.46	894.31	890.10	885.84
56	931.22	927.49	923.73	919.93	916.10	912.22	908.30	904.31	900.27	896.17	892.00	887.78	883.50
57	929.07	925.32	921.54	917.73	913.88	909.99	906.04	902.05	897.99	893.87	889.69	885.46	881.16
58	926.92	923.15	919.34	915.51	911.65	907.74	903.78	899.77	895.70	891.57	887.38	883.12	878.81
59	924.74	920.96	917.14	913.29	909.41	905.48	901.51	897.49	893.40	889.25	885.05	880.78	876.46

表12－2（续）

p/t	−20	−15	−10	−5	0	5	10	15	20	25	30	35	40
60	922.56	918.75	914.92	911.05	907.16	903.22	899.23	895.19	891.09	886.94	882.72	878.44	874.10
61	920.36	916.54	912.69	908.81	904.90	900.94	896.95	892.89	888.78	884.61	880.38	876.09	871.73
62	918.15	914.32	910.45	906.56	902.63	898.66	894.65	890.58	886.46	882.27	878.03	873.73	869.36
63	915.93	912.08	908.20	904.29	900.35	896.37	892.34	888.26	884.13	879.93	875.68	871.37	866.99
64	913.70	909.83	905.94	902.02	898.07	894.07	890.03	885.94	881.79	877.58	873.32	869.00	864.61
65	911.45	907.58	903.67	899.74	895.77	891.76	887.71	883.60	879.44	875.22	870.95	866.62	862.22
66	909.19	905.31	901.39	897.45	893.47	889.45	885.38	881.26	877.09	872.86	868.58	964.24	859.83
67	906.92	903.03	899.10	895.15	891.16	887.12	883.05	878.91	874.73	870.49	866.20	861.85	857.44
68	904.64	900.74	896.80	892.84	888.84	884.79	880.70	876.56	872.36	868.11	863.81	859.45	855.03
69	902.35	898.44	894.50	890.52	886.51	882.45	878.35	874.20	869.99	865.73	861.42	857.05	852.63
70	900.05	896.14	892.18	888.19	884.17	880.10	875.99	871.82	867.61	863.34	859.02	854.64	850.21
71	897.75	893.82	889.86	885.86	881.82	877.75	873.62	869.45	865.22	860.94	856.61	852.23	847.79
72	895.43	891.50	887.52	883.51	879.47	875.38	871.25	867.06	862.82	858.53	854.20	849.81	845.36
73	893.11	889.16	885.18	881.16	877.11	873.01	868.86	864.67	860.42	856.12	851.78	847.38	842.93
74	890.78	886.82	882.83	878.80	874.74	870.63	866.47	862.27	858.01	853.71	849.35	844.95	840.48
75	888.44	884.48	880.47	876.43	872.35	868.24	864.07	859.86	855.59	851.28	846.92	842.51	838.03
76	886.10	882.12	878.10	874.05	869.97	865.84	861.66	857.44	853.17	848.85	844.48	840.06	835.58
77	883.75	879.75	875.72	871.66	867.57	863.43	859.25	855.02	850.74	846.41	842.03	837.60	833.11
78	881.39	877.38	873.34	869.26	865.16	861.01	856.82	852.58	848.30	843.96	839.58	835.14	830.64
79	879.02	874.99	870.94	866.85	862.73	858.58	854.38	850.14	845.84	841.50	837.11	832.67	828.16

表 12－2（续）

p/t	−20	−15	−10	−5	0	5	10	15	20	25	30	35	40
80	876.64	872.60	868.52	864.43	860.30	856.14	851.93	847.68	843.38	839.04	834.64	830.19	825.67
81	874.25	870.19	866.10	861.99	857.85	853.68	849.47	845.21	840.91	836.56	832.16	827.70	823.18
82	871.84	867.76	863.66	859.54	855.39	851.21	846.99	842.73	838.42	834.07	829.66	825.20	820.67
83	869.41	865.31	861.20	857.07	852.91	848.72	844.50	840.23	835.92	831.56	827.15	822.69	818.16
84	866.96	862.85	858.72	854.58	850.41	846.22	841.99	837.72	833.41	829.04	824.63	820.17	815.63
85	864.48	860.36	856.22	852.07	847.90	843.70	839.46	835.19	830.87	826.51	822.10	817.63	813.09
86	861.97	857.84	853.70	849.54	845.36	841.15	836.92	832.64	828.32	823.96	819.55	815.08	810.55
87	859.44	855.30	851.15	846.98	842.80	838.59	834.35	830.07	825.75	821.38	816.97	812.51	807.98
88	856.86	852.72	848.57	844.40	840.21	836.00	831.75	827.47	823.15	818.79	814.38	809.93	805.41
89	854.25	850.11	845.96	841.79	837.60	833.38	829.13	824.85	820.53	816.17	811.77	807.32	802.81
90	851.59	847.46	843.31	839.15	834.95	830.74	826.49	822.20	817.88	813.52	809.13	804.69	800.20
91	848.89	844.78	840.63	836.47	832.28	828.06	823.81	819.52	815.20	810.85	806.46	802.04	797.56
92	846.14	842.05	837.92	833.76	829.57	825.35	821.10	816.81	812.49	808.14	803.76	799.35	794.90
93	843.36	839.28	835.16	831.01	826.82	822.60	818.35	814.06	809.75	805.40	801.03	796.64	792.21
94	840.53	836.47	832.36	828.22	824.04	819.82	815.56	811.28	806.96	802.62	798.27	793.89	789.48
95	837.66	833.62	829.52	825.38	821.21	816.99	812.74	808.45	804.14	799.81	795.46	791.10	786.71
96	834.77	830.73	826.64	822.51	818.33	814.11	809.86	805.58	801.27	796.94	792.61	788.26	783.89
97	831.85	827.81	823.72	819.58	815.40	811.18	806.93	802.65	798.35	794.03	789.71	785.37	781.01
98	828.93	824.86	820.75	816.59	812.41	808.19	803.95	799.67	795.38	791.07	786.75	782.42	778.07
99	826.01	821.88	817.73	813.55	809.35	805.13	800.89	796.63	792.34	788.04	783.73	779.40	775.04
100	823.12	818.89	814.66	810.44	806.22	801.99	797.75	793.50	789.23	784.95	780.64	776.31	771.92

表 12－3 酒精溶液密度与温度和体积浓度关系表 $\rho=\rho(q, t)$

温度步长 5℃，体积浓度步长 1%，温度范围 －20℃～40℃

单位：$kg \cdot m^{-3}$

q/t	－20	－15	－10	－5	0	5	10	15	20	25	30	35	40
0					999.84	999.96	999.70	999.10	998.20	997.04	995.64	994.03	992.21
1					998.33	998.44	998.18	997.59	996.70	995.54	994.13	992.50	990.66
2					996.87	996.98	996.72	996.12	995.23	994.07	992.66	991.01	989.15
3					995.48	995.58	995.30	994.70	993.80	992.63	991.21	989.55	987.67
4					994.13	994.22	993.93	993.32	992.41	991.23	989.80	988.12	986.23
5					992.84	992.91	992.61	991.98	991.05	989.86	988.40	986.72	984.81
6					991.60	991.64	991.32	990.67	989.73	988.51	987.04	985.34	983.42
7					990.41	990.42	990.08	989.40	988.43	987.19	985.70	983.98	982.05
8					989.26	989.25	988.87	988.16	987.16	985.89	984.38	982.63	980.69
9					988.17	988.11	987.70	986.96	985.92	984.62	983.08	981.31	979.34
10					987.12	987.02	986.56	985.78	984.71	983.37	981.79	980.00	978.00
11					986.12	985.97	985.46	984.63	983.52	982.14	980.53	978.70	976.68
12					985.16	984.95	984.39	983.52	982.35	980.93	979.28	977.41	975.35
13					984.24	983.97	983.35	982.42	981.21	979.74	978.04	976.13	974.04
14				983.33	983.37	983.02	982.34	981.35	980.08	978.56	976.81	974.85	972.72
15				982.58	982.53	982.11	981.35	980.30	978.97	977.39	975.59	973.59	971.41
16				981.87	981.72	981.22	980.39	979.26	977.87	976.23	974.38	972.32	970.09
17				981.19	980.95	980.35	979.44	978.24	976.78	975.08	973.17	971.05	968.77
18				980.55	980.20	979.51	978.51	977.23	975.70	973.94	971.96	969.78	967.44
19				979.94	979.47	978.67	977.59	976.23	974.63	972.79	970.75	968.51	966.11

表12－3（续）

q/t	－20	－15	－10	－5	0	5	10	15	20	25	30	35	40
20				979.34	978.75	977.86	976.68	975.24	973.56	971.65	969.54	967.23	964.76
21				978.76	978.05	977.04	975.77	974.24	972.48	970.50	968.32	965.95	963.41
22				978.19	977.35	976.24	974.86	973.24	971.40	969.34	967.09	964.65	962.05
23			978.29	977.62	976.66	975.42	973.95	972.24	970.31	968.18	965.85	963.34	960.67
24			977.87	977.05	975.96	974.61	973.03	971.22	969.21	967.00	964.59	962.02	959.28
25			977.44	976.47	975.24	973.78	972.09	970.20	968.10	965.80	963.32	960.67	957.87
26			977.00	975.88	974.52	972.94	971.14	969.15	966.96	964.59	962.04	959.32	956.44
27			976.54	975.27	973.77	972.07	970.17	968.09	965.81	963.36	960.73	957.94	954.99
28			976.05	974.63	973.01	971.19	969.18	967.00	964.64	962.10	959.40	956.54	953.52
29			975.53	973.96	972.21	970.27	968.16	965.88	963.44	960.82	958.04	955.11	952.04
30			974.97	973.26	971.38	969.33	967.12	964.74	962.21	959.51	956.66	953.67	950.52
31		976.02	974.36	972.52	970.51	968.35	966.04	963.57	960.95	958.18	955.26	952.19	948.99
32		975.51	973.71	971.73	969.61	967.33	964.92	962.36	959.66	956.81	953.82	950.69	947.43
33		974.96	973.01	970.90	968.66	966.28	963.77	961.12	958.34	955.41	952.35	949.16	945.84
34		974.34	972.25	970.02	967.66	965.18	962.57	959.84	956.98	953.98	950.86	947.60	944.23
35		973.65	971.44	969.09	966.62	964.04	961.34	958.52	955.58	952.52	949.33	946.02	942.59
36	975.08	972.90	970.56	968.10	965.53	962.85	960.06	957.17	954.15	951.02	947.77	944.40	940.92
37	974.39	972.08	969.62	967.05	964.38	961.61	958.74	955.77	952.68	949.48	946.17	942.75	939.22
38	973.61	971.18	968.62	965.95	963.18	960.33	957.38	954.33	951.17	947.91	944.54	941.07	937.50
39	972.76	970.22	967.55	964.78	961.93	959.00	955.97	952.85	949.63	946.30	942.88	939.36	935.75

表 12-3（续）

q/t	-20	-15	-10	-5	0	5	10	15	20	25	30	35	40
40	971.82	969.18	966.42	963.56	960.63	957.61	954.52	951.33	948.04	944.66	941.18	937.62	933.96
41	970.81	968.07	965.22	962.28	959.27	956.18	953.02	949.76	946.42	942.98	939.46	935.84	932.15
42	969.71	966.88	963.95	960.94	957.86	954.70	951.47	948.15	944.75	941.27	937.69	934.04	930.31
43	968.54	965.63	962.62	959.54	956.39	953.17	949.88	946.51	943.05	939.52	935.90	932.20	928.44
44	967.29	964.31	961.23	958.09	954.87	951.59	948.24	944.82	941.31	937.73	934.07	930.34	926.54
45	965.97	962.92	959.78	956.57	953.30	949.97	946.57	943.09	939.54	935.91	932.21	928.44	924.61
46	964.58	961.47	958.27	955.01	951.68	948.30	944.84	941.32	937.73	934.06	930.32	926.52	922.66
47	963.12	959.95	956.70	953.39	950.01	946.58	943.08	939.52	935.88	932.17	928.40	924.56	920.67
48	961.59	958.38	955.08	951.71	948.30	944.82	941.28	937.67	934.00	930.26	926.45	922.58	918.66
49	960.01	956.74	953.40	949.99	946.53	943.02	939.44	935.80	932.08	928.31	924.47	920.57	916.63
50	958.37	955.06	951.67	948.23	944.73	941.18	937.56	933.88	930.14	926.33	922.46	918.54	914.56
51	956.67	953.32	949.90	946.42	942.88	939.29	935.65	931.94	928.16	924.32	920.42	916.47	912.47
52	954.92	951.53	948.08	944.56	941.00	937.38	933.70	929.96	926.15	922.29	918.36	914.38	910.36
53	953.13	949.70	946.21	942.67	939.07	935.42	931.72	927.95	924.12	920.22	916.27	912.27	908.22
54	951.29	947.83	944.31	940.73	937.11	933.44	929.70	925.91	922.05	918.13	914.16	910.13	906.06
55	949.41	945.92	942.37	938.77	935.12	931.42	927.66	923.84	919.96	916.02	912.02	907.97	903.87
56	947.49	943.97	940.39	936.76	933.09	929.36	925.58	921.74	917.84	913.88	909.86	905.79	901.67
57	945.53	941.98	938.38	934.73	931.03	927.28	923.48	919.62	915.70	911.71	907.67	903.58	899.43
58	943.54	939.97	936.33	932.66	938.94	925.17	921.35	917.47	913.53	909.52	905.46	901.35	897.18
59	941.52	937.92	934.26	930.56	926.82	923.03	919.19	915.29	911.33	907.31	903.23	899.09	894.91

表 12 - 3（续）

q/t	-20	-15	-10	-5	0	5	10	15	20	25	30	35	40
60	939. 47	935. 83	932. 15	928. 44	924. 68	920. 87	917. 01	913. 09	909. 11	905. 07	900. 97	896. 82	892. 61
61	937. 38	933. 72	930. 02	926. 28	922. 50	918. 68	914. 80	910. 86	906. 87	902. 81	898. 69	894. 52	890. 29
62	935. 27	931. 59	927. 86	924. 10	920. 30	916. 46	912. 56	908. 61	904. 60	900. 52	896. 39	892. 20	887. 95
63	933. 12	929. 42	925. 67	921. 89	918. 07	914. 21	910. 30	906. 33	902. 31	898. 22	894. 07	889. 86	885. 59
64	930. 95	927. 22	923. 46	919. 66	915. 82	911. 94	908. 02	904. 03	899. 99	895. 88	891. 72	887. 49	883. 21
65	928. 75	925. 00	921. 21	917. 39	913. 54	909. 65	905. 71	901. 71	897. 65	893. 53	889. 35	885. 11	880. 81
66	926. 52	922. 75	918. 94	915. 11	911. 24	907. 33	903. 37	899. 35	895. 28	891. 15	886. 95	882. 70	878. 38
67	924. 26	920. 47	916. 64	912. 79	908. 91	904. 98	901. 01	896. 98	892. 89	888. 74	884. 53	880. 26	875. 93
68	921. 97	918. 16	914. 32	910. 45	906. 55	902. 61	898. 62	894. 57	890. 47	886. 31	882. 09	877. 81	873. 46
69	919. 65	915. 82	911. 97	908. 08	904. 16	900. 21	896. 20	892. 14	888. 03	883. 85	879. 62	875. 32	870. 97
70	917. 30	913. 45	909. 58	905. 68	901. 75	897. 78	893. 76	889. 69	885. 56	881. 37	877. 12	872. 82	868. 45
71	914. 91	911. 06	907. 17	903. 26	899. 31	895. 32	891. 29	887. 20	883. 06	878. 86	874. 60	870. 29	865. 90
72	912. 50	908. 63	904. 73	900. 80	896. 84	892. 84	888. 79	884. 69	880. 54	876. 32	872. 05	867. 73	863. 34
73	910. 05	906. 17	902. 26	898. 32	894. 34	890. 33	886. 27	882. 15	877. 98	873. 76	869. 48	865. 14	860. 74
74	907. 57	903. 68	899. 75	895. 80	891. 81	887. 78	883. 71	879. 58	875. 40	871. 16	866. 87	862. 53	858. 12
75	905. 05	901. 15	897. 22	893. 25	889. 25	885. 21	881. 12	876. 98	872. 79	868. 54	864. 24	859. 88	855. 47
76	902. 51	898. 60	894. 65	890. 68	886. 66	882. 61	878. 51	874. 35	870. 15	865. 89	861. 58	857. 21	852. 79
77	899. 93	896. 01	892. 05	888. 06	884. 04	879. 97	875. 86	871. 69	867. 48	863. 20	858. 88	854. 51	850. 08
78	897. 31	893. 39	889. 42	885. 42	881. 38	877. 31	873. 18	869. 00	864. 77	860. 49	856. 16	851. 78	847. 34
79	894. 67	890. 73	886. 75	882. 74	878. 69	874. 60	870. 47	866. 28	862. 04	857. 74	853. 40	849. 01	844. 56

表 12－3（续）

q/t	－20	－15	－10	－5	0	5	10	15	20	25	30	35	40
80	891.99	888.04	884.05	880.03	875.97	871.87	867.72	863.52	859.27	854.96	850.61	846.21	841.75
81	889.28	885.32	881.32	877.28	873.21	869.09	864.93	860.72	856.46	852.15	847.79	843.38	838.91
82	886.53	882.56	878.54	874.49	870.41	866.28	862.11	857.89	853.62	849.30	844.93	840.51	836.03
83	883.75	879.76	875.73	871.66	867.57	863.43	859.25	855.02	850.74	846.41	842.03	837.60	833.11
84	880.93	876.91	872.87	868.79	864.68	860.53	856.34	852.10	847.82	843.48	839.09	834.66	830.16
85	878.06	874.03	869.96	865.87	861.75	857.59	853.39	849.14	844.85	840.51	836.11	831.67	827.16
86	875.14	871.09	867.01	862.90	858.77	854.60	850.39	846.13	841.83	837.48	833.08	828.63	824.11
87	872.17	868.09	863.99	859.87	855.73	851.55	847.33	843.07	838.76	834.41	830.00	825.55	821.02
88	869.13	865.03	860.92	856.79	852.63	848.44	844.22	839.95	835.64	831.28	826.87	822.40	817.87
89	866.02	961.90	857.77	853.63	849.46	845.26	841.03	836.76	832.44	828.08	823.67	819.20	814.67
90	862.82	858.69	854.55	850.39	846.21	842.01	837.77	833.50	829.18	824.81	820.40	815.94	811.40
91	859.52	855.38	851.23	847.07	842.88	838.67	834.43	830.15	825.83	821.47	817.06	812.60	808.07
92	856.10	851.97	847.81	843.64	839.45	835.24	830.99	826.71	822.39	818.03	813.62	809.17	804.65
93	852.56	848.43	844.28	840.11	835.92	831.70	827.45	823.16	818.84	814.48	810.09	805.65	801.15
94	848.87	844.75	840.61	836.45	832.26	828.04	823.78	819.50	815.18	810.82	806.44	802.01	797.54
95	845.01	840.92	836.80	832.64	828.45	824.23	819.98	815.69	811.38	807.03	802.65	798.25	793.81
96	840.99	936.93	832.82	828.67	824.49	820.27	816.02	811.73	807.42	803.08	798.72	794.33	789.92
97	836.78	932.74	828.65	824.51	820.33	816.12	811.86	807.58	803.27	798.94	794.59	790.23	785.85
98	832.39	828.35	824.26	820.12	815.95	811.73	807.48	803.20	798.90	794.58	790.25	785.91	781.55
99	827.83	823.75	819.62	815.46	811.27	807.05	802.81	798.54	794.25	789.94	785.62	781.29	776.94
100	823.12	818.89	814.66	810.44	806.22	801.99	797.75	793.50	789.23	784.95	780.64	776.31	771.92

在这些表中，温度范围是 -20℃～40℃，钠钙玻璃和硅硼酸玻璃的体胀系数分别为 $25\times10^{-6}℃^{-1}$ 和 $10\times10^{-6}℃^{-1}$。$100dm^3$ 体积是用20℃下标定的钢制容器确定的，钢的 $\alpha_V=36\times10^{-6}℃^{-1}$。称量酒精溶液的质量进行计算时，空气密度采用约定的标准密度值 $1.2kg/m^3$，砝码材料密度采用国际统一的约定值 $8000kg/m^3$。

表 12-4　酒精溶液 20℃密度与质量浓度关系表，$\rho_{20}=\rho_{20}(p)$

质量浓度（p）范围为 0～100%，步长为 1%

p/%	ρ_{20}/(kg·m^{-3})	p/%	ρ_{20}/(kg·m^{-3})	p/%	ρ_{20}/(kg·m^{-3})	p/%	ρ_{20}/(kg·m^{-3})
0	998.20	26	960.14	52	909.31	78	848.30
1	996.31	27	958.61	53	907.06	79	845.84
2	994.48	28	957.04	54	904.81	80	843.38
3	992.73	29	955.43	55	902.54	81	840.91
4	991.02	30	953.78	56	900.27	82	838.42
5	989.38	31	952.09	57	897.99	83	835.92
6	987.78	32	950.36	58	895.70	84	833.41
7	986.23	33	948.58	59	893.40	85	830.87
8	984.73	34	946.77	60	891.09	86	828.32
9	983.27	35	944.92	61	888.78	87	825.75
10	981.85	36	943.03	62	886.46	88	823.15
11	980.46	37	941.10	63	884.13	89	820.53
12	979.09	38	939.15	64	881.79	90	817.88
13	977.76	39	937.16	65	879.44	91	815.20
14	976.44	40	935.14	66	877.09	92	812.49
15	975.13	41	933.10	67	874.73	93	809.75
16	973.83	42	931.03	68	872.36	94	806.96
17	972.54	43	928.93	69	869.99	95	804.14
18	971.24	44	926.82	70	867.61	96	801.27
19	969.93	45	924.68	71	865.22	97	798.35
20	968.60	46	922.53	72	862.82	98	795.38
21	967.26	47	920.36	73	860.42	99	792.34
22	965.90	48	918.18	74	858.01	100	789.23
23	964.51	49	915.98	75	855.59		
24	963.09	50	913.77	76	853.17		
25	961.63	51	911.54	77	850.74		

表 12－5　酒精溶液体积浓度与质量浓度关系表，$q=q$（p）

质量浓度（p）范围为 0～100%，步长为 1%

p/%	q/%	p/%	q/%	p/%	q/%	p/%	q/%
0	0.00	26	31.63	52	59.91	78	83.84
1	1.26	27	32.79	53	60.91	79	84.67
2	2.52	28	33.95	54	61.91	80	85.49
3	3.77	29	35.11	55	62.90	81	86.30
4	5.02	30	36.25	56	63.88	82	87.11
5	6.27	31	37.40	57	64.85	83	87.91
6	7.51	32	38.53	58	65.82	84	88.70
7	8.75	33	39.66	59	66.79	85	89.48
8	9.98	34	40.79	60	67.74	86	90.26
9	11.21	35	41.90	61	68.69	87	91.02
10	12.44	36	43.02	62	69.64	88	91.78
11	13.67	37	44.12	63	70.57	89	92.53
12	14.89	38	45.22	64	71.51	90	93.27
13	16.11	39	46.31	65	72.43	91	93.99
14	17.32	40	47.39	66	73.35	92	94.71
15	18.53	41	48.47	67	74.26	93	95.42
16	19.74	42	49.55	68	75.16	94	96.11
17	20.95	43	50.61	69	76.06	95	96.79
18	22.15	44	51.67	70	76.95	96	97.46
19	23.35	45	52.72	71	77.84	97	98.12
20	24.55	46	53.77	72	78.71	98	98.76
21	25.74	47	54.81	73	79.58	99	99.39
22	26.92	48	55.84	74	80.45	100	100.00
23	28.11	49	56.87	75	81.31		
24	29.29	50	57.89	76	82.16		
25	30.46	51	58.90	77	83.00		

表 12－6　酒精溶液 20℃密度与体积浓度关系表，$\rho_{20}=\rho_{20}(q)$

体积浓度（q）范围为 0～100%，步长为 1%

q/%	ρ_{20}/(kg·m^{-3})	q/%	ρ_{20}/(kg·m^{-3})	q/%	ρ_{20}/(kg·m^{-3})	q/%	ρ_{20}/(kg·m^{-3})
0	998.20	26	966.96	52	926.15	78	864.77
1	996.70	27	965.81	53	924.12	79	862.04
2	995.23	28	964.64	54	922.05	80	859.27
3	993.80	29	963.44	55	919.96	81	856.46
4	992.41	30	962.21	56	917.84	82	853.62
5	991.05	31	960.95	57	915.70	83	850.74
6	989.73	32	959.66	58	913.53	84	847.82
7	988.43	33	958.34	59	911.33	85	844.85
8	987.16	34	956.98	60	909.11	86	841.83
9	985.92	35	955.58	61	906.87	87	838.77
10	984.71	36	954.15	62	904.60	88	835.64
11	983.52	37	952.68	63	902.31	89	832.45
12	982.35	38	951.17	64	899.99	90	829.18
13	981.21	39	949.63	65	897.65	91	825.83
14	980.08	40	948.04	66	895.28	92	822.39
15	978.97	41	946.42	67	892.89	93	818.84
16	977.87	42	944.75	68	890.47	94	815.18
17	976.78	43	943.05	69	888.03	95	811.38
18	975.70	44	941.31	70	885.56	96	807.42
19	974.63	45	939.54	71	883.06	97	803.27
20	973.56	46	937.73	72	880.54	98	798.90
21	972.48	47	935.88	73	877.98	99	794.25
22	971.40	48	934.00	74	875.40	100	789.23
23	970.31	49	932.09	75	872.79		
24	969.21	50	930.14	76	870.15		
25	968.10	51	928.16	77	867.48		

表 12－7　酒精溶液质量浓度与体积浓度关系表 $p=p(q)$

体积浓度（q）范围为 0～100%，步长为 1%

q/%	p%	q/%	p%	q/%	p%	q/%	p%
0	0.00	26	21.22	52	44.31	78	71.19
1	0.79	27	22.06	53	45.26	79	72.33
2	1.59	28	22.91	54	46.22	80	73.48
3	2.38	29	23.76	55	47.18	81	74.64
4	3.18	30	24.61	56	48.15	82	75.82
5	3.98	31	25.46	57	49.13	83	77.00
6	4.78	32	26.32	58	50.11	84	78.20
7	5.59	33	27.18	59	51.10	85	79.40
8	6.40	34	28.04	60	52.09	86	80.63
9	7.20	35	28.91	61	53.09	87	81.86
10	8.01	36	29.78	62	54.09	88	83.11
11	8.83	37	30.65	63	55.11	89	84.38
12	9.64	38	31.53	64	56.12	90	85.66
13	10.46	39	32.41	65	57.15	91	86.97
14	11.27	40	33.30	66	58.18	92	88.29
15	12.09	41	34.19	67	59.22	93	89.64
16	12.91	42	35.09	68	60.27	94	91.01
17	13.74	43	35.99	69	61.32	95	92.41
18	14.56	44	36.89	70	62.39	96	93.84
19	15.39	45	37.80	71	63.46	97	95.31
20	16.21	46	38.72	72	64.53	98	96.81
21	17.04	47	39.64	73	65.62	99	98.38
22	17.87	48	40.56	74	66.72	100	100.00
23	18.71	49	41.49	75	67.82		
24	19.54	50	42.43	76	68.93		
25	20.38	51	43.37	77	70.06		

表 12－8　酒精溶液质量浓度与 20℃密度关系表 $p = p\ (\rho_{20})$

密度 ρ_{20} 为 789.3kg · m^{-3} ~998.2kg · m^{-3}，步长为 1kg · m^{-3}

ρ_{20}/(kg·m^{-3})	p/%	ρ_{20}/(kg·m^{-3})	p/%	ρ_{20}/(kg·m^{-3})	p/%	ρ_{20}/(kg·m^{-3})	p/%	ρ_{20}/(kg·m^{-3})	p/%	ρ_{20}/(kg·m^{-3})	p/%	ρ_{20}/(kg·m^{-3})	p/%
790	99.76	820	89.20	850	77.30	880	64.76	910	51.69	940	37.57	970	18.94
791	99.44	821	88.82	851	76.89	881	64.34	911	51.24	941	37.05	971	18.18
792	99.11	822	88.44	852	76.48	882	63.91	912	50.80	942	36.54	972	17.41
793	98.79	823	88.06	853	76.07	883	63.48	913	50.35	943	36.01	973	16.64
794	98.46	824	87.67	854	75.66	884	63.05	914	49.89	944	35.49	974	15.87
795	98.13	825	87.29	855	75.25	885	62.63	915	49.44	945	34.96	975	15.10
796	97.79	826	86.90	856	74.83	886	62.20	916	48.99	946	34.42	976	14.33
797	97.46	827	86.51	857	74.42	887	61.77	917	48.54	947	33.87	977	13.57
798	97.12	828	86.12	858	74.00	888	61.34	918	48.08	948	33.32	978	12.82
799	96.78	829	85.73	859	73.59	889	60.90	919	47.62	949	32.77	979	12.07
800	96.44	830	85.34	860	73.17	890	60.47	920	47.17	950	32.20	980	11.33
801	96.09	831	84.95	861	72.76	891	60.04	921	46.71	951	31.63	981	10.61
802	95.75	832	84.56	862	72.34	892	59.61	922	46.25	952	31.05	982	9.89
803	95.40	833	84.16	863	71.93	893	59.17	923	45.78	953	30.46	983	9.19
804	95.05	834	83.76	864	71.51	894	58.74	924	45.32	954	29.87	984	8.50
805	94.70	835	83.37	865	71.09	895	58.30	925	44.85	955	29.26	985	7.82
806	94.34	836	82.97	866	70.67	896	57.87	926	44.38	956	28.65	986	7.15
807	93.99	837	82.57	867	70.25	897	57.43	927	43.91	957	28.03	987	6.50
808	93.63	838	82.17	868	69.84	898	57.00	928	43.44	958	27.39	988	5.86
809	93.27	839	81.77	869	69.42	899	56.56	929	42.97	959	26.75	989	5.23
810	92.91	840	81.37	870	68.99	900	56.12	930	42.49	960	26.09	990	4.62
811	92.54	841	80.96	871	68.57	901	55.68	931	42.01	961	25.43	991	4.01
812	92.18	842	80.56	872	68.15	902	55.24	932	42.53	962	24.75	992	3.42
813	91.81	843	80.15	873	67.73	903	54.80	933	41.05	963	24.06	993	2.84
814	91.44	844	79.75	874	67.31	904	54.36	934	40.56	964	23.36	994	2.27
815	91.07	845	79.34	875	66.89	905	53.92	935	40.07	965	22.65	995	1.71
816	90.70	846	78.94	876	66.46	906	53.47	936	39.58	966	21.93	996	1.17
817	90.33	847	78.53	877	66.04	907	53.03	937	39.08	967	21.19	997	0.63
818	89.95	848	78.12	878	65.61	908	52.58	938	58.58	968	20.45	998	0.10
819	89.58	849	77.71	879	65.19	909	52.14	939	38.07	969	19.70		

表 12-9 酒精溶液体积浓度与20℃密度关系表 $q=q(\rho_{20})$

密度ρ_{20}为789.3kg·m^{-3}~998.2kg·m^{-3}，步长为1kg·m^{-3}

ρ_{20}/(kg·m^{-3})	q/%	ρ_{20}/(kg·m^{-3})	q/%	ρ_{20}/(kg·m^{-3})	q/%	ρ_{20}/(kg·m^{-3})	q/%	ρ_{20}/(kg·m^{-3})	q/%	ρ_{20}/(kg·m^{-3})	q/%	ρ_{20}/(kg·m^{-3})	q/%
790	99.85	820	92.68	850	83.25	880	72.21	910	59.60	940	44.74	970	23.28
791	99.66	821	92.40	851	82.91	881	71.82	911	59.15	941	44.18	971	22.37
792	99.46	822	92.11	852	82.56	882	71.42	912	58.70	942	43.61	972	21.45
793	99.26	823	91.82	853	82.22	883	71.02	913	58.24	943	43.03	973	20.52
794	99.05	824	91.54	854	81.87	884	70.62	914	57.78	944	42.45	974	19.59
795	98.84	825	91.24	855	81.52	885	70.22	915	57.32	945	41.85	975	18.65
796	98.63	826	90.95	856	81.16	886	69.82	916	56.86	946	41.25	976	17.73
797	98.42	827	90.65	857	80.81	887	69.42	917	56.39	947	40.64	977	16.80
798	98.20	828	90.35	858	80.45	888	69.01	918	55.93	948	40.03	978	15.88
799	97.98	829	90.05	859	80.10	889	68.60	919	55.45	949	39.40	979	14.97
800	97.75	830	89.75	860	79.74	890	68.19	920	54.98	950	38.76	980	14.07
801	97.53	831	89.44	861	79.38	891	67.78	921	54.50	951	38.11	981	13.18
802	97.30	832	89.14	862	79.01	892	67.37	922	54.02	952	37.46	982	12.31
803	97.06	833	88.83	863	78.65	893	66.95	923	53.54	953	36.79	983	11.44
804	96.83	834	88.52	864	78.28	894	66.54	924	53.06	954	36.10	984	10.59
805	96.59	835	88.20	865	77.92	895	66.12	925	52.57	955	35.41	985	9.76
806	96.35	836	87.88	866	77.55	896	65.70	926	52.08	956	34.70	986	8.94
807	96.10	837	87.57	867	77.18	897	65.27	927	51.58	957	33.98	987	8.13
808	95.86	838	87.25	868	76.80	898	64.85	928	51.08	958	33.25	988	7.34
809	95.61	839	86.92	869	76.43	899	64.42	929	50.58	959	32.50	989	6.56
810	95.35	840	86.60	870	76.06	900	64.00	930	50.07	960	31.74	990	5.79
811	95.10	841	86.27	871	75.68	901	63.56	931	49.56	961	30.96	991	5.04
812	94.84	842	85.95	872	75.30	902	63.13	932	49.04	962	30.17	992	4.30
813	94.58	843	85.62	873	74.92	903	62.70	933	48.52	963	29.36	993	3.58
814	94.31	844	85.28	874	74.54	904	62.26	934	48.00	964	28.53	994	2.86
815	94.05	845	84.95	875	74.15	905	61.82	935	47.47	965	27.69	995	2.16
816	93.78	846	84.61	876	73.77	906	61.38	936	46.94	966	26.84	996	1.47
817	93.51	847	84.28	877	73.38	907	60.94	937	46.40	967	25.97	997	0.80
818	93.23	848	83.94	878	72.99	908	60.50	938	45.85	968	25.09	998	0.13
819	92.96	849	83.60	879	72.60	909	60.05	939	45.30	969	24.19		

第十三章　糖溶液密度、浓度与温度的关系

糖的水溶液密度与其浓度以及温度有着一定的关系，这个关系对于糖厂、饮料厂、酿酒厂、水果罐头厂、农业科研、田间管理部门具有重要的作用。对原材料进厂、生产过程以及出厂时的产品质量检测、以及测量含糖植物的含糖量、确定他们的成熟期与实验选种、施肥起着重要作用。

早在19世纪后期人们就对糖溶液做了大量的测量并建立了糖溶液密度、浓度和温度的关系。所采用的主要方法是液体静力称量法和密度瓶法。

1990年，由德国、捷克、美国、英国、美国印度等国家对蔗糖水溶液密度进行了重新测量，并给出了在ITS－90温标下的蔗糖水溶液密度－温度拟合公式。

$$\begin{aligned}\rho(p,t) = &\rho_w(t) + b_{0,1}\cdot p + b_{0.2}\cdot p^2 + b_{0,3}\cdot p^3 + b_{0,4}\cdot p^4 + b_{0,5}\cdot p^5 + \\ &(b_{1,1}\cdot p + b_{1,2}\cdot p^2 + b_{1,3}\cdot p^3 + b_{1,4}\cdot p^4 + b_{1,5}\cdot p^5)(t-20) + \\ &(b_{2,1}\cdot p + b_{2,2}\cdot p^2 + b_{2,3}\cdot p^3 + b_{2,4}\cdot p^4)(t-20)^2 + \\ &(b_{3,1}\cdot p + b_{3,2}\cdot p^2)(t-20)^3 + b_{4,1}\cdot p(t-20)^4 \end{aligned} \quad (13-1)$$

式中：$\rho(p,t)$——蔗糖水溶液在质量浓度为p温度t℃时的密度，kg/m^3；

$\rho_w(t)$——温度为t时的水密度，kg/m^3；

$b_{i,k}$——系数，$b_{i,k}$系数值列于表13－1中。

表13－1　$b_{i,k}$数值表

i	k=1	k=2	k=3	k=4	k=5
0	384.5888	141.971	12.6678	51.7884	-37.3002
1	-0.472265	-3.8392×10^{-2}	-2.8095×10^{-2}	8.4733×10^{-2}	0.155886
2	7.0284×10^{-3}	-2.11849×10^{-3}	2.82061×10^{-3}	-3.29528×10^{-3}	
3	-6.8234×10^{-5}	2.8316×10^{-5}			
4	2.7754×10^{-7}				

由式（13－1）得到的蔗糖水溶液质量浓度与密度换算表见表13－2。

表13－2　10℃～80℃蔗糖水溶液质量浓度（p）与密度换算表　单位：$kg\cdot m^{-3}$

p/%	10℃	20℃	30℃	40℃	50℃	60℃	70℃	80℃
0	999.7	998.21	995.64	992.21	988.03	983.19	977.76	971.78
5	1019.56	1017.79	1015.03	1011.44	1007.14	1002.20	996.7	990.65
10	1040.15	1038.10	1035.13	1031.38	1026.96	1021.93	1016.34	1010.23

表 13－2（续）

p/%	10℃	20℃	30℃	40℃	50℃	60℃	70℃	80℃
15	1061.48	1059.15	1055.97	1052.06	1047.51	1042.39	1036.72	1030.55
20	1083.58	1080.97	1077.58	1073.50	1068.83	1063.60	1057.85	1051.63
25	1106.47	1103.59	1099.98	1095.74	1090.94	1085.61	1079.78	1073.50
30	1130.19	1127.03	1123.20	1118.80	1113.86	1108.44	1102.54	1096.21
35	1154.76	1151.33	1147.28	1142.71	1137.65	1132.13	1126.16	1119.79
40	1180.22	1176.51	1172.25	1167.52	1162.33	1156.71	1150.68	1144.27
45	1206.58	1202.61	1198.15	1193.25	1187.94	1182.23	1176.14	1169.70
50	1233.87	1229.64	1224.98	1219.93	1214.50	1208.70	1202.56	1196.11
55	1262.11	1257.64	1252.79	1247.59	1242.05	1236.18	1229.99	1223.53
60	1291.31	1286.61	1281.59	1276.25	1270.61	1264.67	1258.45	1251.99
65	1321.46	1316.56	1311.38	1305.93	1300.21	1294.21	1287.96	1281.52
70	1352.55	1347.49	1342.18	1336.63	1330.84	1324.80	1318.55	1312.13
75	1384.58	1379.38	1373.98	1368.36	1362.52	1356.46	1350.21	1343.83
80	1417.5	1412.2	1406.7	1401.1	1395.2	1389.2	1383.0	1376.6
85	1451.3	1445.9	1440.5	1434.8	1429.0	1422.9	1416.8	1410.5

注：引自 Spieweck，F.；Subject Ⅱ Density. ICUMSA Rep. Proc. 20th Session 1990，265－270。

1998 年 PTB 使用测量蔗糖同样的方法分别测量了葡萄糖、果糖、转化糖水溶液在不同质量浓度下的密度值，并公布了在 ITS－90 温标下的葡萄糖，果糖、转化糖水溶液的拟合公式：

$$\rho(p,t)=\rho_w(t)+a_{0,1}\cdot p+a_{0,2}\cdot p^2+a_{0,3}\cdot p^3+a_{0,4}\cdot p^4+ (a_{1,1}\cdot p+a_{1,2}\cdot p^2+a_{1,3}\cdot p^3)\cdot(t-20)+ (a_{2,1}\cdot p+a_{2,2}\cdot p^2+a_{2,3}\cdot p^3)\cdot(t-20)^2+ (a_{3,1}\cdot p+a_{3,2}\cdot p^2)\cdot(t-20)^3+a_{4,1}\cdot p\cdot(t-20)^4 \quad (13-2)$$

式中：$\rho(p,t)$——蔗糖水溶液在质量浓度为 p，温度为 t℃时的密度；

$\rho_w(t)$——温度为 t℃时的纯水密度；

$a_{i,k}$——方程式系数。

葡萄糖、果糖、转化糖水溶液的系数 $a_{i,k}$ 分别见表 13－3、表 13－4、表 13－5。

由公式（13－2）计算出来的葡萄糖、果糖、转化糖水溶液的质量浓度和密度换算表分列于表 13－6、表 13－7、表 13－8。

表 13-3　葡萄糖水溶液拟合公式系数表

i	$k=1$	$k=2$	$k=3$	$k=4$
0	382. 9716	-23. 0838	0. 1218	-0. 7704
1	-0. 551502	0. 190140	0. 042741	
2	0. 00755366	-0. 00309314	0	
3	-0. 000044059	0		
4	0			

表 13-4　果糖水溶液拟合公式系数表

i	$k=1$	$k=2$	$k=3$	$k=4$
0	390. 5399	-22. 1864	-0. 0829	-1. 7937
1	-0. 744141	0. 155436	0. 053744	
2	0. 00817245	-0. 00446412	0. 00049248	
3	-0. 000077138	0. 000042824		
4	0. 00000032396			

表 13-5　转化糖水溶液拟合公式系数表

i	$k=1$	$k=2$	$k=3$	$k=4$
0	386. 7294	-22. 9485	1. 7684	-2. 3475
1	-0. 647839	0. 176292	0. 042073	
2	0. 00786570	-0. 00378841	0. 00025197	
3	-0. 000060676	0. 000021588		
4	0. 00000016241			

表 13-6　葡萄糖水溶液的质量浓度（p）与密度换算表　　单位：$kg \cdot m^{-3}$

p/%	10℃	20℃	30℃	40℃	50℃	60℃	70℃	80℃
0	999. 699	998. 207	995. 645	992. 212	988. 03	983. 191	977. 759	971. 785
5	1019. 441	1017. 630	1014. 831	1011. 220	1006. 908	1001. 973	996. 468	990. 428
10	1039. 823	1037. 695	1034. 656	1030. 865	1026. 421	1021. 386	1015. 800	1009. 683

表 13－6（续）

p/%	10℃	20℃	30℃	40℃	50℃	60℃	70℃	80℃
15	1060.865	1058.423	1055.144	1051.173	1046.593	1041.453	1035.778	1029.575
20	1082.588	1079.835	1076.318	1072.167	1067.450	1062.201	1056.429	1050.127
25	1105.013	1101.954	1098.202	1093.871	1089.016	1083.654	1077.777	1071.363
30	1128.158	1124.799	1120.818	1116.312	1111.318	1105.838	1099.848	1093.309
35	1152.042	1148.392	1144.188	1139.510	1134.379	1128.778	1122.667	1115.989
40	1176.679	1172.751	1168.334	1163.490	1158.223	1152.498	1146.257	1139.427
45	1202.081	1197.891	1193.273	1188.272	1182.872	1177.022	1170.643	1163.645
50	1228.259	1223.825	1219.021	1213.874	1208.347	1202.370	1195.846	1188.664
55	1255.215	1250.561	1245.591	1240.311	1234.665	1228.562	1221.886	1214.504
60	1282.949	1278.103	1272.990	1267.594	1261.839	1255.613	1248.778	1241.181
65	1311.449	1306.447	1301.219	1295.729	1289.878	1283.532	1276.534	1268.706
70	1340.698	1335.580	1330.272	1324.713	1318.783	1312.326	1305.159	1297.086
75	1370.667	1365.482	1360.133	1354.537	1348.549	1341.989	1334.653	1326.319
80	1401.312	1396.116	1390.775	1385.178	1379.159	1372.511	1365.005	1356.396
85	1432.575	1427.436	1422.156	1416.603	1410.583	1403.865	1396.193	1387.298
90	1464.380	1459.373	1454.220	1448.762	1442.779	1436.013	1428.183	1418.991
95	1496.630	1491.842	1486.891	1481.588	1475.686	1468.900	1460.923	1451.427
100	1529.206	1524.736	1520.070	1514.991	1509.223	1502.452	1494.343	1484.541

注：引自德国 Zuckerindustrie 123(1998) Nr 5，341－348。

表 13－7　果糖水溶液的质量浓度（p）与密度换算表　　单位：$kg \cdot m^{-3}$

p/%	10℃	20℃	30℃	40℃	50℃	60℃	70℃	80℃
0	999.699	998.207	995.645	992.212	988.03	983.191	977.759	971.785
5	1019.940	1018.025	1015.129	1011.418	1007.002	1001.959	996.345	990.204
10	1040.862	1038.522	1035.281	1031.285	1026.627	1021.373	1015.570	1009.260

表 13－7（续）

p/%	10℃	20℃	30℃	40℃	50℃	60℃	70℃	80℃
15	1062.489	1059.721	1056.129	1051.840	1046.933	1041.460	1035.464	1028.984
20	1084.845	1081.645	1077.698	1073.110	1067.946	1062.249	1056.056	1049.404
25	1107.953	1104.320	1100.013	1095.120	1089.693	1083.766	1077.374	1070.553
30	1131.833	1127.768	1123.099	1117.896	1112.201	1106.041	1099.448	1092.462
35	1156.505	1152.010	1146.977	1141.463	1135.496	1129.100	1122.307	1115.162
40	1181.983	1177.064	1171.669	1165.841	1159.601	1152.969	1145.980	1138.685
45	1208.278	1202.943	1197.190	1191.049	1184.536	1177.671	1170.492	1163.062
50	1235.393	1229.656	1223.551	1217.102	1210.319	1203.226	1195.867	1188.320
55	1263.325	1257.201	1250.755	1244.005	1236.960	1229.647	1222.124	1214.485
60	1292.058	1285.570	1278.799	1271.759	1264.462	1256.944	1249.277	1241.576
65	1321.565	1314.740	1307.664	1300.351	1292.818	1285.114	1277.330	1269.606
70	1351.801	1344.673	1337.319	1329.754	1322.007	1314.143	1306.276	1298.577
75	1382.700	1375.312	1367.713	1359.926	1351.994	1344.003	1336.097	1328.481
80	1414.172	1406.576	1398.773	1390.801	1382.721	1374.646	1366.753	1359.291
85	1446.100	1438.356	1430.401	1422.288	1414.106	1405.999	1398.186	1390.960
90	1478.333	1470.512	1462.464	1454.268	1446.039	1437.965	1430.308	1423.418
95	1510.683	1502.867	1494.800	1486.585	1478.379	1470.413	1463.004	1456.565
100	1542.925	1535.210	1527.204	1519.049	1510.946	1503.178	1496.125	1490.267

注：引自德国 Zuckerindustrie 123(1998) Nr 5，341－348。

表 13－8　转化糖水溶液的质量浓度（p）与密度换算表　　单位：$kg \cdot m^{-3}$

p/%	10℃	20℃	30℃	40℃	50℃	60℃	70℃	80℃
0	999.699	998.207	995.645	992.212	988.03	983.191	977.759	971.785
5	1019.689	1017.825	1014.978	1011.317	1006.953	1001.964	996.405	990.314
10	1040.337	1038.104	1034.965	1031.071	1026.520	1021.376	1015.682	1009.469
15	1061.669	1059.065	1055.631	1051.501	1046.759	1041.453	1035.618	1029.277

表 13－8（续）

p/%	10℃	20℃	30℃	40℃	50℃	60℃	70℃	80℃
20	1083.709	1080.734	1077.003	1072.634	1067.695	1062.223	1056.242	1049.766
25	1106.479	1103.135	1099.107	1094.497	1089.358	1083.715	1077.582	1070.966
30	1130.002	1126.292	1121.968	1117.116	1111.774	1105.956	1099.666	1092.905
35	1154.297	1150.227	1145.610	1140.516	1134.969	1128.973	1122.524	1115.614
40	1179.381	1174.960	1170.056	1164.722	1158.970	1152.794	1146.181	1139.121
45	1205.268	1200.507	1195.322	1189.753	1183.798	1177.442	1170.665	1163.452
50	1231.964	1226.878	1221.424	1215.626	1209.472	1202.937	1195.996	1188.632
55	1259.470	1254.078	1248.369	1242.351	1236.004	1229.294	1222.193	1214.681
60	1287.775	1282.102	1276.155	1269.931	1263.400	1256.522	1249.266	1241.612
65	1316.856	1310.931	1304.769	1298.357	1291.655	1284.620	1277.218	1269.432
70	1346.674	1340.534	1334.185	1327.606	1320.751	1313.573	1306.038	1298.135
75	1377.170	1370.857	1364.356	1357.638	1350.652	1343.350	1335.702	1327.700
80	1408.259	1401.824	1395.213	1388.390	1381.301	1373.901	1366.162	1358.087
85	1439.827	1433.330	1426.658	1419.771	1412.615	1405.148	1397.350	1389.234
90	1471.727	1465.237	1458.562	1451.660	1444.479	1436.984	1429.166	1421.049
95	1503.770	1497.367	1490.756	1483.897	1476.743	1469.267	1461.473	1453.406
100	1535.729	1529.502	1523.031	1516.281	1509.213	1501.813	1494.101	1486.141

注：引自德国 Zuckerindustrie 123（1998）Nr 5，341－348。

糖溶液是手性物质，因此也常用旋光法测量糖溶液浓度。色谱法测量各种糖类浓度方便快捷，准确度高，但成本要比旋光法高，旋光法和色谱法见第十九章。

第十四章　石油产品的密度测量

石油是由多种烃类组成的混合物，其密度通常比水小，从油田开采出来的未经加工的石油称为原油。石油产品（包括液体和固体产品）一般是指石油经炼油厂加工所获得的各种产品。密度计量在石油工业中占有十分重要的地位。

石油密度计量的重要性体现在以下几个方面：①我国规定油品商业贸易计量除少数汽柴油加油站为体积计量外其余都是质量计量（$m = V\rho$），质量计量必须测定油品密度，因此密度测定准确度直接影响到质量计量准确度。②在我国石油贸易中，依据密度的大小分为轻质油、中质油和重质油。轻质油的价格偏高，而重质油的价格偏低。因此，密度的高低是原油分类的决定性参数之一（还有硫含量）。所以密度测定直接关系的油品购销双方的经济利益。③密度测量还在石油炼制加工生产中起到指导作用。如加氢生成油的密度大小可反映加氢反应的深度。④密度值的大小还说明石油产品的纯度，如铂重整装置的产品苯、甲苯通过测定密度而得知纯度。⑤密度是石油产品的重要品质质量的技术指标，如喷气燃料，对于密度指标规定的非常严格，对 1 号、2 号产品其密度值为 775kg/m^3，而 3 号产品密度值为 830kg/m^3，4 号产品的密度值为 750kg/m^3。通过密度值可判断石油产品的组成，如环烷烃的密度比烷烃大，而芳香烃密度又比环烷烃密度大，故在一定程度上根据密度大小可判断石油产品的成分和原油的种类。⑥原油中含硫、氮、氧等有机化合物越多，所含胶状物质越多，其密度就越大。有助于发现贮运使用过程中油品质量变化的问题。通过密度的监测，可及时发现石油产品在储运以及使用过程中油品质量的变化，如汽油密度增大意味着轻馏分蒸发严重。

石油计量分为静态计量和动态计量。其密度的测定，主要采用玻璃浮计法、密度瓶法、液体相对密度天平法、振动管密度计法、压力密度计法以及压力密度瓶法等。其特点如表 14－1 所示。

表 14－1　常用油品密度测量仪器特点

项目	玻璃浮计法	密度瓶法	液体相对密度天平	振动管密度计	压力密度计	压力密度瓶
精度	较高	高	较高	一般（在范围内较高）	较高	较高
适用介质	一切液体油品	一切液体油品	低黏度油品	不适合含蜡油品	液化石油气和轻质烃	液化石油气和轻质烃
工作状态	常温常压	常温常压	常温常压	压力状态下；介质温度下	压力状态下	压力状态下

表 14－1（续）

项目	玻璃浮计法	密度瓶法	液体相对密度天平	振动管密度计	压力密度计	压力密度瓶
应用场合	油品商业计量；油品品质分析	科研；油品品质分析	油品品质分析	油品商业计量或生产过程监测	油品商业计量或生产过程监测	油品商业计量或生产过程监测
工作性质	间断测量	间断测量	间断测量	连续测量	间断测量	间断测量
优缺点	价格低廉，操作方便，测量迅速，易碎	价格低廉，操作复杂	价格低廉，操作简单，适用于轻质油品	价格较高，自动测量，经久耐用	价格较高，操作复杂	价格低廉，操作简单

由于玻璃浮计法、密度瓶法、液体相对密度天平法和振动管密度计法在前面已经分别做了介绍，本章不再赘述。本章重点介绍一下压力密度计及压力密度瓶的使用及校准方法。

1. 压力密度计

压力密度计也叫液化石油气密度计或 LPG，是一种专门用来测量液化石油气和轻质烃的密度或相对密度的专用密度计，其执行石油化工行业标准 SH/T 0221—1992（2003）《液化石油气密度或相对密度测定法（压力密度计法）》。

本标准测定蒸气压不大于 1.4MPa（绝对压力为 1.5MPa）的液化石油气和轻质烃的密度和相对密度。测量仪器如图 14－1 所示，测量仪器主要由压力密度计（LPG）、压力容器及恒温水槽组成，压力密度计的规格尺寸见表 14－2。

表 14－2　压力密度计的测量范围和尺寸

测　量　范　围	$500kg/m^3$ ~ $580kg/m^3$ $570kg/m^3$ ~ $650kg/m^3$	0.500 ~ 0.580 0.570 ~ 0.650
分度值	$1kg/m^3$	0.001
数字间隔	$5kg/m^3$ 或 $10kg/m^3$	0.005 或 0.010
全长	最大 330mm	
躯体直径	18mm ~ 20mm	
躯体壁厚	0.4mm ~ 0.6mm	
干管直径	8mm ~ 9mm	
干管壁厚	0.3mm ~ 0.35mm	
刻度长度	110mm ~ 130mm	

压力密度计的标准温度为 20℃或 15℃；相对密度计的标准温度为 15.6/15.6℃。密度计圆筒由玻璃或透明塑料（有机玻璃或相当的材料）制成，两端用金属端板和氯丁橡胶垫圈密封。内筒的操作压力不应大于 1.4MPa（表压），内挂温度计为全浸式温度计，测量范围为 －15℃ ~45℃，最小分度值 0.2℃。压力密度计按弯月面下缘读数。

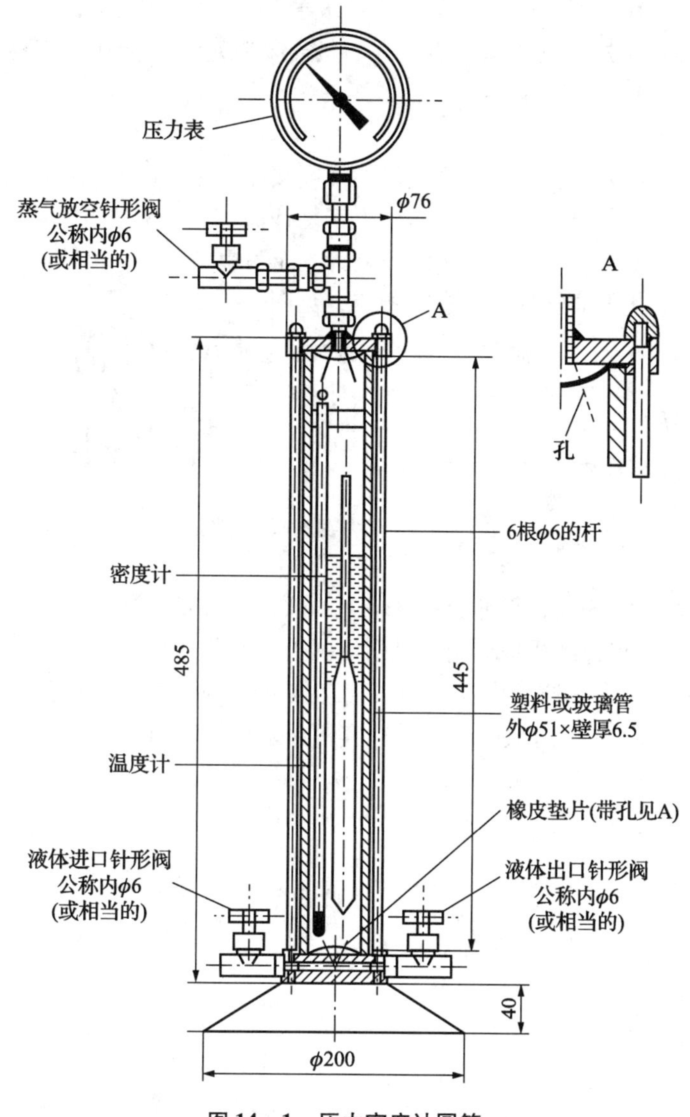

图 14－1　压力密度计圆筒

标准中规定压力密度计的校准使用已知密度的纯丙烷和纯丁烷参考液体进行校准，见表14－3。校准时如果两次平行试验结果小于压力密度计的0.5个分度值，取它们的算术平均值，然后由参考液的标准密度值或相对密度值减去平均值即得到压力密度计的校准值即修正值。

表 14－3　校准压力密度计用参考液

参考液	20℃密度值/(kg·m^{-3})	15℃密度值/(kg·m^{-3})	15.6/15.6℃相对密度值
纯丙烷	500.0	507.6	0.5073
纯丁烷	578.8	584.5	0.5844

压力密度计由于其密度值较小，不能使用玻璃浮计法进行检定，但可以参照 JJG 42—2011 的液体静力称量法进行校准，需要注意的是需要测定检定液在相应检定点的液体表面张力，测量方法参照第二章第四节。

2. 压力密度瓶

压力密度瓶是测量液化石油气和轻质烃的密度或相对密度的专用密度计，其测量准确度与精密度与压力密度计相当。但其相对于压力密度计而言具有测量设备体积小、重量轻、造价低、易于采样、恒温时间短、测量手续简便、安全可靠等优点，非常适合于炼油厂，液化石油气加油站等对液化石油气的密度进行测定，见图 14－2。

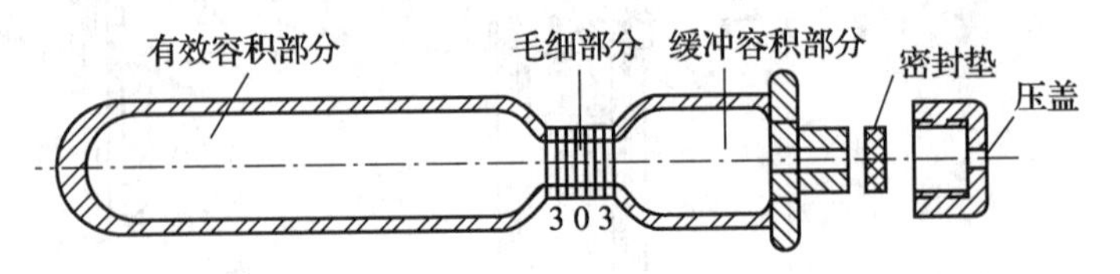

图 14－2　压力密度瓶示意图

密度瓶的有效容积 15mL，缓冲容积 3mL～4mL，毛细部分精确分为 6 等分，最小刻度间容积为 0.01mL。用特种硬质玻璃制造，耐压强度不小于 4MPa。

压力密度瓶一定要在清洁干燥后使用，当蒸馏水注满压力密度瓶至环形刻线处（恒温至 20℃）时，压力密度瓶的有效容积和缓冲容积分别用如下的公式计算。

$$V_{有效}=\frac{m_2-m_0}{998.207} \tag{14-1}$$

$$V_{缓}=\frac{m_1-m_2}{998.207} \tag{14-2}$$

式中：m_0——压力密度瓶的空瓶质量，mg；

m_1——注水至满瓶时总质量，mg；

m_2——注水至环形刻度线处的总质量，mg；

998.207——纯水在 20℃时的密度，kg/m^3。

为了使被测样品准确注至刻线“○”处，通常采用通针，对于微小体积的调节使用 1μL 定容长针头调节。液化石油气的初密度计算公式为：

$$\rho_{初}=\frac{m_{总}}{V_{校正}}=\frac{m_{总}}{V_{有效}+V_{偏}} \tag{14-3}$$

式中：$m_{总}$——液化石油气的总质量，mg；

$V_{校正}$——密度瓶内液化石油气的体积，cm^3；

$V_{有效}$——压力密度瓶的有效容积，cm^3；

$V_{偏}$——偏离环形刻线的容积，cm^3。

根据 $\rho_{初}$，查表 14－4 得到与之相对应的 $\rho_{气}$。

液化石油气的密度按式（14－4）计算：

$$\rho=\frac{m_{总}-\rho_{气}V_{气}}{V_{校正}}=\frac{m_{总}-\rho_{气}V_{气}}{V_{有效}+V_{校正}} \tag{14-4}$$

表 14－4　初密度$\rho_{初}$与气相密度$\rho_{气}$换算表　　单位：kg·m^{-3}

序号	$\rho_{初}$	$\rho_{气}$	序号	$\rho_{初}$	$\rho_{气}$	序号	$\rho_{初}$	$\rho_{气}$
1	578.02	5.612	26	558.44	7.853	51	538.87	10.095
2	577.23	5.701	27	557.66	7.943	52	538.08	10.184
3	576.45	5.791	28	556.88	8.033	53	537.30	10.274
4	575.67	5.881	29	556.09	8.122	54	536.52	10.364
5	574.88	5.970	30	555.31	8.212	55	535.74	10.453
6	574.10	6.060	31	554.53	8.302	56	534.17	10.633
7	573.32	6.150	32	553.74	8.391	57	533.39	10.722
8	572.54	6.239	33	552.96	8.481	58	532.60	10.812
9	571.75	6.329	34	552.18	8.571	59	531.82	10.902
10	570.97	6.419	35	551.10	8.660	60	531.10	10.991
11	570.19	6.508	36	550.06	8.750	61	530.25	11.081
12	569.40	6.598	37	549.83	8.839	62	525.56	11.619
13	568.62	6.688	38	549.05	8.929	63	524.77	11.709
14	567.84	6.777	39	548.26	9.019	64	523.99	11.798
15	567.06	6.867	40	547.48	9.108	65	523.21	11.888
16	566.27	6.957	41	546.70	9.198	66	522.42	11.978
17	565.49	7.046	42	545.91	9.288	67	521.64	12.067
18	564.71	7.136	43	545.13	9.377	68	520.86	12.157
19	563.92	7.226	44	544.35	9.467	69	520.08	12.247
20	563.14	7.315	45	543.56	9.557	70	519.31	12.336
21	562.36	7.405	46	542.78	9.646	71	518.53	12.426
22	561.57	7.495	47	542.00	9.736	72	517.74	12.516
23	560.79	7.584	48	541.22	9.826	73	516.96	12.605
24	560.01	7.674	49	540.43	9.915	74	516.18	12.695
25	559.23	7.764	50	539.65	10.050	75	514.61	12.874

表 14 - 4（续）

序号	$\rho_{初}$	$\rho_{气}$	序号	$\rho_{初}$	$\rho_{气}$	序号	$\rho_{初}$	$\rho_{气}$
76	513.82	12.964	81	505.99	13.860	86	502.07	14.309
77	513.04	13.053	82	505.20	13.950	87	501.28	14.398
78	512.26	13.143	83	504.42	14.040	88	500.50	14.488
79	511.47	13.233	84	503.64	14.129			
80	510.69	13.322	85	502.85	12.219			

使用操作压力密度计及压力密度瓶的注意事项：

（1）由于压力密度计在受压情况下使用，操作时一定特别小心，严禁擦伤、挤压、强震等，以防破损。

（2）测定时，必须在通风良好的通风橱内进行，工作场所一定要杜绝火源，地面及操作台面应铺设胶皮板，以防止摩擦引爆。

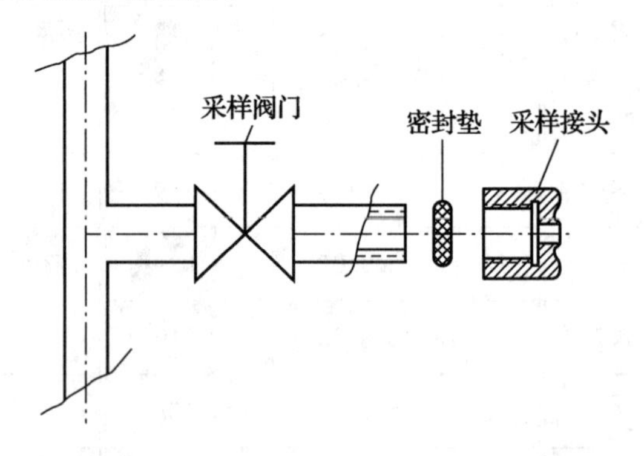

图 14 - 3　压力密度瓶采样接头示意图

（3）压力容器切不能与采样源直接连接取样，以防超压力负荷，造成事故。压力密度瓶的校准参照密度瓶的校准方法。

第十五章　天然气密度测量

天然气是埋藏于地下，通过气井开采出来的烃类和少量非烃类混合气体的总称。天然气是优质的燃料和化工原料。作为燃料，它燃烧完全，单位发热量大，燃烧后产物对环境影响小；作为化工原料，它洁净，质优，成本低，可用它生产多种精细化工产品和高附加值产品。

天然气作为一种商品在气田的外输首站到各个用户都需要进行计量，其计量数据是财务结算的凭证，它应具有科学性、准确性和公正性。目前，天然气计量有两种：质量计量和能量计量。在工业发达国家两种计量方法都在使用，一般是供需双方以合同方式约定质量指标，或按法定要求的质量指标以体积或能量的方法进行交接计量。我国天然气贸易计量方法是在法定要求的质量指标以体积或能量的方法进行交接计量。

天然气密度是指在相同的规定压力和温度条件下，气体的密度除以具有标准组成的干空气的密度。因为天然气的密度很小，因此用密度瓶法称量计算天然气密度的方法很难达到高的准确度。目前我国测量天然气主要有气态方程计算法和流出法。

第一节　气态方程法

气态方程计算法的测量方法见 GB/T 21068—2007《液化天然气密度计算模型规范》，该标准给出了四个模型，包括扩展对比态模型、蜂房（cell）模型、硬球（Hard sphere）模型和修正的克劳斯克 - 麦金利（Klosek - Mckinley）模型。每个模型都采用相同的实验数据，数据中包括氮气、甲烷、乙烷、丙烷和正丁烷、异戊烷以及混合物。所有模型预测密度与真值相差在 0.1% 以内。这些模型由美国标准和技术研究所（原美国标准局）开发，经过了长达七年的努力，使用专用设备进行了大量试验测量获得物性数据，并使用这些数据开发预测模型用于密度计算。

第二节　流　出　法

流出法是广泛用于测定各种气体燃料密度和相对密度的一种方法，亦称扩散法。测定燃气密度为各种燃气输配体系，研制新的燃气设备和各种气体燃烧用具以及确定燃气的热值提供数据。GB/T 12206—2006《城镇燃气热值和相对密度测定方法》规定了使用流出法测量燃气密度的方法。

根据流体动力学的格罕姆（Grapham）扩散定律，在气体压力不很大而且流动稳定的状况下，利用薄壁锐（小孔）测定气体流出小孔的时间来决定密度，方法特点是简便迅速。测量准确度通常可以达到 1% ~2%。常见仪器为气体相对密度测量仪，也叫本生 - 西林（Bunsen - Schilling）流出计，结构见图 15 - 1。小孔通常是铂材料的，孔径为 0.5mm，厚为

0.1mm。内外筒是用玻璃制的，它是测定气体后内筒液面从下标线上升至上标线所经过的时间，这时气体是变压力流出的。

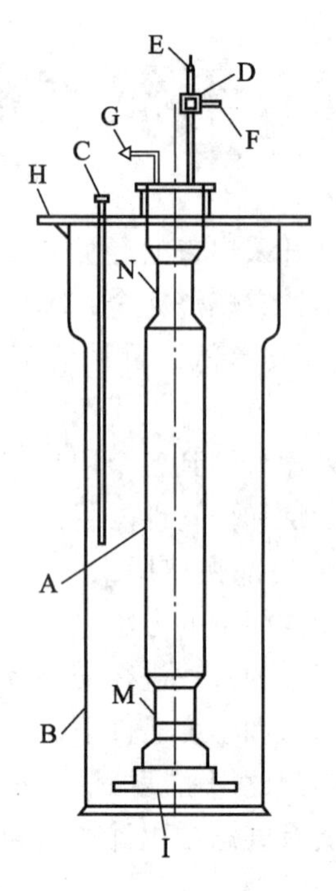

图 15－1　本生－西林流出计结构图

A—玻璃内筒；B—玻璃外筒；C—温度计；D—三向阀（空气及燃气出口）；E—测试孔；F—放气孔；G—气体入口；H—上部支架；I—下部支架；M、N—标线

计算气体相对密度用下式：

$$d = \frac{\tau_1^2}{\tau_2^2} \tag{15-1}$$

式中：d——在温度 t 和压力 p 时气体相对于空气的相对密度；

τ_1、τ_2——在温度 t 和压力 p 时气体和空气在相同条件下流过小孔所需的平均时间。

若气体和空气被水蒸气饱和，则气体相对密度按下式计算：

$$d = \frac{\tau_1^2}{\tau_2^2} + \left\{ \frac{0.622 p_{SV}}{p + p_a - p_{SV}} \left[\left(\frac{\tau_1}{\tau_2} \right)^2 - 1 \right] \right\} \tag{15-2}$$

式中：p_{SV}——在测定温度下的饱和水蒸气压；

p——测定时的外部大气压；

p_a——仪器内的平均压力，可取水面在上标线及下标线时内外筒水面高度之差的平均值。

计算气体密度用下式：

$$\rho = d \times 1.2930 \tag{15-3}$$

式中：1.2930——干空气在标准状况（273.15K 和 101325Pa）时的密度，kg/m^3。

第十六章　水蒸气密度测量

水蒸气作为一种常规工质，在热能、化工、冶金、建材等工业领域得到了广泛的应用。工程上应用的水蒸气大多处于刚刚脱离液态或离液态较近；水蒸气在应用过程中由于参数的变化，会引起物态的变化，如过热蒸气度为饱和蒸气，饱和蒸气度为过热蒸气；过热蒸气在经过长距离的输送后往往会成为湿蒸气，湿蒸气是一种饱和蒸气和水的两相流。

水蒸气的物理性质较理想气体要复杂得多，只有在特定条件下，如在压力很低、密度很小并远离饱和线的过热状态下，才接近于理想气体；而在其他大部分过热状态或饱和状态下，都不能应用理想气体的状态方程式。由于水蒸气热力性质的复杂性，很难以单纯理论的方法确定其状态方程式，国际上著名的水蒸气特性关系式，都是建立在试验的基础上，或是直接根据试验数据或是根据国际水蒸气会议推荐的骨架表编制出来的，并以热力学的理论及热力学微分方程式作为指导，算出水蒸气的密度（比容的倒数）、比焓、比熵等状态参数，制成水蒸气表，以供查用。

1963 年在纽约召开的第六届国际水蒸气性质会议上，成立了国际公式化委员会（IFC），通过了三个带有允许误差并采用国际单位制的 1963 年骨架表，即：①饱和状态骨架表；②比体积（密度的倒数）骨架表；③比焓骨架表。该骨架表是根据当时对这些特性全部并被认为是可靠的测量结果编制而成的。IFC 制定了国际公认的《工业用 1967 年 IFC 公式（IFC－67）》。IFC 公式包括了骨架表的全部范围，根据公式计算出的数值，都在骨架表规定的允许范围内。1984 年在莫斯科召开的第十届 IAPS 会议，重新确认该公式可以继续使用。

1985 年国际水蒸气性质协会（IAPS）重新审订和颁布了三个新的骨架表，即 1985 年 IAPS 国际骨架表，以其取代 1963 年的国际骨架表。

1996 年国际水和水蒸气性质协会（IAPWS）在丹麦 Fredericia 开会，发布了《通用和科学用普通水热力学特性 1995 年 IAPWS 公式》，也称为 IAPWS－95，以其取代 1984 年的版本。IAPWS－95 公式是一个完整的水物质状态方程，覆盖了宽范围的温度和压力范围内水和蒸气属性，以描述密度、压缩性、黏度、声速以及其他热动态属性。

1997 年国际水和水蒸气性质协会（IAPWS）在德国 Erlangen 开会，发布了《工业用水和水蒸气热力学特性 1997 年 IAPWS 公式》，简称《工业用 1997 年 IAPWS 公式（IAPWS－IF97）》，以其取代《工业用 1967 年 IFC 公式（IFC－67）》。

以此 IAPWS－95 和 IAPWS－97 公式被整合进入一系列可获得的液体属性数据库、计算程序以及网络“在线”计算。

依据 IAPWS－IF97 可以得到饱和水蒸气（0～374.15℃）密度表如表 16－1。

表 16 – 1　饱和蒸气密度表

温度/℃	压力/(×10^{-5}Pa)	比容/(m^{-3}·kg)	密度/(kg·m^{-3})	温度/℃	压力/(×10^{-5}Pa)	比容/(m^{-3}·kg)	密度/(kg·m^{-3})
0. 01	0. 006112	206. 3	0. 004847	30	0. 04241	32. 93	0. 03037
1	0. 006566	192. 6	0. 005192	35	0. 05622	25. 24	0. 03962
2	0. 007054	179. 9	0. 005559	40	0. 07375	19. 55	0. 05115
3	0. 007575	168. 2	0. 005945	45	0. 09584	15. 28	0. 06544
4	0. 008129	157. 3	0. 006357	50	0. 12335	12. 04	0. 08306
5	0. 008719	147. 2	0. 006793	55	0. 15740	9. 578	0. 1044
6	0. 009347	137. 8	0. 007257	60	0. 19917	7. 678	0. 1302
7	0. 010013	129. 1	0. 007746	65	0. 2501	6. 201	0. 1613
8	0. 010721	121. 0	0. 008264	70	0. 3117	5. 045	0. 1982
9	0. 011473	113. 4	0. 008818	75	0. 3855	4. 133	0. 2420
10	0. 012277	106. 4	0. 009398	80	0. 4736	3. 408	0. 2943
11	0. 013118	99. 91	0. 01001	85	0. 5781	2. 828	0. 3536
12	0. 014016	93. 84	0. 01066	90	0. 7011	2. 361	0. 4235
13	0. 014967	88. 18	0. 01134	100	1. 01325	1. 673	0. 5977
14	0. 015974	82. 90	0. 01206	110	1. 4326	1. 210	0. 8264
15	0. 017041	77. 97	0. 01282	120	1. 9854	0. 8917	1. 121
16	0. 018170	73. 39	0. 01363	130	2. 7011	0. 6683	1. 496
17	0. 019364	69. 10	0. 01447	140	3. 614	0. 5087	1. 966
18	0. 02062	65. 09	0. 01536	150	4. 760	0. 3926	2. 547
19	0. 02196	61. 34	0. 01630	160	6. 180	0. 3068	3. 258
20	0. 02337	57. 84	0. 01729	170	7. 920	0. 2426	4. 122
22	0. 02643	51. 50	0. 01942	180	10. 027	0. 1936	5. 157
24	0. 02982	45. 93	0. 02177	190	12. 553	0. 1564	6. 394
26	0. 03360	41. 04	0. 02437	200	15. 551	0. 1272	7. 862
28	0. 03779	36. 73	0. 02723	210	19. 080	0. 1043	9. 588

表 16－1（续）

温度/℃	压力/(×10^{-5}Pa)	比容/(m^{-3}·kg)	密度/(kg·m^{-3})	温度/℃	压力/(×10^{-5}Pa)	比容/(m^{-3}·kg)	密度/(kg·m^{-3})
220	23. 201	0. 08606	11. 62	310	98. 70	0. 01832	54. 58
230	27. 979	0. 07147	13. 99	320	112. 90	0. 01545	64. 72
240	33. 480	0. 05967	16. 76	330	128. 65	0. 01297	77. 10
250	39. 776	0. 05006	19. 28	340	146. 08	0. 01078	92. 76
260	46. 94	0. 04215	23. 72	350	165. 37	0. 008803	113. 6
270	55. 05	0. 03560	28. 09	360	186. 74	0. 006943	144. 0
280	64. 19	0. 03013	33. 19	370	210. 53	0. 00498	203
290	74. 45	0. 02554	39. 15	374	220. 87	0. 00347	288
300	85. 92	0. 02164	46. 21	374. 15	221. 297	0. 00326	306. 75

第十七章　高温熔融体密度测量

高温熔体一般是指处于熔融状态的、温度高于800K的物质。高温熔体的密度具有更为丰富的物理内涵和重要的应用背景，如判断材料的种类和纯度、研究材料的黏性和扩散问题、掌握金属热加工工艺控制及金属熔体结构因子的计算等。对熔盐体系而言，准确的密度值可以导出分子结构等性质，也在一定程度上决定了电解质的组成。对高温熔体物理性质的精确测量可以反映其微观结构和动力学性质，在物理学、冶金学和材料学等学科对物质性质的研究中具有重要意义。测定高温熔体密度的方法很多，归纳起来共有两种方式：一种是设法测出熔体的质量和体积，利用密度公式直接计算熔体密度，称为直接式，如比重瓶法、静力称量法、膨胀计法等；另一种是通过研究系统的受力、压强或者熔体对射线的吸收情况，导出密度与其他物理量之间的关系，从而获得熔体密度，称为间接式，如静滴法、气泡最大压力法、γ射线吸收法等。

高温熔体密度测量方法的选择也依具体情况而不同，一方面，从实验条件和要求出发，对于成本较高的熔体样品，应选所需样品量少的测量方法；若要测定熔体的密度—温度曲线，应选用可以连续测量的方法；对于高温下易氧化、反应和挥发的熔体应在惰性气体环境中测量，可以采用密封的坩埚测量；对于具有毒性或腐蚀性的高温熔体应采用非接触的测量方法。另一方面，从各种方法的用途出发，阿基米德法、静滴法和气泡最大压力法可实现密度和表面张力的同步测量；膨胀计法和比重瓶法容器相对密闭，可测量易反应和挥发的高温熔体；比重瓶法和γ射线吸收法测量过程中熔体静止，所以适用于黏度大的高温熔体。

第一节　静　滴　法

静滴法是将熔体在水平垫上自然形成的轮廓（如图17－1）通过光源投影到成像系统，拍摄下熔滴的截面照片，分析照片的几何形状，计算熔滴的体积，再通过测量该熔滴凝固时的质量，最后计算出熔体密度。静滴法的精度主要依赖于熔滴体积的计算，目前普遍引入数字化图像处理技术来完成。另外，垫片的材质和水平位置的控制对实验精度的影响也极其重要，一般采用Si_3N_4、Al_2O_3和石墨材质的垫片或坩埚。静滴法可实现密度和表面张力的同步测量。

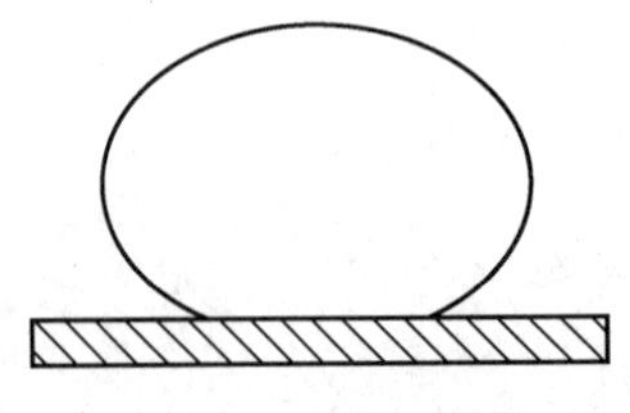

图17－1　液滴轮廓

采用修正的静滴法精确测量熔融态 Si 的密度值，其误差为 ±1% 。

第二节 气泡最大压力法

气泡最大压力法是将内径为 $2r$ 的毛细管垂直插入待测液体中某一深度 h 处，再从毛细管上端缓慢通入惰性气体，在毛细管下端口将逐渐形成一气泡，当气泡半径刚超过毛细管内半径的瞬间，气泡将会快速脱离管口而上浮，由此现象判断气泡内达到最大压力值（如图 17 -2）。

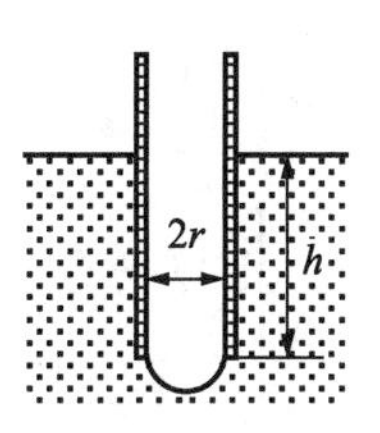

图 17 -2 气泡最大压力法原理示意图

将毛细管插入熔体中两个不同深度 h_1 和 h_2，分别测出两次实验对应的最大压力值 p_{m1} 和 p_{m2}，则可得熔体密度：

$$\rho = \frac{p_{m1} - p_{m2}}{g(r_1 - r_2)} \qquad (17-1)$$

气泡最大压力法的优点是装置简单，测量速度快，可实现密度和表面张力的同步测量。缺点是对实验设备的依赖性强，要求所选管径极小（$r/a < 0.05$，a 是毛细常数），否则气泡不能近似为球形；另外，由于毛细管的插入和膨胀，对液面高度也会产生影响。这些问题在实验过程中难以解决，导致该方法的精确度较低。目前该方法主要在炉渣熔体的密度测量中应用较为成功。

第三节 γ 射线吸收法

强度为 I_0 的 γ 射线与物质相遇时，其强度因被物质吸收而减弱。考虑到实验过程中坩埚材料的尺寸随温度会有所变化，吸收体的密度经修正后表示为：

$$\rho(t) = -\frac{1}{\mu l_0[1 + \alpha_V(t - t_0)]}\ln\frac{l(t)}{l_0} \qquad (17-2)$$

式中：$\rho(t)$——经过温度修正后的物质（吸收体）的密度；

μ——吸收体的质量吸收系数；

l_0——温度为 t_0 时吸收体的厚度；

α_V——坩埚材料的平均线胀系数；

$l(t)$——熔体温度为 t 探测到的射线强度。

该方法实验所得数据比较稳定，加热和冷却过程数据重复性好，属于非接触式测量。但高温下坩埚尺寸变化会给实验结果带来影响。

第四节　静力称量法

静力称量法是将重锤用悬丝挂起（悬丝和重锤均用钼材质），使其浸入熔体，在两个不同深度处进行称重。

图 17－3 是改进的阿基米德法所用的沉锤系统，设两次称重的位置 1 和位置 2 以下部分的体积分别为两次称重时天平称得沉锤的质量分别是 m_1 和 m_2，Φ 是细杆直径，则待测熔体的密度：

$$\rho = \frac{m_1 - m_2}{V_2 - V_1} \tag{17-3}$$

图 17－3　双锤法探头

阿基米德法原理方法简单，测试温度范围宽，可实现密度和表面张力的同步测量，产生实验误差的主要因素是表面张力和沉锤系统的加工精度的影响。

第五节　比 重 瓶 法

比重瓶法是将待测熔体注满体积已知的容器，通过测量容器中冷却后熔体样品的质量，即可求出熔体密度。为了保证比重瓶体积的准确性，所用材质应具有良好的加工性、热稳定性、化学稳定性及高熔点，一般采用石英玻璃、铝或石墨。该方法测量精度高，系统误差的唯一来源是比重瓶容积的计算，随机误差的唯一来源是温度的测量，而且比重瓶中的熔体除了具有非常小的自由表面外，绝大部分都与空气隔绝，因此尤其适合测量易挥发和黏度大的熔体，缺点是不能进行连续测量，效率低。

第六节　膨 胀 计 法

膨胀计法是将质量已知的熔体样品放入细长的膨胀计中（如 Al_2O_3），熔体体积随温度的变化可以从膨胀计内的熔体液面高度来反映。膨胀计的高度刻线已用标尺标定。其优点是操作简单，可以连续测量，且可测有毒、易反应和挥发的熔体密度，缺点是液面的弯曲形状给测量带来较大误差。

关于膨胀计的材质与密度瓶要求相同，用测高仪直接读取放在透明石英玻璃管内标尺，或用电探针间接测量液体液面高度的方法。但是要想得到精确地测量结果，需要对弯月面高度进行修正。

第十八章　我国的密度量值传递系统

第一节　我国密度计量的发展历史

在密度测量领域中，密度量传系统的研究与建立十分重要。为了保证密度量值的准确一致，我国在1965年建立起以液体静力称量法作为复制与保存液体密度单位的基准方法的量传体系。见图18－1。该体系的密度量值最终溯源于纯水，相应的基准装置主要由静力天平、恒温槽、一组计量参数不同的玻璃浮子和空气密度测量装置等组成。该体系几十年来为我国的液体密度量值准确、统一起到了十分重要的作用。但是由于纯水的密度受多种因素的影响，其扩展不确定度只能达到$5\times10^{-3}kg/m^3$（$k=2$）内，所以以水密度为基础建立起来的“基准密度计组”的扩展不确定度在$2\times10^{-2}kg/m^3$（$k=2$）之内，难以进一步提高。为了提高密度基准的准确度，我国在2001年开始了固体密度基准的研制工作，固体密度基准是将密度量值直接溯源到长度和质量基准。由于长度和质量的测量都可以达到极高的准确度，因此密度的测量也可以达到很高的准确度，见图18－2。固体密度基准的研制于2006年12月通过了国家的验收，其相对扩展不确定度达到了2.2×10^{-7}（$k=2$）。固体密度基准将使我国的密度基准的准确度提高一个数量级，并使我国液体密度测量范围由$650kg/m^3$～$2000kg/m^3$原理上扩展到任何液体密度的测量，该基准的实施将使我国的密度计量由单一的液体密度计量由于涵盖固体密度计量而范围更加广泛。总之固体密度基准的实施标志着我国的密度计量水平发生了质的飞跃。目前美国（NIST）、澳大利亚（CSIRO）、德国（PTB）、英国（NPL）、意大利（IMGC）、日本（NMIJ）等国家都已经建立起以固体密度为基准的量传系统，我国固体密度基准的建立，标志着我国的密度计量迈进了国际先进行列。

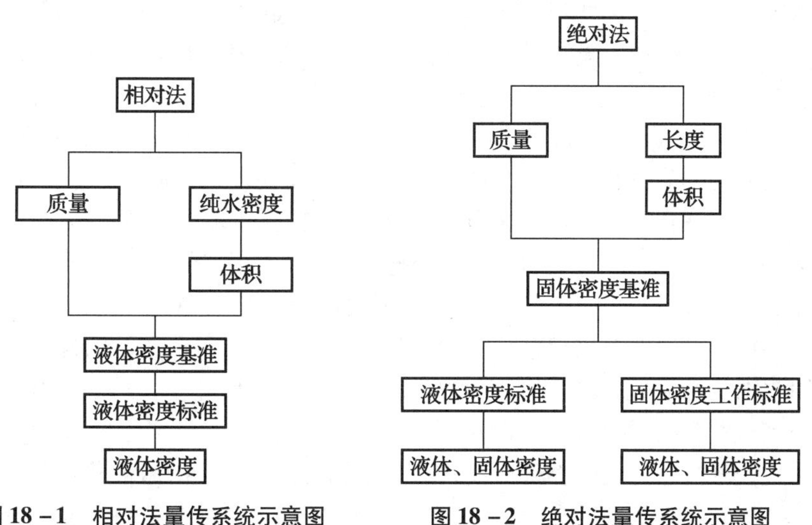

图18－1　相对法量传系统示意图　　图18－2　绝对法量传系统示意图

第二节　固体密度基准

图 18－3　单晶硅固体密度基准

我国固体密度基准的材料为单晶硅（标准温度为20℃）。单晶硅作为固体密度基准具备如下特性：①具有良好的机械强度，②具有的低膨胀系数，③稳定的物理化学性能。基于单晶硅的这些特质，使单晶硅成为固体密度基准的首选，其他可作为固体密度基准的物质还有微晶玻璃或融融石英等。

单晶硅可按照理想加工成任意形状，如球体、立方体、圆柱体等。虽然立方体、圆柱体的加工容易测量，但是极易破损，而球体结构则能很好地克服以上的不足，因此我国选用了球体作为固体密度基准。但是为了消除液体不均匀性的影响，硅柱或硅圈也在研究当中。

单晶硅球的质量是直接溯源到国家准确度最高的质量基准或副基准。测量的主要装置M－one1kg 真空质量比较器，该仪器是目前国际上技术指标最高的比较器，其分辨率达到了0.1μg，真空比较器的引入几乎消除了由于质量比较器所引入的误差；另一项重要设备——质量副基准，其标准不确定度优于20μg。最终单晶硅球的质量的合成标准不确定度为22μg。用于密度基准的硅球直径设计成93.6mm，目的是使硅球的质量等于1kg。

单晶硅球的直径是溯源到国家长度最高基准，在制造业非常发达的今天，已经可以制造出球面度非常好的单晶硅球。我国制造的单晶硅球的球面度优于100nm，通过多个直径的测量，获得硅球的平均直径。因此单晶硅球体积测量的关键和难点就是单晶硅直径的测量。我国自主研制的非接触式压力扫描相移法移动测量硅球直径突破目前常规的硅球直径测量方法的局限，利用改进的五幅算法求解相位，利用压力扫描原理设计腔长可变式法—珀（Fabry－Perot）标准具实现相移，单晶硅直径测量误差为3nm。

单晶硅球直径测量系统是以腔长可变式法—珀标准具为核心的微位移相移发生系统，和以改进型五幅算法为理论基础的数据处理系统组成。按照其干涉测量系统各部分实现的功能主要包含了以下部分：相移发生系统；硅球位置控制系统；真空绝热腔及温控装置；法—珀干涉仪光学系统、计算机控制及数据处理系统，其基本组成框图见图 18－4 所示。

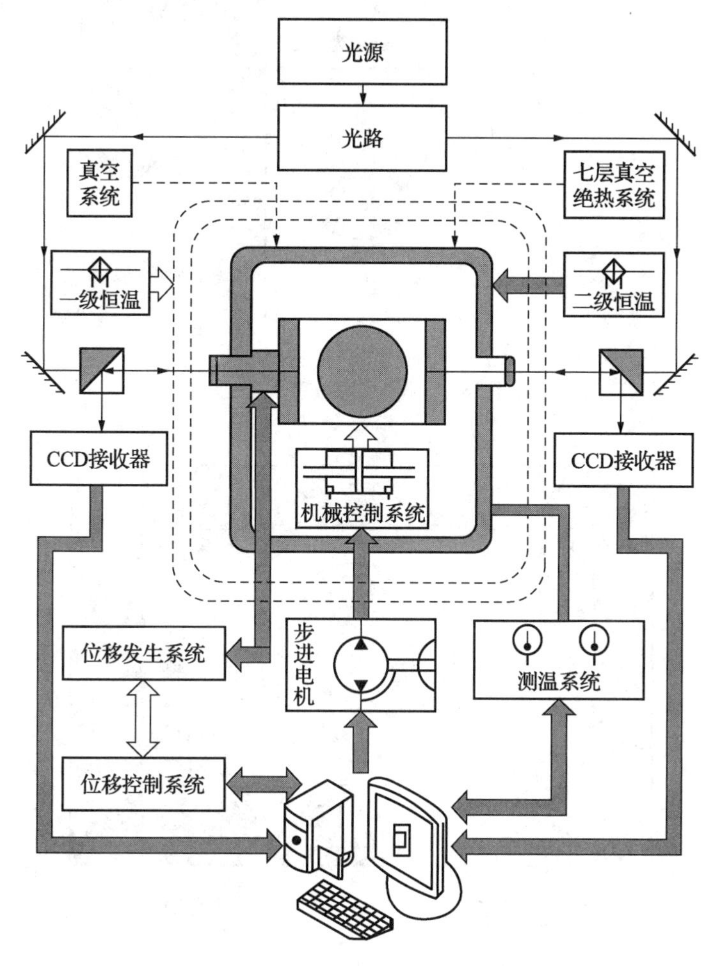

图 18－4　单晶硅直径测量系统框图

法—珀干涉仪光源为 Melles Griot05－STP－903633 高稳频氦氖激光器（频率稳定度 10^{-9}）及 594 稳频氦氖激光器，利用“小数重合”原理测量干涉条纹的干涉级次。两台 CCD 图像传感器灰度级次达到了 12 位，即干涉信号分辨能力达到了 1/4096，为实现干涉测量的高准确度提供了硬件上的保证。

硅球直径测量装置的基本原理如图 18－5 所示。

测量过程包括对图 18－5 中 L、L_1、L_2 的初测，计算总干涉级次 N；确定干涉级小数 ε；利用式（18－1）计算硅球直径：

$$D = L - L_1 - L_2 = (N + \varepsilon)\lambda/2 \qquad (18-1)$$

式中：λ——激光波长。

腔长可变式“法—珀”标准具是微位移信号发生系统，是实现“压力扫描”相移法的关键技术，其基本结构原理如图 18－6。

图 18－6 中 C 点为精密电容位移传感器，用于精密测量系统发生的位置移动。A 点为压

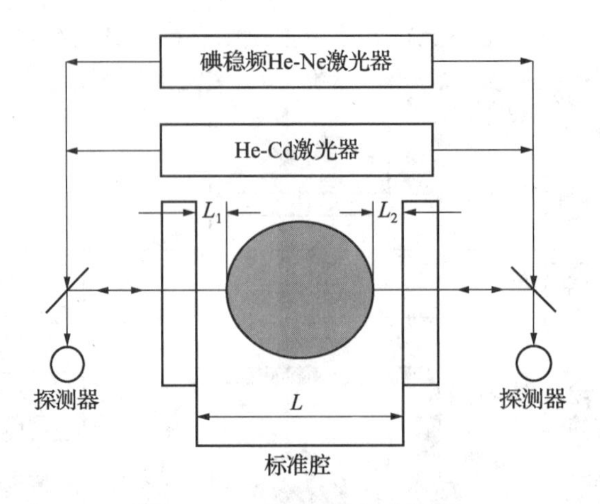

图 18－5 测长系统基本原理

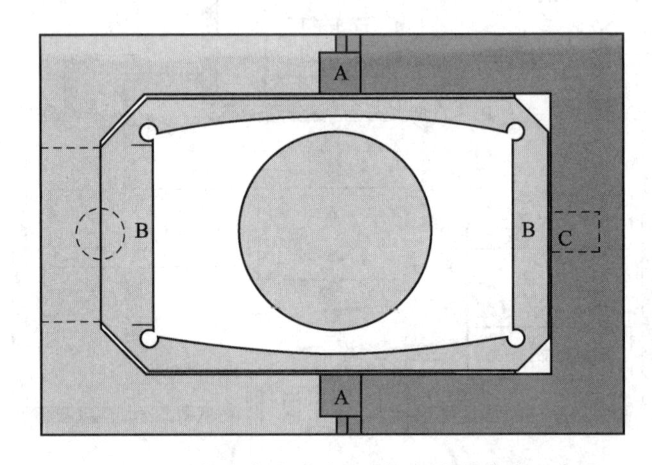

图 18－6 腔长可变式“法—珀”标准具结构示意图

力源—精密 PZT 压力发生器。当 PZT 向标准具加以均匀压力时，根据几何关系，标准具腔长将随着压力的增加而增加，如果最大增长达到 1μm 就实现了相移扫描。该项设计中的另一个关键点就是 BB 间距的恢复能力，必须要求 BB 间距恢复到对于精确测长可以忽略的程度。理论计算结果显示，石英由于滞后和蠕变而引起的腔长重复性的改变在 10^{-3} nm 数量级，完全可以满足本测量准确度的要求。

本系统采用真空绝热控温方式，包括二级真空泵、恒温系统、双层真空绝热腔和外层恒温罩 7 层不锈钢腔体结构。

图 18－7 为其组成截面图，两级真空泵将真空腔抽至 10^{-2} Pa 的真空度，两极恒温浴槽分别为高精密恒温槽 F32－HE 和 F34－HE，通过对缠绕在真空腔内层和外层密布的铜管通以恒定温度的液体（水）实现温度控制。温度测量系统通过高精密电阻比较仪 1590，多路转换开关 2590 和 8 只铂电阻标准温度计实现温场测量。

图 18－8 为真空腔内温度径向分布图，曲线的灰度代表了温度高低。可以看出，除了光路窗口附近稍微地波动外，温度等温线是相对圆心对称的，越接近于圆心的位置温度梯度越小，温度场在中心地区附近具有较好的均匀性，测量中硅球正处于这一片均匀区中。

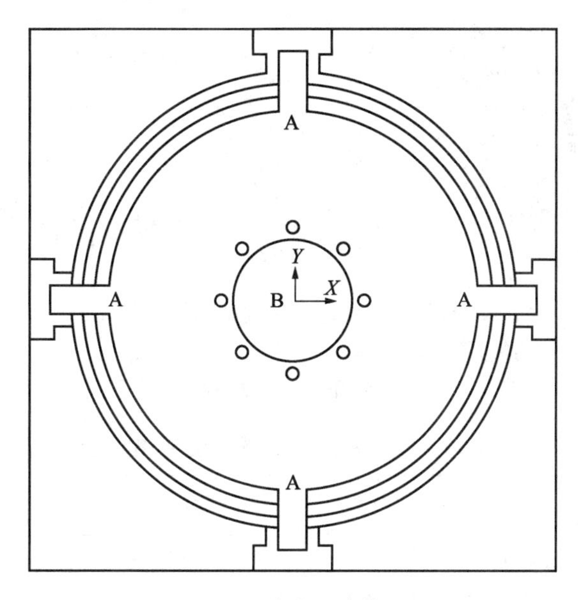

图 18－7　真空系统截面图

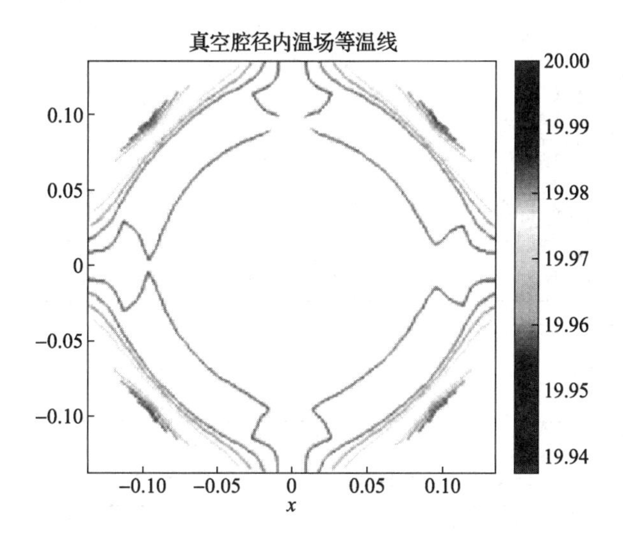

图 18－8　真空腔内径向温度分布示意图

只有当温度波动控制在 1mK/h，才能完全消除温度测量系统和测量对象不同步的温度变化误差。图 18－9 给出了在 2h 内真空腔内的恒温结果，其波动范围小于 0.5mK。

单晶硅球密度测量不确定度来源包括以下几个方面：硅球直径测量、硅球直径修正、硅球质量称量、由于偶然因素导致的直径测量分散性和由于球面度导致的体积计算误差等。其中高斯光束误差可以通过扩大光束直径消除；改进算法引入的误差和温度测量误差标准不确定度分别为 0.01% 和 5mK；压力修正所引入的误差取决于空气压力的测量误差，假设为 2kPa；激光波长所引入的测量误差来源于激光器的频率稳定性：标准不确定度为 7×10^{-9}（来源于测试证书）。该系统的主要误差源是系统的测量分散性标准不确定度，通过实验，结果为优于 0.8% 相位周期，是一个可以进一步控制的误差源。表 18－1 为单晶硅球体积

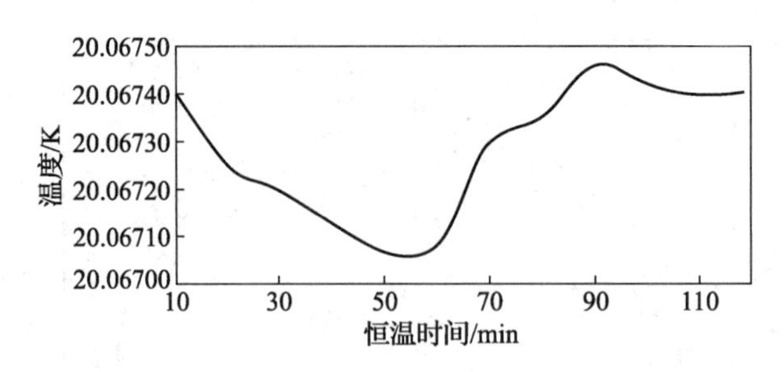

图 18－9　真空腔内 2h 恒温效果

（直径）测量不确定对汇总表），18－2 为单晶硅球密度测量不确定度汇总表。

表 18－1　单晶硅球体积（直径）测量不确定度汇总表

序号	分　　量	分量误差（标准不确定度）	对直径的贡献/nm
1	测量分散性	优于 0.8% 相位周期	2.8
2	信号随机误差	0.2%	0.633
3	光路对准误差	1×10^{-5}弧度	0.5
4	高斯光束	2.4×10^{-4}弧度	0
5	改进算法	0.01%	0
6	激光波长	7×10^{-9}	0
7	温度	5mK	0.8
8	压力修正	2kPa	0.6
合成标准不确定度		3nm	

表 18－2　单晶硅球密度不确定度分量列表

序号	分　　量	分量误差	对密度的贡献（相对）
1	体积计算	1×10^{-11}	0
2	体积（直径）	3nm	9×10^{-8}
3	硅球质量	22μg	2.2×10^{-8}
合成标准不确定度		1×10^{-7}	

表 18－2 列出了单晶硅球密度测量不确定度为 1×10^{-7}。不确定度分量中，测量分散性占了主要部分。该项误差可以通过对干涉光的粒子衍射、边沿衍射、高斯光束和光路系统优化等因素的研究来实现最大限度地降低。由于未开展硅球表面氧化层厚度的测量，因此表

18－1 和 18－2 中也未考虑该项因素引入的测量误差，实际上它并不影响本系统作为密度基准的性能。

第三节　固体密度基准传递装置

有了高精度的固体密度基准，但是要将固体密度基准的量值传递给下一级标准器，仍需要克服许多的困难。如固体密度基准在液体中的准确称量就需要克服以下问题：①固体密度基准的悬挂；②固体密度基准在液体中的移动等。中国计量科学研究院所独创的吊挂称量装置与自动控制系统很好地解决了以上的问题。它所依据的原理是液体静力称量原理。

该固体密度基准装置测量系统主要由质量比较器（AX1005）、吊挂称量装置、自动控制装置、恒温系统（0.01℃）及称量装置组成，固体密度基准装置示意图见图 18－10。

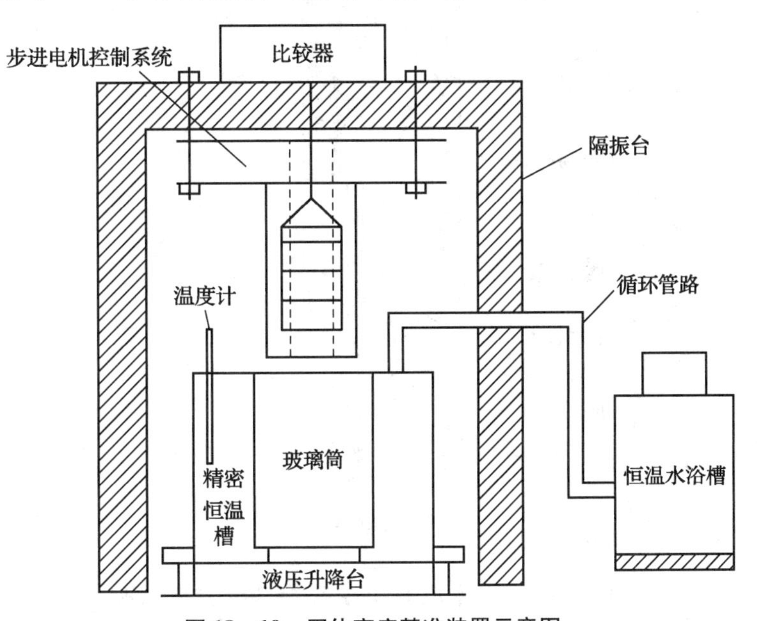

图 18－10　固体密度基准装置示意图

图 18－10 所示固体密度基准装置可以通过固体密度标准或基准（单晶硅球）测量液体密度，也可以测量固体样品的密度值。隔振台的最上层放置质量比较器，比较器下端连接吊挂系统，吊挂系统通过隔振台同称量支架相连。在隔振台的下方安装有自动控制装置，负责标准和待测样品的加载、卸载动作。下面是精密恒温槽，其控温精度为 0.01℃，恒温槽内放置的玻璃圆筒与恒温槽相固定。恒温槽放置在液压升降台上，测量时液压升降台连同恒温槽一同上升，直至三脚支架和称量转换装置完全浸没于液体中，此时通过控制各个部分的加载、卸载来完成密度的测量。玻璃筒内另放置有铂电阻温度传感器，用来监控液体温度的变化。

图 18－11　液体静力称量装置

吊挂称量装置的结构如图 18－12 所示，主要由三角支架、加载装置、导向装置、转接器等组成。

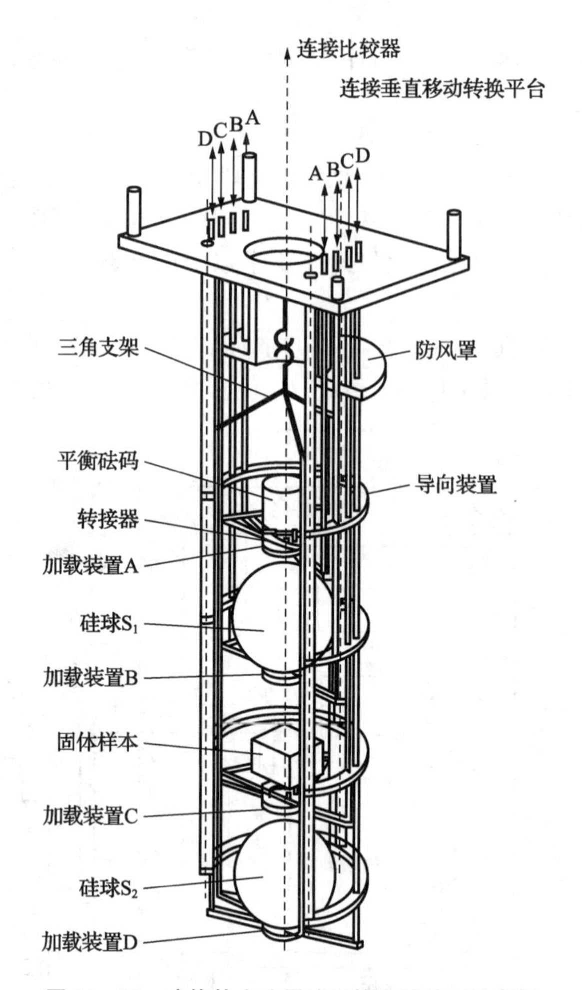

图 18－12　液体静力称量法吊挂称量装置示意图

三角支架与比较器挂钩相连接，分为四层，用于固体密度量值传递时使用。第一层可放置平衡砝码，第二层放置标准单晶硅球 S_1，第三层放置待测样品，第四层放置标准单晶硅球 S_2。在进行固体密度的量值传递实验中，为了消除竖直密度梯度的影响，包括由重力梯度或温度梯度而使液体密度不均匀造成的密度差，需要选用两个单晶硅球作为参考物质 S_1 和 S_2。称量开始前所有物体均放在加载装置上，未落到三角支架上，实验时，恒温槽上升，称量装置完全浸入到液体中并且温度稳定后，加载装置开始工作，根据需要分别将标准球和固体样品加载到三角支架上，从比较器的读数可以计算得到物体所受到的浮力值。加载装置分为 A、B、C、D 四个部分，它们可以分别控制，互不影响。例如需要加载单晶硅球 S_2 时，只需让 D 部分向下移动一定距离，此时硅球便落在三角支架上，因此可以通过比较器的读数得到 S_2 所受到的浮力值。

图 18－13 的机械系统实现了加载装置 A、B、C、D 四个加载装置上下运动的八个动

作。由于电机工作时会释放一定的热量，而温度对密度测量的准确度有一定的影响，为了尽可能保持稳定的环境温度，设计仅仅使用两个步进电机分别完成四个部分的升降动作。这里采用的方法是将两个大小不相同的偏心轮固定在同一个轴上，固定的方向相差180°当电机正向旋转90°时，①上升，而②的高度则保持不变，反向旋转90°，①恢复到原来的位置，而②仍旧保持不变，反向继续旋转90°，①保持原来的高度不变，②则上升；电机再正向旋转90°，①、②则全部回到初始的位置。这样就用一个电机实现了两个位置的四个动作。

图18－13　标准球和固体样品运动控制装置图

如图18－14为工作状态下的液体静力称量装置，此时液压升降台上升到一定的高度，吊挂系统完全浸入到液体中，待温度恒定后便可开始测量。测量过程中标准球及被测球只需通过控制装置进行操作，这样便可使液面在一定程度上保持高度不变。

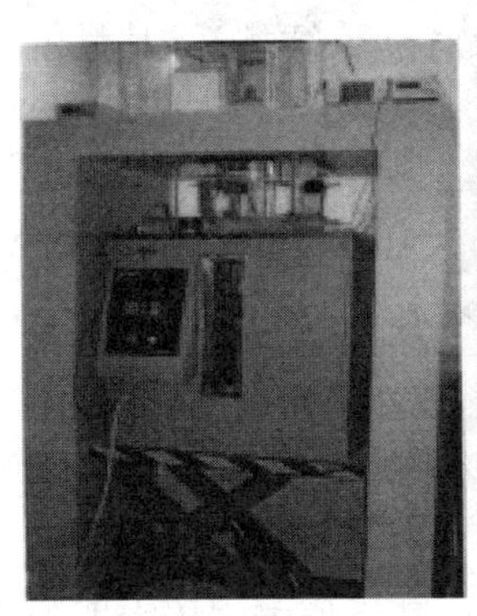

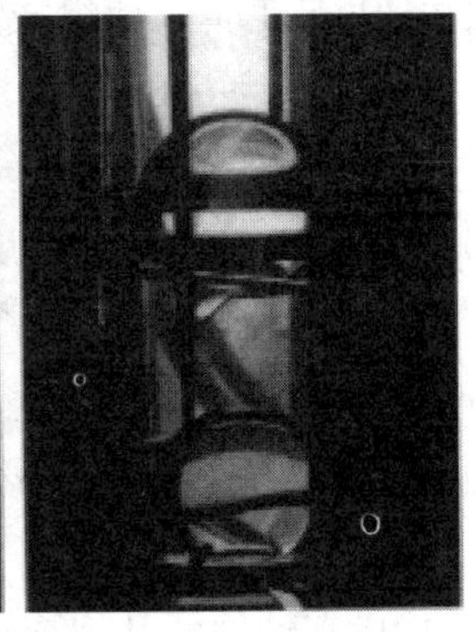

图18－14　工作状态下的硅球密度量值传递装置

导向装置固定在控制平台上，作用是固定加载装置的位置，使之可以垂直地上下运动。防风罩用来保护吊丝不受外面空气流动的影响，保证天平读数稳定。这样的设计可以在一次浸入过程测量得到单晶硅球所受到的浮力和固体样品所受到的浮力值，通过计算直接得出固体样品的密度值。如果采用传统的吊挂装置每次只能测量一组数据，在进行下一步称量时，由于液体温度、液面高度、液体密度等因素的变化会使得测量结果的不确定度大大增加。在单晶硅球和固体样品的加载、卸载过程中，它们的运动距离很小，这样可减少由于物体运动而产生的液体扰动，液体可以在较短的时间内稳定下来，而称量位置的液体温度不会受到很大影响，液体密度不会有太大变化。

第四节 我国的密度量传系统

量传系统在我国的密度测量领域中是非常重要的。密度量传系统规定了从密度国家基准通过计量标准向工作计量器具传递量值的程序和方法，以及相应的扩展不确定度或最大允许误差。为确保密度计量器具达到相应的技术指标和确认其溯源性提供指导。我国固体密度基准直接溯源质量和长度基准，由固体密度基准和固体密度副基准组成。固体密度基准主要包括单晶硅球、硅球直径测量装置、密度基准量值传递装置。固体密度基准采用绝对测量方法建立，它的量值直接溯源到基本国际单位制的质量和长度单位，是用于复现和统一全国密度量值的最高依据。固体密度基准的测量范围为 $500\text{kg/m}^3 \sim 10000\text{kg/m}^3$，其相对扩展不确定度为 $U_{\text{rel}} = 2 \times 10^{-7}$，$k = 2$。固体密度副基准有单晶硅球（或者单晶硅柱、石英球、石英柱）和密度基准量值传递装置。固体密度副基准量值通过液体静力称量法溯源到固体密度基准，用于密度量值传递的工作用基准，固体密度副基准测量范围为 $500\text{kg/m}^3 \sim 10000\text{kg/m}^3$，其相对扩展不确定度为 $U_{\text{rel}} = 4 \times 10^{-6} \sim 6 \times 10^{-6}$，$k = 2$。

密度计量标准器具按测量原理分为三类。第一类是以阿基米德定律为基础的玻璃浮计，包含一、二等标准密度计组，一、二等标准酒精计组，二等标准石油密度计组，一等标准糖量计组和一等标准海水计组；第二类是基于谐振原理的在线振动管密度标准装置；第三类是基于稳定标准物质的液体密度标准和固体密度标准。

一等标准密度计组由 39 支玻璃浮计组成（非连续型），其量值由固体密度副基准通过液体静力称量法传递，测量范围为 $650\text{kg/m}^3 \sim 2000\text{kg/m}^3$。其中 $650\text{kg/m}^3 \sim 1500\text{kg/m}^3$ 密度计组分度值为 0.2kg/m^3，其扩展不确定度 $U = 8 \times 10^{-2}\text{kg/m}^3$，$k = 2$。$1500\text{kg/m}^3 \sim 2000\text{kg/m}^3$ 密度计组分度值为 0.5kg/m^3，其扩展不确定度为 $U = 20 \times 10^{-2}\text{kg/m}^3$，$k = 2$。此外，一等标准密度计组相邻浮计密度值是非连续的，为方便使用可自行配备密度计以实现断点测量。二等标准密度计组量值由一等标准密度计组通过直接比较法或由固体密度标准通过液体静力称量法传递，测量范围为 $650\text{kg/m}^3 \sim 1500\text{kg/m}^3$，分度值为 0.5kg/m^3，其扩展不确定度为 $U = 20 \times 10^{-2}\text{kg/m}^3$，$k = 2$。

一等标准酒精计组由 10 支玻璃浮汁组成，其量值由固体密度副基准通过液体静力称量法传递，测量范围为(q)：$0 \sim 100\%$，分度值为 0.1%，其扩展不确定度为 $U = 0.04\%$，$k = 2$；二等标准酒精计组由 5 支玻璃浮计组成，其量值由一等标准酒精计组通过直接比较法或由固体密度标准通过液体静力称量法传递，测量范围为(q)：$0 \sim 100\%$，分度值为 0.2%，其扩展不确定度为 $U = 0.08\%$，$k = 2$；

一等标准糖量计组由 8 支玻璃浮计组成，其量值由固体密度副基准通过液体静力称量法经密度换算后传递，其测量范围为(p)：$0 \sim 80\%$，分度值为 0.1%，其扩展不确定度为

$U=0.03\%$，$k=2$。

一等标准海水计组由5支玻璃浮计组成，其量值由固体密度副基准通过液体静力称量法经密度换算后传递，测量范围为1.0000～1.0400，分度值为0.0001，其扩展不确定度为$U=4\times10^{-5}$，$k=2$。

二等标准石油计组由10支玻璃浮计组成，其量值由一等标准密度计组通过直接比较法或由固体密度标准通过液体静力称量法传递，测量范围为600kg/m^3～1100kg/m^3，分度值为0.5kg/m^3，其扩展不确定度为$U=15\times10^{-2}$kg/m^3，$k=2$。

在线振动管密度标准装置的测量方法之一是利用液体密度标准进行量值传递，其测量范围为650kg/m^3～1400kg/m^3，其（标准装置）扩展不确定度为$U=8\times10^{-2}$kg/m^3，$k=2$。在线振动管密度标准装置中对于1.0和2.0级在线振动管密度计也可采用溯源到质量和体积单位的压力密度瓶进行量值传递，一等密度计组作为标准器也可在标准装置中对1.0及2.0级密度计进行量值传递。

液体密度标准装置的量值通过液体静力称量原理溯源到固体密度副基准，测量范围650kg/m^3～2000kg/m^3，扩展不确定度$U=1\times10^{-2}$～3×10^{-2}kg/m^3，$k=2$。固体密度标准装置的量值通过液体静力称量原理溯源到固体密度副基准，测量范围500kg/m^3～10000kg/m^3，相对扩展不确定度为$U_{rel}=2\times10^{-5}$～3×10^{-5}，$k=2$。

密度工作计量器具按测量原理可分为两类。第一类是以阿基米德定律为基础的玻璃浮计，包含工作密度计，精密密度计，工作石油密度计，精密石油密度计，酒精计，精密酒精计，糖量计，乳汁计，海水密度计，波美计，土壤密度计，称量式数显液体密度计，重液密度计等。第二类是基于振动管原理的在线振动管密度计和实验室振动式液体密度计等。

工作密度计的测量范围为650kg/m^3～2000kg/m^3，其中650kg/m^3～1500kg/m^{3}密度段有0.5kg/m^3、1kg/m^{3}和2kg/m^{3}三种分度值，最大允许误差为±1个分度，可用一等或二等标准密度计组进行量值传递，或由固体密度标准通过液体静力称量法进行量值传递。1500kg/m^3～2000kg/m^{3}密度段有1kg/m^{3}和2kg/m^{3}两种分度值，最大允许误差为±1个分度，可用一等标准密度计组进行量值传递，或由固体密度标准通过液体静力称量法进行量值传递。精密密度计的测量范围为650kg/m^3～2000kg/m^3，其中650kg/m^3～1500kg/m^{3}的分度值为0.2kg/m^3，1500kg/m^3～2000kg/m^{3}密度段的分度值为0.5kg/m^3，精密密度计的最大允许误差为±1个分度，用一等标准密度计组进行量值传递，或由固体密度标准通过液体静力称量法进行量值传递。

工作石油密度计的测量范围为600kg/m^3～1100kg/m^3，分度值有0.5kg/m^3、1.0kg/m^{3}两种，分度值为0.5kg/m^{3}的工作石油密度计最大允许误差为±0.6个分度，分度值为1.0kg/m^{3}的工作石油密度计的最大允许误差为±1个分度，用二等标准石油密度计组或一等标准密度计组进行量值传递，或由固体密度标准通过液体静力称量法进行量值传递；精密石油密度计的测量范围为600kg/m^3～1100kg/m^3，分度值为0.2kg/m^3，最大允许误差为±1个分度，用一等标准密度计组进行量值传递，或由固体密度标准通过液体静力称量法进行量值传递。

酒精计的测量范围(q)：0～100%，分度值有(q)：0.5%和1%两种，可用一等或二等标准酒精计组通过直接比较法进行量值传递，或由固体密度标准通过液体静力称量法进行量值传递；精密酒精计的分度值为(q)：0.1%、0.2%两种，用一等标准酒精计组进行量值传递，或由固体密度标准通过液体静力称量法进行量值传递。两种酒精计的最大允差均为±1个分度值。

糖量计的测量范围为(p)：0～80%，糖量计的分度值有(p)：0.1%，0.2%，0.5%和1%几种，最大允差为±1个分度值，用一等标准糖量计直接检定或用一等、二等标准密度计组经量值换算进行量值传递，或由固体密度标准通过液体静力称量法进行量值传递。

波美计的测量范围为0～70Bh，波美计的分度值有0.1Bh、0.2Bh、0.5Bh和1Bh几种，最大允差为±1个分度值。用一、二等标准密度计组经单位换算进行量值传递，或由固体密度标准通过液体静力称量法进行量值传递。

乳汁计的测量范围为15m°～40m°，分度值为1m°和1015kg/m^3～1040kg/m^3，分度值为0.2kg/m^3、0.5kg/m^{3}和1.0kg/m^3，最大允差均为±1个分度值。乳汁计用一、二等标准密度计组通过直接比较法检定进行量值传递，或由固体密度标准通过液体静力称量法进行量值传递。

甲种土壤密度计的测量范围为-5s°～50s°，分度值为0.5s°，乙种土壤密度计的测量范围为0.995～1.030，分度值为0.2和0.5。甲种土壤密度计和乙种土壤密度计的最大允差均为±1个分度值，用一等标准密度计组进行量值传递，或由固体密度标准通过液体静力称量法进行量值传递。

重液密度计的测量范围为2000kg/m^3～3000kg/m^3，分度值有1kg/m^3、2kg/m^3、10kg/m^{3}等，最大允差为±1个分度值，由固体密度标准通过液体静力称量法进行量值传递。

海水密度计的测量范围为1.0000～1.0400，分度值为0.0001和0.001，最大允差为±1个分度值，用一等标准海水计组进行量值传递，或由固体密度标准通过液体静力称量法进行量值传递。

在线振动管密度计利用在线振动管密度标准装置进行量值传递，其测量范围为650kg/m^3～1400kg/m^3，准确度等级为0.2、0.5、1.0、2.0级。

实验室振动式液体密度仪是利用液体密度标准进行量值传递，其测量范围为650kg/m^3～2000kg/m^3，其扩展不确定度为3×10^{-2}～80×10^{-2}kg/m^3，$k=2$。利用一等密度计组测量液体的不确定度达到被检仪器允许误差的1/3时，可以使用一等密度计组进行量值传递。

利用测力传感器将浸没于被测液体中的一定体积的浮子所受的浮力转变为电信号并输出到显示仪表中，进而显示出液体密度量值的测量仪表。其测量范围为650kg/m^3～2000kg/m^3，准确度级别为0.1级、0.2级、0.3级、0.5级、1.0级。除0.1级、0.2级外用一等标准密度计或液体密度标准进行量值传递，0.1级和0.2级用液体密度标准进行量值传递。

包括胶化、尿液、焊液、植物油、蓄电池等行业专用密度计。测量范围：650kg/m^3～1500kg/m^3，分度值一般较大，最大允差为±1个分度。

我国密度计量检定系统框图见表18-3。

表 18－3 密度计量检定系统框图

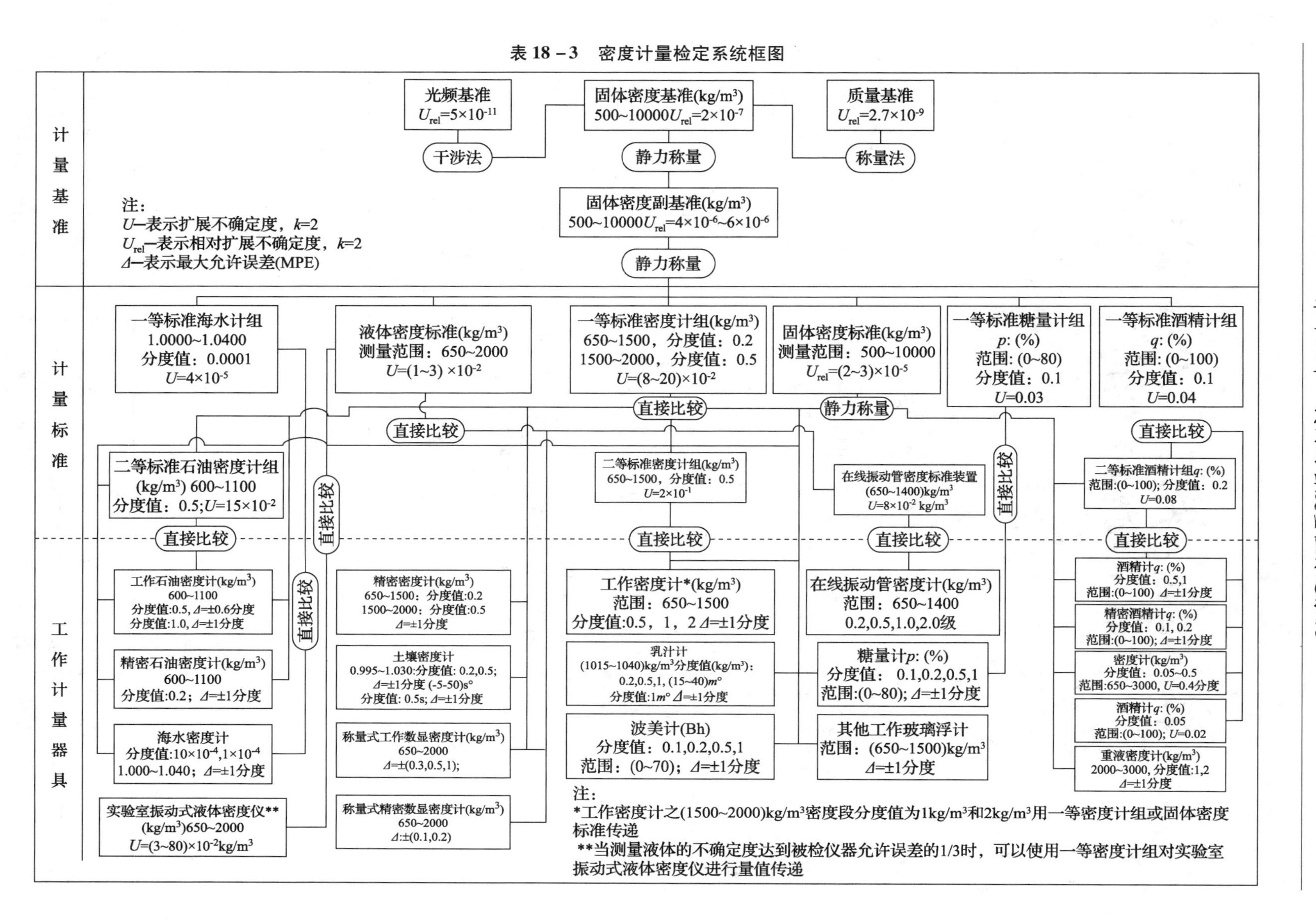

第十九章　密度、浓度测量在食品检验中的应用

密度（浓度）测量在各个行业有着广泛的应用，本章介绍密度（浓度）测量在食品行业的应用。食品分析方法有感官检验法、化学分析法、仪器分析法、微生物分析法和酶分析法。本章主要介绍食品分析中的仪器。

第一节　旋　光　法

旋光角是物质的重要光学常数，葡萄糖、果糖、蔗糖都是手性物质，都具有旋光性。旋光角与旋光性溶液浓度之间的关系是线性的，可以表示为：

$$\alpha = [\alpha]_\lambda^t Cl \tag{19-1}$$

式中：α——旋光角，(°)；

$[\alpha]_\lambda^t$——比例系数；

t——测定时的温度，℃；

λ——入射到被测物质的光波波长，nm；

l——样品管长度，mm；

C——待测溶液的浓度，g/100mL。

$[\alpha]_\lambda^t$ 也称为比旋光角或旋光率，即单位浓度和单位长度下的旋光角，比旋光角是旋光物质的特征物理常数。比旋光角数值前面加“+”号或“-”号，以指明旋光方向为右旋或左旋。比旋光角与光的波长及测定温度有关。通常规定用钠光 D 线（波长 589.3nm）在 20℃下测定 α，在此条件下，比旋光角用 $[\alpha]_D^{20}$ 表示。主要糖类的比旋光角见表 19-1。

表 19-1　糖类的比旋光角

糖类	$[\alpha]_D^{20}$	糖类	$[\alpha]_D^{20}$
葡萄糖	52.5	乳糖	53.3
果糖	-92.5	麦芽糖	138.5
转化糖	-20.0	糊精	194.8
蔗糖	66.5	淀粉	196.4

对于溶液来说，它的旋光角是溶液浓度 c、入射光通过的距离 l、温度 t 和入射波长的函数，也就是说，对于一定的温度 t、固定的样品盒长度 l 以及入射波长下，溶液的浓度 c 与其旋光角 α 之间存在一一对应的关系。因此测量糖溶液浓度的问题就转换为测量糖溶液旋

光角的问题，通过测量糖溶液的旋光角来测量溶液浓度是常用的测量糖溶液浓度的方法之一。

因为每种糖的旋光角是不同的，如果不确定溶液中糖的种类，是无法确定糖的浓度的。只有在确定糖的种类后，才能直接读出糖的浓度。或者知道两种糖的种类经过计算也可以计算出糖的浓度。单糖在刚刚溶于水时，溶液的旋光角会逐渐地发生变化，其原因就是单糖分子发生构象转变所致，例如葡萄糖发生的 $\alpha-\beta$ 互变、吡喃环－呋喃环互变，这种现象称为变旋光现象。在一定的时间后，单糖溶液的旋光角稳定在某一具体数值上，此时互变处于动态平衡。

第二节　折　光　法

折光法是利用物质对光的折射原理测量物质浓度的一种方法。其测量原理如下：

M－M1 为两种介质的分界面，如图 19－1 所示，若光线从光密介质（入射角—α_i，折射率—n_i）进入光疏介质（折射角—α_r，折射率—n_r，且 $n_i > n_r$）时，折射角大于入射角（光线 1）；当入射角增大至一定值时，折射光线便沿界面上掠过（光线 2），此时的入射角称为临界角即 α_c，即 $\alpha_r = \pi/2$，$\sin\alpha_r = 1$，因此根据光的折射定律，有：

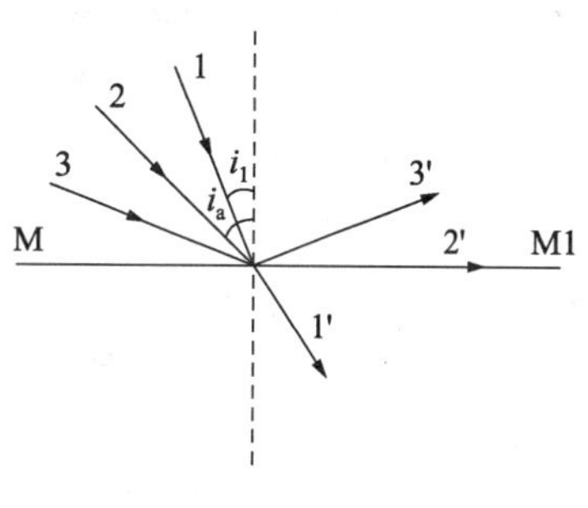

图 19－1　折射原理图

$$\sin\alpha_r = \frac{n_r}{n_i} 或 \alpha_i = \alpha_c = \sin^{-1}\left(\frac{n_r}{n_i}\right)\alpha_r = \pi/2\sin\alpha_r = 1 \quad (19-2)$$

若 $\alpha_i > \alpha_c$，则光线便在界面上发生全反射。折光仪就是根据光的这种特性设计的，选用折射率大于被测物质折射率的光学玻璃等制成检测棱镜。平行光由聚光镜聚焦在检测棱镜的检测点上。根据折射定律，$\alpha_i \geqslant \alpha_c$ 的光线将被全反射，而 $\alpha_i < \alpha_c$ 的光线则进入溶液。因此反射光锥是一个“被劈开”的光锥，用像镜改变反射光锥的锥角，便可在屏幕上产生弓形的亮区和暗区，而明暗分界线即对应于一定的折射率，折射率不同，明暗分界线的位置也不同。由于检测棱镜的折射率为定值，而溶液的折射率为溶液浓度的函数，因此，只要测出明暗分界线的位置，便可获知所测溶液的浓度。

折射率是物质的一种物理性质，它是食品检验中常用的一种测量方法。通过测定液态食品的折射率，可以确定食品的浓度，判断食品的品质。

第三节　紫外、可见分光光度法

分光光度法是通过测定被测物质在特定波长处或一定波长范围内光的吸收度，对该物质进行定性和定量分析的方法。即利用紫外光、可见光吸收光谱，利用此吸收光谱对物质进行定性、定量分析和物质结构分析的方法。常用的波长范围为：近紫外光 200nm～400nm，可见光区 400nm～760nm。所用仪器为紫外分光光度计、可见光分光光度计（或比色计）。

当一束光（光强度 I_0）照射试样溶液时，光子与溶液中吸光物质（分子或离子）发生作用而被吸收，因此透过溶液的光强度 I 减弱。溶液对光的吸收程度可用吸光度 A 描述：

$$A = \lg \frac{I_0}{I} \tag{19-3}$$

式中：A——物质的吸光度；

I_0——入射光强度；

I——透射光强度。

也可以用透射比 τ 描述入射光透过溶液的程度：

$$\tau = I/I_0 \tag{19-4}$$

式中：τ ——物质的透射比，透射比取值范围为 0 ~ 100% 。

吸光度（A）的负对数即为透射比：

$$A = \lg \frac{I_0}{I} = -\lg\tau = kLc \tag{19-5}$$

式中：k ——物质的吸收系数；

L ——物质（液层）的厚度，也称为光程长度；

c ——物质的浓度。

分光光度计基本组成为：光源、分光系统（包括产生平行光和把光引向检测器的光学系统）、样品室、检测放大系统和记录系统。

光源又称为辐射源，指各种能够发光的物体，在分光光度计中的作用是提供足够的符合要求波长的辐射。分光系统工程指能将来自光源的复色光按波长顺序分解成单争光，并且能够任意调节波长的装置，它的主要组成部件和作用是：①入射狭缝——限制杂散光进入；②色散元件——即棱镜或光栅，是核心部件，可将混合光分解为单色光；③准直镜——把来自入射狭缝的发散光转化为平行光，并把平行光聚集于出射狭缝上；④出射狭缝——只让额定波长的光射出单色器。样品室包括池架、吸收池。检测系统是将光信号转变成电信号并进行放大的电子器件。记录系统将检测系统输出的电信号记录并打印出来。

紫外、可见分光光度计具有准确、灵敏、简便并具有一定选择性等特点，广泛应用于食品检验中。

第四节　红外吸收光谱法

红外吸收光谱法（IR）是利用物质分子对红外光的吸收，得到与分子结构相应的红外光谱图，鉴别分子结构和确定物质含量的方法。红外光谱是由分子中的振动能级和转动能级的跃迁引起的。

通常所说的红外光谱为中红外区 $4000cm^{-1}$ ~ $400cm^{-1}$ 或 2.5μm ~ 25μm，现代红外光谱多用波数表示横坐标，它的概念为每 1cm 长度中波的数目 cm^{-1}，即波长的倒数。用透射比 τ(%)为纵坐标，故其吸收峰峰顶向下。

图 19-2 是乙酸丙烯酯的红外光谱，有机化合物的分子中一些主要官能团的特征吸收多发生在红外区域 $4000cm^{-1}$ ~ $1333cm^{-1}$ 即 2.5μm ~ 7.5μm，该区域吸收峰比较稀疏，容易辨认，故通常把该区域叫特征谱带区，该区域相应的吸收峰称做特征吸收峰或特征峰。红外吸收光谱上 $1333cm^{-1}$ ~ $400cm^{-1}$ 即 7.5μm ~ 15μm 的低频区，通常称为指纹区，该区域中出现

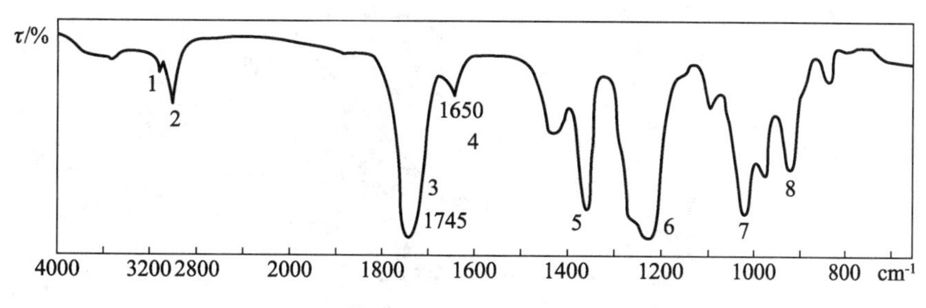

图 19－2　乙酸丙烯酯红外吸收光谱图

1—3080；2—2960；3—1745（$\upsilon_{c}=o$）；4—1650（$\upsilon_{c=o}$）；5—1378；

6—1240；7—1032；8—931cm^{-1}

的谱带主要是 C—X（X＝C、N、O）单键的伸缩振动及各种弯曲振动。由于这些单键的键强差别不大，原子质量又相似，所以谱带出现的区域也相近，互相间影响较大，加之各种弯曲振动能级差小，所以这一区域谱带特别密集，犹如人的指纹，故称指纹区。各个化合物在结构上的微小差异在指纹区都会得到反映，因此，在核对和确认有机化合物时用处很大。一个基团常有数种振动形式，每种红外活性的振动通常都相应产生一个吸收峰。习惯上把这些相互依存又相互作用可以佐证的吸收峰叫相关峰，如甲基（$—CH_3$）相关峰有：υ_{CH}^{as} ~ 2960cm^{-1}，υ_{CH}^{s} ~ 2870cm^{-1}，δ_{CH}^{as} ~ 1470cm^{-1}，δ_{CH}^{s} ~ 1380cm^{-1}及 $\delta_{CH}^{面外}$ ~ 720cm^{-1}。

红外分光光度除了用于物质的定性分析外，还常用于物质的定量分析，定量分析的原理和可见－紫外光度法一样，依据朗伯－比尔定律。

图 19－3、图 19－4 分别列出不同量的 DNA 红外光谱及其在波长 8.1μm 处吸光度对浓度作图的关系曲线。

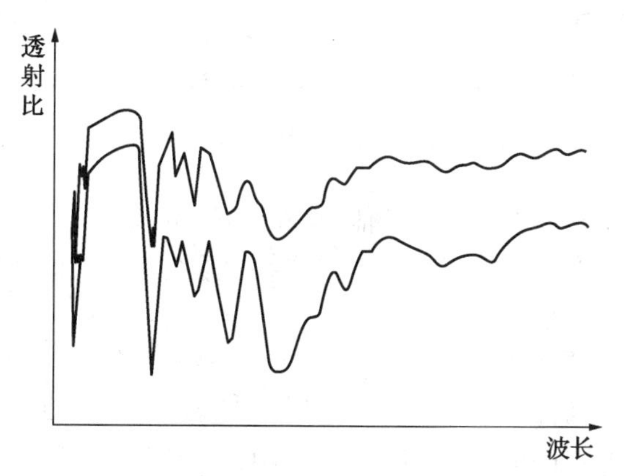

图 19－3　不同量的 DNA 红外光谱

从图 19－4 中得到一条通过原点的直线，服从比尔定律的。但是在有些情况下，由于样品分子的缔合、解离以及溶质和溶剂之间的相互作用，使样品不服从比尔定律，这种情况可以用稀释溶液破坏分子间缔合，或选适当溶剂避免溶质和溶剂之间相互作用，以及作工作曲线的方法来克服。对气体样品则可用补充惰性气体保持总压一定的方法来克服由于压力对吸光度产生的影响。

定量分析采用的方法有基线法、差示法、吸光度比例法。

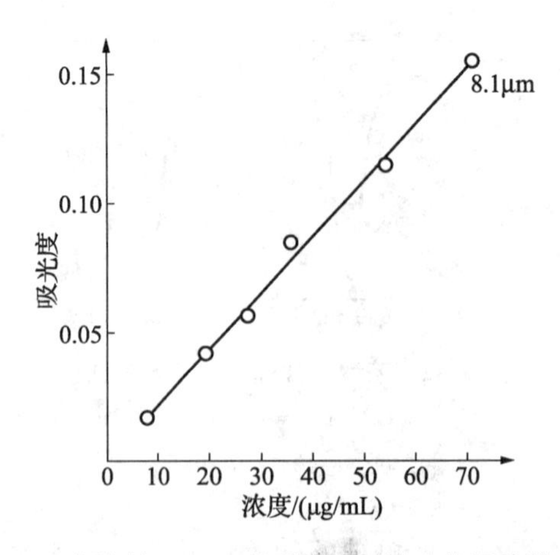

图 19－4　在波长 8.1μm 处吸光度对浓度作图的关系曲线

1. 基线法

基线法是目前红外光谱定量分析中常用的测量峰高的方法，基线的画法如图 19－5 所示。

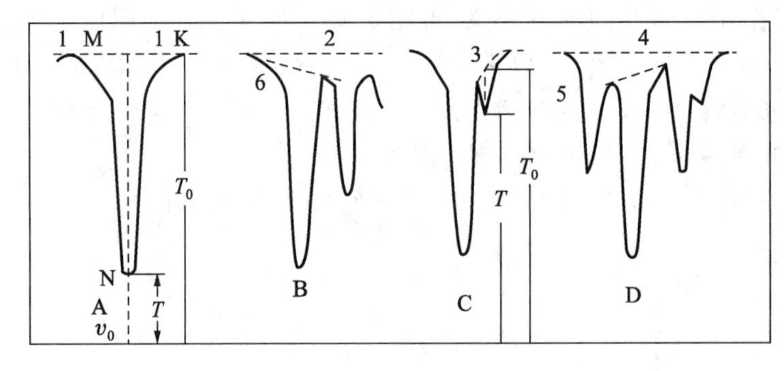

图 19－5　基线画法

从图 19－5 可见，如欲分析组分与其他组分的谱带不重叠，则可以通过谱带两翼透射比最大点引一条切线，作为该谱带的基线，分析波数的垂线与基线的相交点，与最高吸收峰顶的距离即为峰高。

2. 差示法

常用于含有多种物质混合物的分析，需要用双光束的分光光度计。若混合物中有两个或两个以上的组分，它们有相同的吸收谱带，在参比光路中放有被测物质的系列浓度标准样品，当与被测物质的浓度相同时，则透射比为 100%，该参比标准浓度即为待测样品的浓度。差示法常用于天然产物中不纯物的鉴定和测定，或者用于粮食中掺杂物的检测。在双光束的分光光度计的样品光路中放上杂质而在参比光路中放上样品的主要组分的纯品，调节参比样品的厚度直到主要组分的吸收峰消失，便得到一个混合物中不纯物的差示图谱。由于差示法中，两光路都置有吸收物质，到达检测器上的光能量比较弱，因此应采用较宽狭缝和慢的扫描速率。

3. 吸光度比例法

此吸光度比例法是借助比较同一谱图中各分析波数处的吸光度，可得到组分之间的相对含量关系。对于不能重复制样的样品和样品厚度难以确定的样品，用此法进行定量分析非常方便。

图19－6是专业用于测定牛乳中脂肪、蛋白质、乳糖和水分的牛乳红外线分析仪，也称为乳成分扫描器。其原理是：将牛乳样品加热到40℃，由均化泵吸入，在样品池中恒温、均化，使牛乳中的各成分均匀一致。由于脂肪、蛋白质、乳糖和水分在红外光谱区域中各自有独特的吸收波长，因此当红外光束通过不同的滤光片和样品溶液时被选择性地吸收，通过电子转换及参比值和样品值的对比，直接显示出牛乳中脂肪、蛋白质、乳糖和水分的百分含量，通过微电脑显示，并打印出检测结果。

图19－6　乳成分扫描器

第五节　气相色谱法

气相色谱法是采用惰性气体为流动相（称为载气）的一种色谱法。即载着“气化”的试样，通过色谱柱中的固定相，使试样中各组分分离，并先后从柱中流出。在气固色谱中，固定相是一些具有多孔性及大表面积的固体吸附剂，如活性炭、氧化铝、硅胶、分子筛等。气液色谱中的固定相是在化学惰性的固体微粒（称之为担体）表面，涂上一层高沸点的有机化合物液膜（称之为固定液）。

用气相色谱法分离检测物质显示出高选择性、高分离效率、高灵敏度和快速的特点。特别是气相色谱与微电脑联用，能自动对分析结果进行数据处理，更显示出其优良特性。

气相色谱的检测流程可简述为：检测样品被气化后，在流速保持一定的惰性气体的带动下，进入填有固定相的色谱柱。由于不同的组分在色谱柱中的流速不同，在色谱柱中样品被分离成一个个单一组分，并以一定的次序从色谱柱中流出，进入检测器，转变成电信号。再经放大后，由记录器记录下来，在记录纸上得到一组曲线图（称为色谱峰），根据各物质在图上出现的时间（保留时间）来定性，由色谱峰的峰高或峰面积就可定量测定样品中各组分的含量。气相色谱基本流程见图19－7所示，可分为5个部分：载气系统、进样系统、分离系统（包括色谱柱和柱箱）、检测系统、记录系统。

检测器是一套把经过色谱柱分离后的结果转变成为可记录的电信号的装置。实验室通用的检测器有热导池检测器及氢火焰电离检测器。

1. 热导池检测器（简称TCD）

由安装在金属池体的圆柱形孔内的金属热丝所组成。其结构简单、稳定性好，最大优点

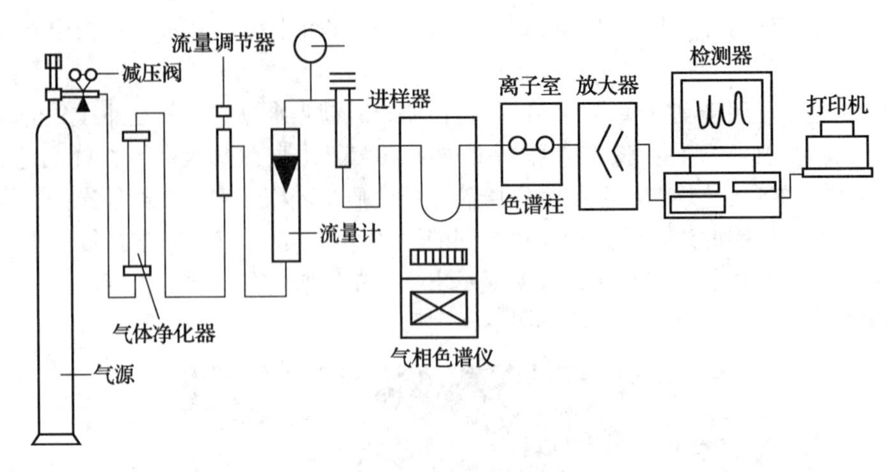

图 19－7　气相色谱基本流程理示意图

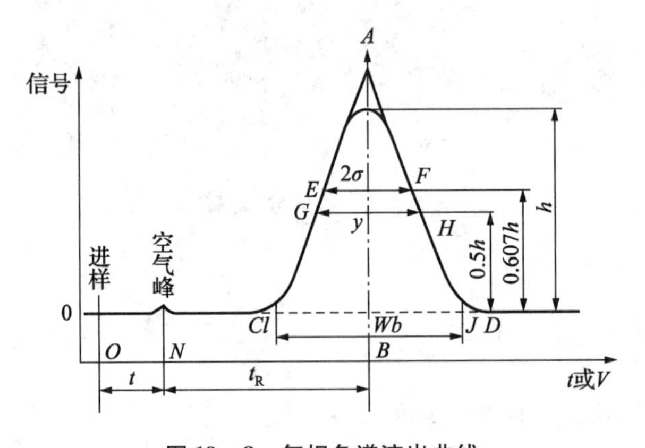

图 19－8　气相色谱流出曲线

是对所有的物质都有响应，适用于常量分析。其工作原理基于当恒定的电流通过金属热丝使之升温，热丝损失热量的速率与它周围气体可由惠斯登电桥测出，即可作为气体组成的度量。测量系统将此信号输入记录器，出现了色谱峰。由于电流变化与样品浓度成比例，因此，根据色谱峰的大小，就可计算出样品的含量。见图 19－8。

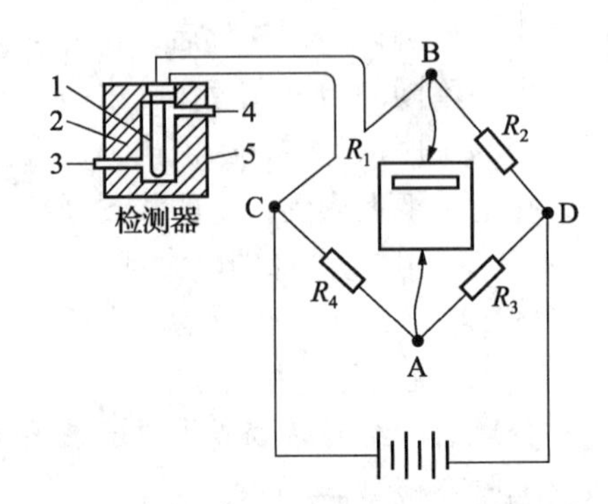

图 19－9　热导池检测器原理图

1—热丝；2—池槽；3—载气进口；4—载气出口；5—池体

2. 氢火焰电离检测器（简称 FID）

这种检测器是一种适用于分析各种有机化合物的高灵敏度检测器，一般比热导池检测器的灵敏度高几个数量级，能检测至千万分之一级的物质。它响应快、线性范围广、受操作条件的影响小。见图 19－10 所示。其工作原理乃基于利用氢－氧火焰燃烧所产生的高温。样品被载气带入离子室后，在火焰中发生自由基反应而被电离成正负离子。在外加直流电场作用下，正负离子向两极运动而产生微弱电流，经放大后输入记录器得到色谱图。

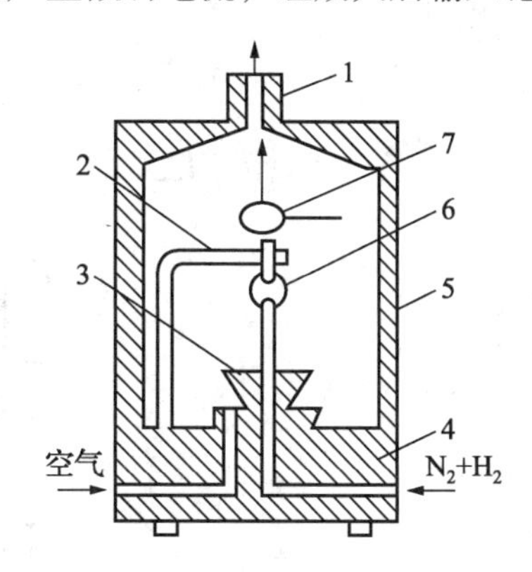

图 19－10　氢火焰电离检测器结构示意图

1—废气出口；2—发射极点火线圈；3—空气挡板；4、5—外罩；6—喷嘴部件；7—收集极

气相色谱法的定量测定通常使用标准曲线法。取纯物质配制标准系列，分别取一定体积注入色谱仪，得到色谱峰，测出峰面积（或峰高），做出峰面积（或峰高）与浓度的关系曲线，即标准曲线。然后，在相同操作条件下注入同样量的被测试样，从色谱图上测出峰面积（或峰高），由上述标准曲线查出待测组分的浓度。

第六节　高效液相色谱法

以液体为流动相的色谱法称为液相色谱法。采用普通规格的固定相及流动相常压输送的液相色谱法为经典液相色谱法，这种色谱法的柱效低、分离周期长，而且一般不具备在线检测器，通常作为分离手段使用。高效液相色谱法（HPLC）以经典液相色谱法为基础，引入气相色谱的理论与实验方法，发展而成的分离分析方法。它与经典液相色谱法的主要区别是：流动相改为高压输送、采用高效固定相、具有在线检测器及仪器化等。该法具有分离效能高、分析速度快及应用范围广等特点。根据这些特点，人们称该法为高效液相色谱法。

高效液相色谱法与气相色谱法应用范围对比，气相色谱法虽然也具有快速、分离效率高、用样量少等优点，但它要求样品能够气化，从而常受到样品的挥发性限制。在约 300 万个有机化合物中，可以直接用气相色谱法分析的仅占 20%。对于挥发性差或热不稳定的化合物，虽然可以采取裂解、酯化、硅烷化等预处理方法，但毕竟增加了操作上的麻烦，且常改变样品原来的面目，而不易复原。

高效液相色谱法（HPLC 法）在保健食品功效成分、营养强化剂、维生素类、蛋白质的分离测定等方面有着广泛的应用。世界上约有 80% 的有机化合物可以 HPLC 方法进行分析。它只要求样品能制成溶液，而不需要气化，因此不受样品挥发性的约束。对于挥发性低、热稳定性差、相对分子质量大的高分子化合物以及离子型化合物尤为有利。

高效液相色谱仪装置示意图如19－11所示。高效液相色谱法具有适用范围广、分离性能好、分析速度快、流动相可选择性范围宽、灵敏度高、色谱柱可反复使用、流出组分容易收集、安全等特点。

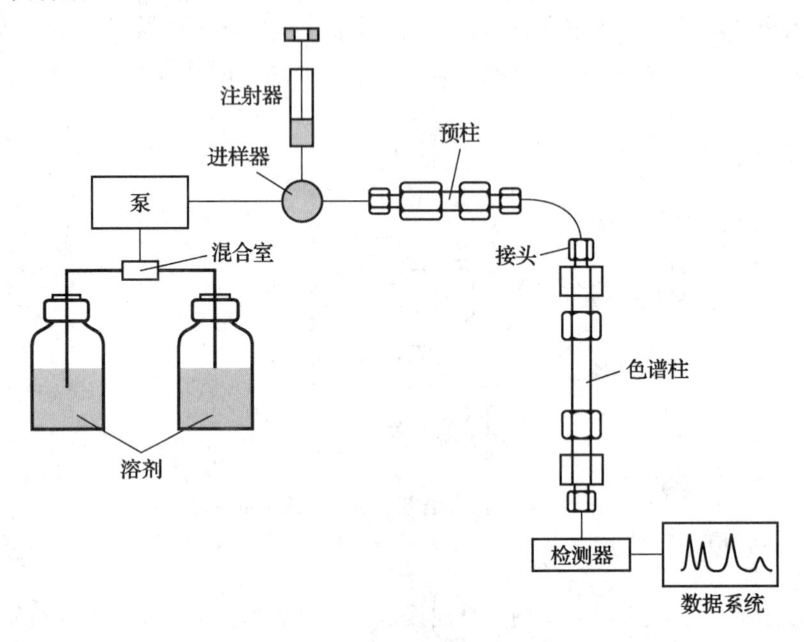

图19－11　高效液相色谱仪装置示意图

第七节　火焰原子吸收光谱法

原子吸收分光光度法是利用被测元素的基态原子对特征辐射线的吸收程度进行定量分析的方法。试样中被测元素的化合物在高温中被离解成基态原子。光源发射出的特征谱线经过原子蒸气时，将被选择性地吸收。在一定的条件下被吸收的程度与基态原子的数目成正比。通过分光系统分光、检测器测量该辐射线被吸收的程度，就可以测得试样中被测元素的含量。

原子吸收分光光度计的工作原理是利用一种特制的光源——元素的空心阴极灯，发射出待测元素的特征辐射线（具有特定波长的波谱线），该谱线通过将试样转变为气态自由原子的火焰或电加热设备时，被待测元素的自由原子所吸收，使谱线的光波强度减弱，由此产生信号。谱线光波强度的减弱与样品中待测元素的含量有关，并符合朗伯－比耳定律。

原子吸收分光光度分为火焰原子吸收分光光度计和石墨炉原子吸收分光光度计两种。其基本结构由光源、原子化器、分光系统、检测系统4个主要部分构成，见图19－12所示。

1. 光源

应用最广泛的是空心阴极灯，空心阴极灯由一个阳极（钨棒）和空心圆柱形阴极组成，阴极材料为待测元素本身或其合金，故测定某个元素就要用该元素的灯。光源的作用是发射具有特定波长的待测元素的特征谱线（或称元素的共振线），以供吸收测量之用。

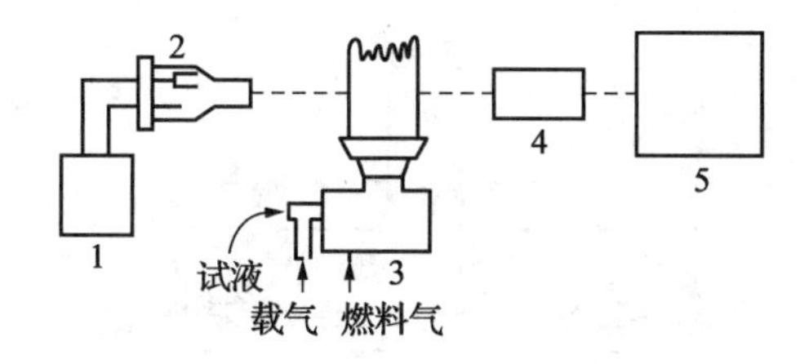

图 19－12　原子吸收分光光度计组成示意图

1—稳压电源；2—光源（空心阴极灯）；3—原子化系统；4—分光系统；5—检测系统

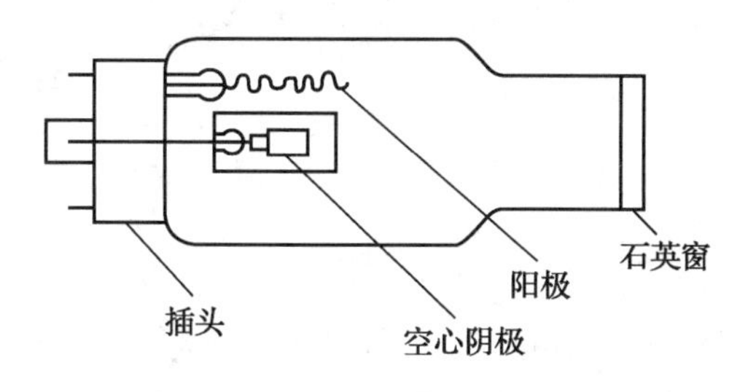

图 19－13　空心阴极灯

2. 原子化器

原子化器的作用是将试样中的待测元素转变成自由原子蒸气，并使其进入光源的辐射光程中。使样品原子化的方法有火焰原子化法及石墨炉无火焰原子化法。

（1）火焰原子化器：火焰原子化器包括雾化器和燃烧器两部分，雾化器将试液雾化，试液雾化后进入燃烧器内与燃气混合燃烧，雾滴干燥、气化，产生自由原子蒸气。

（2）无火焰原子化器：常用的有高温石墨管原子化器，其结构主要就是一个石墨管，通过电源装置供电加热，使样液在石墨管内随着温度的升高而干燥、灰化、原子化，即转变为自由原子蒸气。

图 19－14、图 19－15 为以上两种原子化器的示意图。

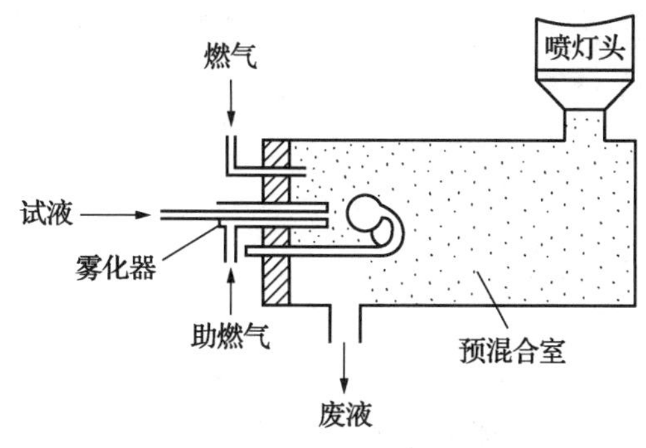

图 19－14　火焰原子化器图

3. 分光系统

由光栅和反射镜等组成的单色器，在单色器的入射口及出射口装有入射狭缝及出射狭缝。单色器的作用是将所需要的分析线，即待测元素的特征谱线与其他的谱线分开，通过改变狭缝宽度获得单一的分析线。

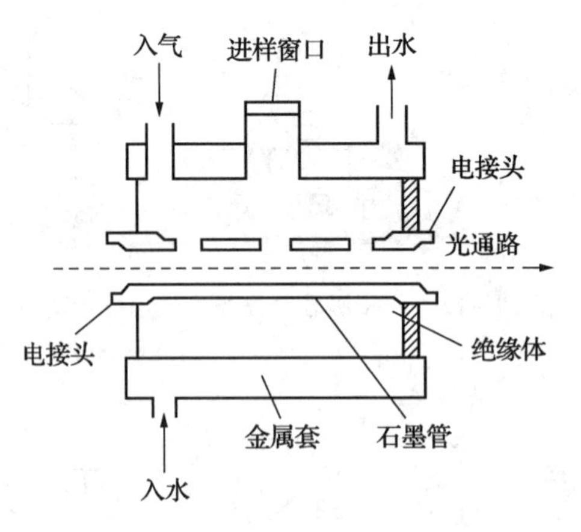

图 19－15　高温石墨管原子化器

4. 检测系统

检测系统由检测器、放大器及指示仪表所组成。光源发出的光通过火焰被吸收一部分后，经单色器分光，将待测分析线发出的信号输入到光电倍增管，变成电讯号，经放大器放大后送入指示仪表，在仪表上以吸光度或透射比表示出来，或得到直接读数的浓度值。

利用原子吸收分光光度法进行定量测定的方法有两种：

（1）标准曲线法。被测元素低浓度时，对分析线的吸收与浓度之间呈良好的线性关系。故可配制低浓度的标准溶液。分别测定其吸光度，在坐标纸上以吸光度为纵坐标、浓度为横坐标，绘制其标准曲线。根据样液的吸光度，在标准曲线上求出样液的浓度。

（2）标准加入法。样液中若含某些干扰成分，不能用标准曲线法定量时，可采用加入法。在标准溶液系列中，加入等量的样品溶液，再按标准曲线法做出标准曲线。此标准曲线不经过原点，将此线延长至横坐标相交，相交点到原点的横坐标所示的浓度值即为样液中被测元素含量。

原子吸收分光光度计具有浓度直读功能及数据处理能力，能自动将检测样品与标准进行比较，并直接给出样品的浓度。

附录一　国内密度标准和规程规范

GB/T 208—2014	水泥密度测定方法
GB/T 217—2008	煤的真相对密度测定方法
GB/T 533—2008	硫化橡胶或热塑性橡胶　密度的测定
GB/T 611—2006	化学试剂密度测定通用方法
GB/T 1033.1—2008	塑料　非泡沫塑料密度的测定　第1部分：浸渍法、液体比重瓶法和滴定法
GB/T 1033.2—2010	塑料　非泡沫塑料密度的测定　第2部分：密度梯度柱法
GB/T 1033.3—2010	塑料　非泡沫塑料密度的测定　第3部分：气体比重瓶法
GB/T 1423—1996	贵金属及其合金密度的测试方法
GB/T 1463—2005	纤维增强塑料密度和相对密度试验方法
GB/T 1464—2005	夹层结构或芯子密度试验方法
GB/T 1479.1—2011	金属粉末　松装密度的测定　第1部分：漏斗法
GB/T 1479.2—2011	金属粉末　松装密度的测定　第2部分：斯柯特容量计法
GB/T 1479.3—2017	金属粉末　松装密度的测定　第3部分：振动漏斗法
GB/T 1636—2008	塑料　能从规定漏斗流出的材料表观密度的测定
GB/T 1713—2008	颜料密度的测定　比重瓶法
GB/T 1884—2000	原油和液体石油产品密度实验室测定法（密度计法）
GB/T 1933—2009	木材密度测定方法
GB/T 2013—2010	液体石油化工产品密度测定法
GB/T 2281—2008	焦化油类产品密度试验方法
GB/T 2413—1980	压电陶瓷材料体积密度测量方法
GB/T 2951.13—2008	电缆和光缆绝缘和护套材料通用试验方法　第13部分：通用试验方法　密度测定方法　吸水试验—收缩试验
GB/T 2997—2015	致密定形耐火制品体积密度、显气孔率和真气孔率试验方法
GB/T 2998—2015	定形隔热耐火制品体积密度和真气孔率试验方法
GB/T 2999—2016	耐火材料颗粒体积密度试验方法
GB/T 3810.3—2016	陶瓷砖试验方法　第3部分：吸水率、显气孔率、表观相对密度和容重的测定
GB/T 3850—2015	致密烧结金属材料与硬质合金　密度测定方法

GB/T 4196—1984 钨、钼条密度测定方法
GB/T 4472—2011 化工产品密度、相对密度的测定
GB/T 4511.1—2008 焦炭真相对密度、假相对密度和气孔率的测定方法
GB/T 5071—2013 耐火材料　真密度试验方法
GB/T 5161—2014 金属粉末　有效密度的测定　液体浸透法
GB/T 5162—2006 金属粉末　振实密度的测定
GB/T 5163—2006 烧结金属材料（不包括硬质合金）　可渗性烧结金属材料密度、含油率和开孔率的测定
GB/T 5211.4—1985 颜料装填体积和表观密度的测定
GB 5413.33—2010 食品安全国家标准　生乳相对密度的测定
GB/T 5432—2008 玻璃密度测定　浮力法
GB/T 5518—2008 粮油检验　粮食、油料相对密度的测定
GB/T 6155—2008 炭素材料真密度和真气孔率测定方法
GB/T 6286—1986 分子筛堆积密度测定方法
GB/T 6343—2009 泡沫塑料及橡胶　表观密度的测定
GB/T 6373—2007 表面活性剂　表观密度的测定
GB/T 6609.26—2004 氧化铝化学分析方法和物理性能测定方法有效密度的测定比重瓶法
GB/T 6692—2006 树脂整理剂相对密度的测定
GB/T 6750—2007 色漆和清漆　密度的测定　比重瓶法
GB/T 6949—2010 煤的视相对密度测定方法
GB/T 7690.1—2013 增强材料　纱线试验方法　第1部分：线密度的测定
GB/T 7962.20—2010 无色光学玻璃测试方法　第20部分：密度
GB/T 8330—2008 离子交换树脂湿真密度测定方法
GB/T 8331—2008 离子交换树脂湿视密度测定方法
GB/T 8928—2008 固体和半固体石油沥青密度测定法
GB/T 9272—2007 色漆和清漆　通过测量干涂层密度测定涂料的不挥发物体积分数
GB/T 9966.3—2001 天然饰面石材试验方法　第3部分：体积密度、真密度、真气孔率、吸水率试验方法
GB/T 10322.3—2000 铁矿石校核取样精密度的实验方法
GB/T 10421—2002 烧结金属摩擦材料密度的测定
GB/T 11062—2014 天然气　发热量、密度、相对密度和沃泊指数的计算方法
GB/T 11540—2008 香料　相对密度的测定
GB/T 11718—2009 中密度纤维板

GB/T 11927—1989	二氧化铀芯块密度和开口孔隙度的测定液体浸渍法
GB/T 12206—2006	城镇燃气热值和相对密度测定方法
GB/T 12496. 1—1999	木质活性炭试验方法表观密度的测定
GB/T 12576—1997	液化石油气蒸气压和相对密度及辛烷值计算法
GB/T 13354—1992	液态胶粘剂密度的测定方法重量杯法
GB/T 13377—2010	原油和液体或固体石油产品　密度或相对密度的测定　毛细管塞比重瓶和带刻度双毛细管比重瓶法
GB/T 13477. 2—2018	建筑密封材料试验方法　第 2 部分：密度的测定
GB/T 13531. 4—2013	化妆品通用检验方法　相对密度的测定
GB/T 13566—1992	肥料　堆密度的测定方法
GB/T 13566. 1—2008	肥料　堆密度的测定　第 1 部分：疏松堆密度
GB/T 13980—2008	电离辐射密度计
GB/T 14202—1993	铁矿石（烧结矿、球团矿）容积密度测定方法
GB/T 14634. 5—2010	灯用稀土三基色荧光粉试验方法　第 5 部分：密度的测定
GB/T 14853. 1—2013	橡胶用造粒炭黑　第 1 部分：倾注密度的测定
GB/T 14901—2008	玻璃密度测定　沉浮比较法
GB/T 15223—2008	塑料　液体树脂　用比重瓶法测定密度
GB/T 15814. 2—1995	烟花爆竹药剂密度测定
GB/T 17747. 1—2011	天然气压缩因子的计算　第 1 部分：导论和指南
GB/T 17747. 2—2011	天然气压缩因子的计算　第 2 部分：用摩尔组成进行计算
GB/T 17747. 3—2011	天然气压缩因子的计算　第 3 部分：用物性值进行计算
GB/T 17764—2008	密度计的结构和校准原则
GB/T 17821—2008	胶乳 5℃至 40℃密度的测定
GB/T 18798. 5—2013	固态速溶茶　第 5 部分：自由流动和紧密堆积密度的测定
GB/T 18856. 6—2008	水煤浆试验方法　第 6 部分：密度测定
GB/T 19289—2019	电工钢带（片）的电阻率、密度和叠装系数的测量方法
GB/T 19816. 4—2005	涂覆涂料前钢材表面处理喷射清理用金属磨料的试验方法　第 4 部分：表观密度的测定
GB/T 20022—2005	塑料氯乙烯均聚和共聚树脂表观密度的测定
GB/T 20316. 1—2009	普通磨料　堆积密度的测定　第 1 部分：粗磨粒
GB/T 21068—2007	液化天然气密度计算模型规范
GB/T 21354—2008	粉末产品振实密度测定通用方法
GB/T 21450—2008	原油和石油产品　密度在 638kg/m^3 到 1074kg/m^3 范围内的烃压缩系数

GB/T 21782. 2—2008	粉末涂料　第 2 部分：气体比较比重仪法测定密度（仲裁法）
GB/T 21782. 3—2008	粉末涂料　第 3 部分：液体置换比重瓶法测定密度
GB/T 21784. 2—2008	实验室玻璃器皿　通用型密度计　第 2 部分：试验方法和使用
GB/T 21785—2008	实验室玻璃器皿　密度计
GB/T 21862. 2—2008	色漆和清漆　密度的测定　第 2 部分：落球法
GB/T 21862. 3—2008	色漆和清漆　密度的测定　第 3 部分：振动法
GB/T 21862. 4—2008	色漆和清漆　密度的测定　第 4 部分：压杯法
GB/T 21862. 5—2008	色漆和清漆　密度的测定　第 5 部分：比重计法
GB/T 21877—2015	染料及染料中间体　堆积密度的测定
GB/T 22230—2008	工业用液态化学品　20℃时的密度测定
GB/T 22308—2008	密封垫板材料密度试验方法
GB/T 22594—2018	水处理剂　密度测定方法通则
GB/T 23561. 2—2009	煤和岩石物理力学性质测定方法　第 2 部分：煤和岩石真密度测定方法
GB/T 23561. 3—2009	煤和岩石物理力学性质测定方法　第 3 部分：煤和岩石块体密度测定方法
GB/T 23652—2009	塑料　氯乙烯均聚和共聚树脂　振实表观密度的测定
GB/T 22638. 10—2008	铝箔试验方法　第 10 部分：涂层表面密度的测定
GB/T 23771—2009	无机化工产品中堆积密度的测定
GB/T 24203—2009	炭素材料真密度、真气孔率测定方法　煮沸法
GB/T 24240—2009	直接还原铁　热压铁块（HBI）表观密度和吸水率的测定
GB/T 24328. 2—2009	卫生纸及其制品　第 2 部分：厚度、层积厚度和表观密度的测定
GB/T 24528—2009	炭素材料体积密度测定方法
GB/T 24586—2009	铁矿石　表观密度、真密度和孔隙率的测定
GB/T 25846—2010	工业用 γ 射线密度计
GB/T 25964—2010	石油和液体石油产品　采用混合式油罐测量系统测量立式圆筒形油罐内油品体积、密度和质量的方法
GB/T 25995—2010	精细陶瓷密度和显气孔率试验方法
GB/T 26310. 1—2010	原铝生产用煅后石油焦检测方法　第 1 部分：二甲苯中密度的测定　比重瓶法
GB/T 26930. 3—2011	原铝生产用炭素材料　煤沥青　第 3 部分：密度的测定　比重瓶法

GB/T 29617—2013	数字密度计测定液体密度、相对密度和API比重的试验方法
GB/T 27679—2011	铜、铅、锌和镍精矿　检查取样精密度的实验方法
GB/T 30019—2013	碳纤维　密度的测定
GB/T 30202. 1—2013	脱硫脱硝用煤质颗粒活性炭试验方法　第1部分：堆积密度
GB/T 30749—2014	矿物药材及其煅制品视密度测定方法
GB/T 31057. 1—2014	颗粒材料　物理性能测试　第1部分：松装密度的测量
GB/T 31057. 2—2018	颗粒材料　物理性能测试　第2部分：振实密度的测量
GB/T 31253—2014	天然气　气体标准物质的验证　发热量和密度直接测量法
GB/T 35160. 1—2017	合成石材试验方法　第1部分：密度和吸水率的测定
YS/T 63. 1—2006	铝用碳素材料检测方法　第1部分：阴极糊试样焙烧方法、焙烧失重的测定及生坯试样表观密度的测定
YS/T 63. 7—2006	铝用碳素材料检测方法　第7部分：表观密度的测定　尺寸法
YS/T 63. 8—2006	铝用碳素材料检测方法　第8部分：二甲苯中密度的测定　比重瓶法
YS/T 63. 9—2012	铝用炭素材料检测方法　第9部分：真密度的测定　氦比重计法
YB/T 5200—1993（2007）	致密耐火浇注料　显气孔率和体积密度试验方法
YB/T 5282—1999(2006年确认)	工业喹啉密度测定方法
FZ/T 01057. 7—2007	纺织纤维鉴别试验方法　第7部分：密度梯度法
HG/T 2347. 3—1992	γ—Fe_2O_3磁粉轻敲密度的测定
HG/T 2797. 6—2007	硅铝炭黑　第6部分：倾注密度的测定
HG/T 2875—1997（2007）	橡塑鞋微孔材料交联密度特征值试验方法
HG/T 2900—1997	聚四氟乙烯树脂体积密度试验方法
HG/T 3055—2012	胶乳海绵表观密度测定
HG/T 3710—2003（2009）	直读式橡胶密度计技术条件
HG/T 4435—2012	纺织染整助剂　密度的测定
SH/T 0033—1990	石油焦真密度测定法
SH/T 0068—2002	发动机冷却液及其浓缩液密度或相对密度测定法（密度计法）
SH/T 0099. 18—2005	乳化沥青密度测定法
SH/T 0221—1992（2003）	液化石油气密度或相对密度测定法（压力密度计法）
SH/T 0316—1998	石油密度计技术条件
SH/T 0604—2000	原油和石油产品密度测定法（U形振动管法）

SH/T 0685—1999（2005）	液化石油气密度测定法（压力密度瓶法）
SH/T 1143—1992（2009）	工业用裂散碳四密度或相对密度的测定　压力浮计法
SH/T 1155—1999（2009）	合成橡胶胶乳密度的测定
SY/T 5381—2008	钻井液密度计技术条件
SY/T 6674—2006	密度测井刻度器校准方法
SY/T 6676—2007	钻井液密度计校准方法
SY/T 6579—2003	密度测井仪校准方法
SY/T 6582. 3—2003	石油核测井仪刻度　第 3 部分：补偿密度/岩性密度测井仪刻度
SY/T 6758—2009	岩性密度测井仪校准方法
SY/T 6808—2010	泥岩密度计校准方法
MT/T 39—1987（2005）	岩石真密度测定方法
MT/T 40—1987（2005）	岩石视密度测定方法
MT/T 713—1997（2005）	煤矿粉尘真密度测定方法
MT/T 740—2011	煤炭堆密度大容器的测定方法
MT/T 932－2005	工业炸药密度、水分、殉爆距离的测定
MT/T 918—2002	工业型煤视相对密度及孔隙率测定方法
MT/T 1027—2006	煤芯煤样视相对密度测定
DL/T 917—2005	六氟化硫气体密度测定法
DL 5270—2012	核子法密度及含水量测试规程
QB/T 1642—2012	陶瓷坯体显气孔率、体积密度测试方法
QB/T 2715—2005	皮革　物理和机械试验　视密度的测定
QB/T 2855—2007	首饰　贵金属含量的无损检测　密度综合法
JB/T 3584—2012	超硬磨料　堆积密度测定方法
JB/T 6220—2011	无损检测仪器　射线探伤用密度计
JB/T 7780. 1—2008	铆钉型触头用线材机械物理性能试验方法　第 1 部分：密度测量
JB/T 7999—2013	固结磨具　体积密度、总气孔率和吸水率试验方法
JB/T 9014. 4—1999	连续输送设备　散粒物料密度的测定
JB/T 10549—2006	SF6 气体密度继电器和密度表　通用技术条件
JB/T 11433—2013	普通磨料　密度的测定
JJG 42—2011	工作玻璃浮计
JJG 86—2011	标准玻璃浮计
JJG 171—2016	液体相对密度天平

JJG 370—2019	在线振动管液体密度计
JJG 999—2018	称量式数显液体密度计
JJG 1023—2007	核子密度及含水量测量仪
JJG 1045—2017	泥浆密度计
JJG 1058—2010	实验室振动式密度仪
JJF 1074—2018	酒精密度—浓度测量用表
JJG 1229—2009	质量密度计量名词术语及定义
JJF 1709—2018	标准玻璃浮子校准规范
JJG 2094—2010	密度计量器具

附录二　密度国际标准(ISO)和国际建议(OIML)

ISO 60：1977	塑料　可从指定漏斗中倒出的材料表观密度的测定
ISO 61：1976	塑料　不能从指定漏斗中倒出的模塑材料表观密度的测定
ISO 279：1998	香精油　20℃下相对密度的测定　参考法
ISO 387：1977	比重计　结构和调整原则
ISO 534：2011	纸和纸板　厚度密度和比体积的测定
ISO 567：1995	焦炭　小型容器中堆积密度的测定
ISO 649－1：1981	实验室玻璃器皿　通用密度比重计　第1部分：规范
ISO 649－2：1981	实验室玻璃器皿　通用密度比重计　第2部分：试验方法和使用
ISO 650：1977	通用相对密度60/60华氏度比重计
ISO 697：1981	表面活性剂　洗衣粉　表观密度的测定　通过测量给定体积的质量的方法
ISO 705：2015	胶乳　5℃至40℃之间密度的测定
ISO 758：1976	工业用液体化工产品20℃下密度的测定
ISO 787－10：1993	颜料和填充剂通用试验方法　第10部分：密度的测定比重瓶法
ISO 787－11：1981	颜料和填充剂的一般试验方法11：捣固后捣固体积和表观密度的测定
ISO 787－23：1979	颜料和填充剂通用试验方法23：密度的测定（用离心机除去夹带的空气）
ISO 845：2006	泡沫塑料和橡胶表观密度的测定
ISO 1013：1995	焦炭　大容器容积密度的测定
ISO 1014：1985	焦炭真相对密度表观相对密度和孔隙率的测定
ISO 1064：1974	表面活性剂　填料上糊料表观密度的测定
ISO 1068：1975	塑料　氯乙烯均聚物和共聚物树脂　压实表观体积密度的测定
ISO 1144：2016	纺织品　线密度通用命名系统（Tex系统）
ISO 1183－1：2012	塑料非泡沫塑料密度的测定方法　第1部分：浸渍法、液体比重瓶法和滴定法
ISO 1183－2：2004	塑料非泡沫塑料密度的测定方法　第2部分：密度梯度柱法
ISO 1183－3：1999	塑料非泡沫塑料密度的测定方法　第3部分：气体比重瓶法

ISO 1306：1995	橡胶配合剂　炭黑（造粒）　倾注密度的测定
ISO 1675：1985	塑料　液体树脂　比重瓶法测定密度
ISO 1768：1975	玻璃比重计　热立方膨胀系数的常规值（用于制备液体测量表）
ISO 1889：2009	增强纱线密度的测定
ISO 1920－5：2018	混凝土试验　第5部分：密度和渗水深度
ISO 1973：1995	纺织纤维线密度的测定重量法和振动计法
ISO 2031：2015	粒状软木　表观体积密度的测定
ISO 2060：1994	纺织品　包装纱　用绞纱法测定线密度（单位长度质量）
ISO 2106：2011	铝及铝合金阳极氧化阳极氧化涂层的单位面积质量（表面密度）的测定静力称量法法
ISO 2420：2017	皮革　物理和机械试验　单位面积表观密度和质量的测定
ISO 2738：1999	不包括硬质合金的烧结金属材料　渗透性烧结金属材料　密度，含油量和开孔率的测定
ISO 2781：2018	硫化橡胶或热塑性橡胶密度的测定
ISO 2811－1：2016	色漆和清漆密度的测定　第1部分：比重瓶法
ISO/DIS 3233－2	色漆和清漆不挥发物体积百分比的测定　第2部分：根据ISO 3251测定不挥发物含量的方法和用阿基米德原理测定涂层试板上干膜密度的方法
ISO 3233－3：2015	色漆和清漆不挥发物体积百分比的测定　第3部分：根据ISO 3251测定的不挥发物含量、涂层材料密度和涂层材料中溶剂密度的计算测定
ISO 3369：2006	不渗透烧结金属材料和硬质合金密度的测定
ISO 3386－1：1986	多孔柔性聚合物材料压缩应力—应变特性的测定　第1部分：低密度材料
ISO 3386－2：1997	柔性多孔聚合物材料压缩应力—应变特性的测定　第2部分：高密度材料
ISO 3507：1999	实验室玻璃器皿　比重瓶
ISO 3514：1976	氯化聚氯乙烯（CPVC）管和配件　密度的规范和测定
ISO 3675：1998	原油和液体石油产品　密度的实验室测定　比重计法
ISO 3838：2004	原油和液体或固体石油产品　密度或相对密度的测定　毛细管塞比重瓶和刻度双毛细管比重瓶法
ISO 3850：2004	弹性地板覆盖物　软木复合材料表观密度的测定
ISO 3852：2007	高炉和直接还原原料用铁矿石堆积密度的测定
ISO 3923－1：2018	金属粉末表观密度的测定　第1部分：漏斗法

ISO 3944：1992	肥料　松装密度的测定
ISO 3953：2011	金属粉末丝锥密度的测定
ISO 3993：1984	液化石油气和轻烃　密度或相对密度的测定　压力比重计法
ISO 4365：2005	明渠中的液体流动　溪流和运河中的沉积物　浓度，粒度分布和相对密度的测定
ISO 4439：1979	未增塑聚氯乙烯（PVC）管和配件　密度的测定和规范
ISO 4801：1982	实验室玻璃器皿　无温度计的酒精计和酒精密度计
ISO 4805：1982	实验室玻璃器皿　热酒精计和酒精比重计
ISO 5016：1997	成型绝缘耐火制品　体积密度和真实孔隙率的测定
ISO 5017：2013	致密成型耐火制品　体积密度，表观孔隙率和真孔隙率的测定
ISO 5018：1983	耐火材料真密度的测定
ISO 5072：2013	褐煤真相对密度和表观相对密度的测定
ISO 5311：1992	肥料　容积密度的测定（抽头）
ISO 6036：1996	电影技术　电视用彩色电影胶片和幻灯片　密度规范
ISO 6152：1996	电影技术　电视用彩色电影胶片和幻灯片　密度规范
ISO 6669：1995	生咖啡和烤咖啡　整豆自由流动堆积密度的测定（常规法）
ISO 6782：1982	混凝土用集料堆积密度的测定
ISO 6783：1982	混凝土用粗集料　颗粒密度和吸水率的测定　静水压平衡法
ISO 6976：2016	天然气　根据成分计算热值密度相对密度和沃泊指数
ISO 6999：1983	铝生产用碳质材料　电极用沥青　密度的测定　比重瓶法
ISO 7211－5：1984	纺织品　机织物　结构　分析方法　第5部分：从织物上去除的纱线线密度的测定
ISO 7258：1984	航空航天用聚四氟乙烯（PTFE）管密度和相对密度的测定方法
ISO 7837：1992	肥料　细粒肥料松装密度的测定
ISO 7971－1：2009	谷物　称为每公顷质量的体积密度的测定　第1部分：参考法
ISO 7971－2	谷物　称为每公顷质量的堆积密度的测定　第2部分：通过参考国际标准仪器测量仪器的可追溯性方法
ISO 7971－3	谷物　称为每公顷质量的堆积密度的测定　第3部分：常规方法
ISO 8004：1985	铝生产用碳质材料　煅烧焦炭和煅烧碳制品　二甲苯密度的测定　比重瓶法
ISO 8115：1986	棉包　尺寸和密度
ISO 8130－2：1992	涂层粉末2：用气体比较比重瓶测定密度（推荐法）
ISO 8130－3：1992	粉末涂料3：用液体置换比重瓶测定密度
ISO 8840：1987	耐火材料　粒状材料堆积密度的测定（颗粒密度）

ISO 8967：2005	奶粉和奶粉制品　体积密度的测定
ISO 8970：2010	木结构　用机械紧固件制成的接头的试验　木材密度的要求
ISO 8973：1997	液化石油气密度和蒸气压的计算方法
ISO 9054：1990	硬质泡沫塑料　自剥皮高密度材料的试验方法
ISO 9088：1997	铝生产用碳质材料　阴极块和预焙阳极　用比重瓶法测定二甲苯中的密度
ISO 9161：2004	二氧化铀粉末　表观密度和抽头密度的测定
ISO 9278：2008	核能　二氧化铀芯块　开放和封闭孔隙度的密度和体积分数的测定
ISO 9279：1992	二氧化铀芯块　密度和总孔隙度的测定　汞置换法
ISO 9427：2003	人造板密度的测定
ISO 9727－2：2007	圆柱形软木塞　物理试验　第2部分：凝聚软木塞质量和表观密度的测定
ISO 10119：2002	碳纤维密度的测定
ISO 10236：1995	铝生产用碳质材料　电极用生焦和煅烧焦　容积密度的测定（抽头）
ISO 10545－3：2018	瓷砖　第3部分：吸水率、表观孔隙率、表观相对密度和体积密度的测定
ISO 10790：2015	封闭管道中流体流量的测量　科里奥利流量计的选择、安装和使用指南（质量流量、密度和体积流量测量）
ISO 11125－4：2018	涂料和相关产品使用前钢衬底的制备　金属喷砂清理磨料的试验方法　第4部分：表观密度的测定
ISO 11127－3：2011	涂料和相关产品使用前钢衬底的制备　非金属喷砂清理磨料的试验方法　第3部分：表观密度的测定
ISO 11272：2017	土壤质量　干容重的测定
ISO 11508：2017	土壤质量　颗粒密度的测定
ISO 12154：2014	体积位移法测定密度气体比重瓶法测定骨架密度
ISO 12185：1996	原油和石油产品密度的测定振荡U形管法
ISO 12625－3：2014	薄纸和薄纸制品　第3部分：厚度、膨胀厚度、表观体积密度和体积的测定
ISO 12985－1：2018	铝生产用碳素材料　阳极和阴极块　第1部分：用尺寸法测定表观密度
ISO 12985－2：2018	铝生产用碳质材料　阳极和阴极块　第2部分：用静水压法测定表观密度和开孔率

ISO 13061 -2：2014	木材的物理和机械性能　小型透明木材试样的试验方法　第2部分：物理和机械试验密度的测定
ISO 14427：2004	铝生产用碳素材料　低温和温热捣打糊料　未烧试样的制备和压实后表观密度的测定
ISO 15100：2000	塑料　增强纤维　短切原丝　体积密度的测定
ISO 15169：2003	石油和液体石油产品　用混合罐测量系统测定立式圆柱形罐中碳氢化合物含量的体积密度和质量
ISO 15212 -1：1998	振荡式密度计　第1部分：实验室仪器
ISO 15212 -2：2002	振荡式密度计　第2部分：均相液体工艺仪表
ISO 15968：2016	直接还原铁　热压型铁（HBI）表观密度和吸水率的测定
ISO 15970：2008	天然气　特性测量　体积特性：密度，压力，温度和压缩因子
ISO 16413：2013	用X射线反射计评估薄膜的厚度、密度和界面宽度　仪器要求、对准和定位、数据收集、数据分析和报告
ISO 16586：2003	土壤质量　以已知干容重为基础的土壤含水量的测定　重量法
ISO 17190 -9：2001	尿失禁用尿液吸收剂聚合物基吸收剂特性的试验方法　第9部分：密度的重量法测定
ISO 17785 -2：2018	透水混凝土试验方法　第2部分：密度和空隙率
ISO 17828：2015	固体生物燃料　容积密度的测定
ISO 17892 -2：2014	岩土工程勘察和试验　土壤的实验室试验　第2部分：体积密度的测定
ISO 17892 -3：2015	岩土工程勘察和试验　土壤的实验室试验　第3部分：颗粒密度的测定
ISO 18098：2013	建筑设备和工业装置用隔热产品　预制管绝缘表观密度的测定
ISO 18213 -6：2008	核燃料技术　核材料衡算用罐校准和容积测定　第6部分：罐内液体密度的精确测定
ISO 18549 -1：2009	金属粉末　高温下表观密度和流量的测定　第1部分：高温下表观密度的测定
ISO 18747 -1：2018	沉降法测定颗粒密度　第1部分：等密度插值法
ISO/FDIS 18747 -2	沉降法测定颗粒密度　第2部分：多速度法
ISO 18753：2017	精细陶瓷（高级陶瓷，高级工业陶瓷）　用比重瓶测定陶瓷粉末的绝对密度
ISO/DIS 18754	精细陶瓷（高级陶瓷，高级工业陶瓷）　密度和显气孔率的测定
ISO 18754：2013	精细陶瓷（高级陶瓷，高级工业陶瓷）　密度和显气孔率的测定
ISO 18842：2015	主要用于铝生产的氧化铝　抽头和未抽出密度的测定方法

ISO 18847：2016	固体生物燃料　颗粒和型煤颗粒密度的测定
ISO/TR 19441：2018	石油产品　当前燃料，生物燃料和生物燃料组分的密度与温度的关系
ISO/TR 19686－2：2018	石油产品　测定相同性能的试验方法的等效性　第2部分：石油产品的密度
ISO 21687：2007	铝生产用碳质材料　用氦作分析气体固体材料的气体比重瓶法（容量法）测定密度
ISO 21714：2018	精细陶瓷（高级陶瓷，高级工业陶瓷）　测定陶瓷涂层密度的试验方法
ISO 23145－1：2007	精细陶瓷（高级陶瓷，高级工业陶瓷）　陶瓷粉末堆积密度的测定1：抽头密度
ISO 23145－2：2012	精细陶瓷（高级陶瓷，高级工业陶瓷）　陶瓷粉末堆积密度的测定　第2部分：未开发密度
ISO 23499：2013	煤　焦炉装料用堆积密度的测定
ISO 23733：2007	纺织品　雪尼尔纱　线密度测定的试验方法
ISO 23996：2007	弹性地板覆盖物　密度的测定
ISO 29470：2008	建筑用隔热产品表观密度的测定
OIML R 14—1995	偏振光糖量计
OIML R 63—1994	石油计量表
OIML R 108—1993	折射测糖含量法测量果汁含量
OIML R 124 1997	折射测糖含量法测量葡萄汁含量
OIML R 142 2008	自动折射：核查方法和手段

附录三　API 度与相对密度换算表

API 度	$d_{15.56}^{15.56}$	d_4^{20}	ρ_{20}/(kg·m^{-3})	API 度	$d_{15.56}^{15.56}$	d_4^{20}	ρ_{20}/(kg·m^{-3})	API 度	$d_{15.56}^{15.56}$	d_4^{20}	ρ_{20}/(kg·m^{-3})
-1	1.0843			20	0.9340	0.9306	930.5	41	0.8203	0.8159	816.4
0	1.0760			21	0.9279	0.9241	924.4	42	0.8156	0.8110	811.7
1	1.0679			22	0.9218	0.9180	918.3	43	0.8109	0.8064	806.9
2	1.0599			23	0.9159	0.9120	912.4	44	0.8063	0.8018	802.3
3	1.0520			24	0.9100	0.9060	906.5	45	0.8017	0.7972	797.7
4	1.0443			25	0.9042	0.9002	900.6	46	0.7972	0.7926	793.2
5	1.0366			26	0.8984	0.8944	894.8	47	0.7927	0.7881	788.7
6	1.0291			27	0.8927	0.8887	889.1	48	0.7883	0.7837	784.2
7	1.0217			28	0.8871	0.8830	883.5	49	0.7839	0.7793	779.8
8	1.0143			29	0.8816	0.8775	878.0	50	0.7796	0.7749	775.5
9	1.0071	1.0039		30	0.8762	0.8721	872.5	51	0.7753	0.7706	771.1
10	1.0000	0.9968	996.7	31	0.8708	0.8667	867.08	52	0.7711	0.7664	766.9
11	0.9930	0.9897	989.7	32	0.8654	0.8612	861.7	53	0.7669	0.7621	762.7
12	0.9861	0.9828	982.8	33	0.8602	0.8560	856.4	54	0.7628	0.7580	758.6
13	0.9792	0.9760	975.9	34	0.8550	0.8508	851.3	55	0.7587	0.7539	754.5
14	0.9725	0.9692	969.1	35	0.8498	0.8455	846.0	56	0.7547	0.7499	750.4
15	0.9659	0.9625	962.5	36	0.8448	0.8405	841.0	57	0.7507	0.7459	746.4
16	0.9593	0.9560	955.9	37	0.8398	0.8354	936.0	58	0.7467	0.7418	742.4
17	0.9529	0.9495	949.5	38	0.8348	0.8304	830.9	59	0.7428	0.7379	738.5
18	0.9465	0.9430	943.1	39	0.8299	0.8255	826.0	60	0.7389	0.7340	734.6
19	0.9402	0.9368	936.8	40	0.8251	0.8207	821.2	61	0.7351	0.7302	730.7

（续）

API 度	$d_{15.56}^{15.56}$	d_4^{20}	ρ_{20}/(kg·m^{-3})	API 度	$d_{15.56}^{15.56}$	d_4^{20}	ρ_{20}/(kg·m^{-3})	API 度	$d_{15.56}^{15.56}$	d_4^{20}	ρ_{20}/(kg·m^{-3})
62	0. 7313	0. 7264	726. 9	76	0. 6819	0. 6772	677. 2	90	0. 6388	0. 6337	633. 8
63	0. 7275	0. 7225	723. 1	77	0. 6787	0. 6738	674. 0	91	0. 6360	0. 6308	631. 0
64	0. 7238	0. 7188	719. 3	78	0. 6754	0. 6706	670. 6	92	0. 6331	0. 6279	628. 0
65	0. 7201	0. 7151	715. 6	79	0. 6722	0. 6674	667. 4	93	0. 6303	0. 6251	625. 2
66	0. 7165	0. 7115	712. 0	80	0. 6690	0. 6641	664. 2	94	0. 6275	0. 6222	622. 4
67	0. 7128	0. 7078	708. 3	81	0. 6659	0. 6610	661. 1	95	0. 6247	0. 6195	619. 6
68	0. 7093	0. 7042	704. 8	82	0. 6628	0. 6578	658. 0	96	0. 6220	0. 6167	616. 9
69	0. 7057	0. 7006	701. 1	83	0. 6597	0. 6548	654. 8	97	0. 6193	0. 6140	614. 1
70	0. 7022	0. 6971	697. 6	84	0. 6566	0. 6516	651. 7	98	0. 6166	0. 6112	611. 4
71	0. 6988	0. 6937	694. 2	85	0. 6536	0. 6486	648. 7	99	0. 6139	0. 6086	608. 7
72	0. 6953	0. 6902	690. 6	86	0. 6506	0. 6456	645. 6	100	0. 6112	0. 6059	606. 0
73	0. 6919	0. 6868	687. 3	87	0. 6476	0. 6426	942. 6	101	0. 6086		603. 3
74	0. 6886	0. 6834	683. 9	88	0. 6446	0. 6396	639. 6				
75	0. 6852	0. 6805	680. 5	89	0. 6417	0. 6366	636. 7				

参 考 文 献

[1] 李兴华．新编酒精密度浓度和温度常用数据表［M］．北京：中国计量出版社，2008：387.

[2] 潘丕武．石油计量技术［M］．北京：中国计量出版社，2009：986.

[3] 廖克俭．天然气及石油产品分析［M］．北京：中国计量出版社，2006：356.

[4] 罗志勇．硅球直径精密测量系统的设计［J］．计量学报，2005（10）：63.

[5] 罗志勇，杨丽峰，顾英姿．固体密度基准研究［J］．科学通报，2007（6）：15.

[6] 顾英姿，陈朝晖，许常红．液体静力称量法液体密度测量及其不确定度［J］．计量技术，2006（6）：6.

[7] 陈朝晖．液体密度标准与被测固体体积和真空质量的测量［J］．计量技术，2009（9）：45.

[8] 罗颖洹．密度测量法在铝合金汽缸盖针孔度控制的应用［J］．铸造，2014（8）：12.

[9] 王金涛，刘子勇．单晶硅球间微量密度差异精密测量方法研究［J］．物理学报，2013，3：58.

[10] 郭立功，刘子勇，罗志勇．容量密度计量领域纯水密度国际研究现状［J］．计量技术，2012（11）：29.